Torsten Knüppel

Beiträge zum flachheitsbasierten Steuerungsentwurf für quasilineare hyperbolische Systeme

TUD*press*

Torsten Knüppel

Beiträge zum flachheitsbasierten Steuerungsentwurf für quasilineare hyperbolische Systeme

TUD_press_
2015

Die vorliegende Arbeit wurde am 01. September 2014 an der Fakultät Elektrotechnik und Informationstechnik der Technischen Universität Dresden als Dissertation eingereicht und am 19. Dezember 2014 verteidigt.

Vorsitzender der Promotionskommission:
Prof. Dr. rer. nat. habil. Hans Georg Krauthäuser (TU Dresden)

Gutachter:
Prof. Dr.-Ing. habil. Dipl.-Math. Klaus Röbenack (TU Dresden)
Prof. Dr.-Ing. habil. Joachim Rudolph (Universität des Saarlandes)

Bibliografische Information der Deutschen Nationalbibliothek
Die Deutsche Nationalbibliothek verzeichnet diese Publikation in der Deutschen Nationalbibliografie; detaillierte bibliografische Daten sind im Internet über http://dnb.d-nb.de abrufbar.

Bibliographic information published by the Deutsche Nationalbibliothek
The Deutsche Nationalbibliothek lists this publication in the Deutsche Nationalbibliografie; detailed bibliographic data are available in the Internet at http://dnb.d-nb.de.

ISBN 978-3-944331-95-9

Verlag der Wissenschaften GmbH
Bergstr. 70 | D-01069 Dresden
Tel.: 0351/47 96 97 20 | Fax: 0351/47 96 08 19
http://www.tudpress.de

Gesetzt vom Autor.
Printed in Germany.

Kurzfassung

Die vorliegende Arbeit ist dem Entwurf von Steuerungen für verteiltparametrische Systeme gewidmet, bei denen der Stelleingriff über die Randbedingungen erfolgt. Für eine gewisse Klasse derartiger Systeme wird dazu ein allgemeiner Ansatz vorgestellt, der auf den Grundideen des aus der Theorie konzentriertparametrischer Systeme bekannten flachheitsbasierten Steuerungsentwurfs basiert. Dieser Zugang erfordert zum einen die Planung geeigneter Trajektorien für einen sogenannten flachen Ausgang und zum anderen die Lösung eines mit den Modellgleichungen assoziierten Cauchy-Problems. Diese beiden Aspekte werden in der Arbeit ausführlich für solche Systeme diskutiert, deren Modellgleichungen quasilinear und hyperbolisch sind. Das wesentlichste Hilfsmittel stellt dazu die Methode der Charakteristiken dar.

Zur Veranschaulichung des vorgestellten Zugangs wird der Entwurf von Steuerungen für vier Beispiele diskutiert: die Burgers-Gleichung, die Flachwassergleichungen sowie das elastische und das inelastische Modell eines schweren Seils. Mit Hilfe von Simulationsstudien wird die Eignung der so entworfenen Steuerungen für jedes der Beispiele unterstrichen.

Abstract

This thesis is devoted to the design of feed-forward controllers for distributed-parameter systems with boundary actuation. For a certain class of systems an abstract approach is presented that lends its main ideas from the flatness-based feed-forward control design that was originally derived in the realm of lumped-parameter systems. This approach requires the planning of appropriate trajectories for a so-called flat output as well as the solution of a Cauchy problem associated with the model equations. Both aspects are discussed thoroughly for those systems that are modeled by quasilinear, hyperbolic partial differential equations. The most important tool in this process is the method of characteristics.

To illustrate the discussed approach it is used to design feed-forward controllers for four examples: Burgers' equation, the shallow water equations, the elastic and the inelastic model of a heavy rope. The applicability of the control laws is underlined by means of simulation studies for each example.

Danksagung

Die vorliegende Dissertation entstand während meiner Tätigkeit als wissenschaftlicher Mitarbeiter am Institut für Regelungs- und Steuerungstheorie der Technischen Universität Dresden. Ich möchte an dieser Stelle einigen Personen meinen Dank aussprechen, die in die Entstehung der Arbeit involviert waren.

Zunächst möchte ich mich bei bei dem Direktor des Instituts Herrn Prof. Klaus Röbenack dafür bedanken, dass er mir die Forschungstätigkeit ermöglichte und stets für Fragen offen war.

Ganz herzlich möchte ich mich bei meinem Kollegen Herrn Dr.-Ing. Frank Woittennek bedanken, ohne dessen Unterstützung seit meinen ersten akademischen Gehversuchen die vorliegende Arbeit nicht denkbar gewesen wäre. Außerdem konnte ich durch die Mitarbeit an von ihm mitinitiierten Forschungsprojekten wertvolle Erfahrungen sammeln. Im Zusammenhang damit möchte ich mich auch bei Herrn Prof. Joachim Rudolph vom Institut für Systemtheorie und Regelungstechnik der Universität des Saarlandes in Saarbrücken dafür bedanken, dass er mein Interesse für die Regelungstheorie, insbesondere jene verteiltparametrischer Systeme, geweckt hat und mir die ersten Ausflüge ins akademische Milieu ermöglichte.

Für die zahlreichen anregenden Diskussionen möchte ich den Kollegen vom Institut für Regelungs- und Steuerungstheorie der Technischen Unversität Dresden, dem Institut für Regelungstechnik und Systemtheorie der Universität des Saarlandes in Saarbrücken sowie dem Fraunhofer-Institut für Integrierte Schaltungen in Dresden danken. Namentlich erwähnen möchte ich dabei meinen Zimmernachbarn Herrn Dipl.-Ing. Carsten Knoll, Frau Dipl.-Ing. Siqian Wang, Herrn Dr.-Ing. Jan Winkler, Frau Dipl.-Ing. Nicole Gehring, Herrn Dr.-Ing. Matthias Franke sowie Herrn Dipl.-Ing. Tobias Zaiczek. Mein Dank gilt auch den zahlreichen Studenten mit denen ich in den vergangenen Jahren zusammengearbeitet habe.

Neben den oben genannten haben natürlich auch zahlreiche Leute außerhalb universitärer Strukturen zu dieser Arbeit beigetragen. Dies umfasst allen voran natürlich meine Eltern sowie die gesamte restliche Familie. Außerdem möchte ich meinen Freunden für ihre Unterstützung danken, wobei ich insbesondere Herrn Dr. rer. nat. Sebastian Lange sowie Herrn Dipl.-Betriebswirt Christian Reinwald hervorheben möchte, die die vorliegende Arbeit gewissenhaft durchgesehen und wertvolle Hinweise gegeben haben. Abschließend gilt es, meine Sportfreunde vom SC Einheit Bahratal-Berggießhübel zu erwähnen, durch die sichergestellt wurde, dass die geistige Beweglichkeit (meistens) durch eine gewisse körperliche Elastizität ergänzt wurde.

Inhaltsverzeichnis

1 Einleitung **1**

2 Grundlagen partieller Differentialgleichungen **5**

3 Modellbildung **15**

3.1 Vorbemerkungen zur Modellbildung 15
3.2 Modell eines Wärmeleiters – die Wärmeleitungsgleichung 17
3.3 Modell eines offenen Kanals – die Flachwassergleichungen 21
3.4 Modell eines schweren Seils 29

4 Grundlegende Aspekte des flachheitsbasierten Steuerungsentwurfs **39**

4.1 Steuerungsentwurf für konzentriertparametrische Systeme 40
4.2 Steuerungsentwurf für lineare verteiltparametrische Systeme 43
4.2.1 Steuerungsentwurf für lineare parabolische Systeme – Diskussion anhand der Wärmeleitungsgleichung 44
4.2.2 Steuerungsentwurf für lineare hyperbolische Systeme – Diskussion anhand der Wellengleichung 49
4.3 Der flachheitsbasierte Steuerungsentwurf 55

5 Steuerungsentwurf für quasilineare hyperbolische Systeme **61**

5.1 Das Cauchy-Problem für quasilineare hyperbolische Systeme 61
5.1.1 Der skalare Fall 62
5.1.2 Der allgemeine Fall 66
5.1.3 Transformation auf Diagonalform 68
5.2 Trajektorienplanung 72
5.2.1 Bestimmtheitsgebiet für skalare Gleichungen 74
5.2.2 Bestimmtheitsgebiet für den allgemeinen Fall 76
5.2.3 Beweis des Satzes zur Trajektorienplanung 77
5.3 Numerische Lösung des Cauchy-Problems 78
5.4 Alternative Zugänge 80

6 Beispiele **83**

6.1 Steuerungsentwurf für eine inhomogene Burgers-Gleichung 84
6.1.1 Anwendbarkeit des flachheitsbasierten Steuerungsentwurfs 84
6.1.2 Stationäre Lösungen 85
6.1.3 Lösung des Cauchy-Problems 85
6.1.4 Trajektorienplanung 86

6.1.5 Simulationsergebnisse 88
6.2 Steuerungsentwurf für die Flachwassergleichungen 92
6.2.1 Anwendbarkeit des flachheitsbasierten Steuerungsentwurfs 92
6.2.2 Stationäre Lösungen 94
6.2.3 Lösung des Cauchy-Problems 97
6.2.4 Trajektorienplanung 99
6.2.5 Simulationsergebnisse 102
6.3 Steuerungsentwurf für das schwere, elastische Seil 105
6.3.1 Anwendbarkeit des flachheitsbasierten Steuerungsentwurfs 105
6.3.2 Lösung des Cauchy-Problems 107
6.3.3 Trajektorienplanung 112
6.3.4 Simulationsergebnisse 114
6.4 Steuerungsentwurf für das schwere, inelastische Seil 117
6.4.1 Anwendbarkeit des flachheitsbasierten Steuerungsentwurfs 117
6.4.2 Stationäre Lösungen 118
6.4.3 Lösung des Cauchy-Problems 119
6.4.4 Trajektorienplanung 124
6.4.5 Simulationsergebnisse 125

7 Zusammenfassung und Ausblick **129**
7.1 Zusammenfassung 129
7.2 Ausblick 129

A Trajektorien für Übergänge zwischen konstanten Werten **131**
A.1 Polynomiale Trajektorien 132
A.2 Trajektorie auf Basis der Exponentialfunktion 134
A.3 Trajektorie auf Basis des Tangenshyperbolicus 135

B Überprüfung der Integrierbarkeit mit Hilfe des Satz von Frobenius **139**

C Numerische Simulation des inelastischen, schweren Seils **141**

Literaturverzeichnis **147**

Kapitel 1

Einleitung

In praktisch allen Disziplinen der Ingenieurswissenschaften spielen regelungstechnische Methoden eine zentrale Rolle. Sie ermöglichen den robusten, effizienten und variablen Betrieb verschiedenster Prozesse. Eine wichtige Problemstellung stellt dabei der Entwurf von *Steuerungen*, das heißt „die zielgerichtete Beeinflussung eines dynamischen Systems", dar (siehe [54, S. 2]). Dabei stehen zur Beeinflussung des Systems die *Stellgrößen* zur Verfügung, die im Rahmen des Steuerungsentwurfs so bestimmt werden, dass ein gewisses Steuerungsziel erfüllt wird. Als wichtigste Beispiele für derartige Ziele seien das Einstellen eines gewissen Arbeitspunkts und die Realisierung einer gewünschten Trajektorie genannt. Der zweite Fall unterscheidet sich dabei von dem ersten dahingehend, dass nicht nur der konstante Endwert für gewisse Systemgrößen vorgegeben wird, sondern eine konkrete Zeitfunktion. Er stellt somit eine in der Regel anspruchsvollere Aufgabenstellung dar.

Eine Herangehensweise an die Lösung des Steuerungs- wie auch des damit verwandten Regelungsproblems basiert auf der Verwendung eines mathematischen Modells des realen Systems. Dabei existieren zwei Forderungen, die bei der Modellbildung berücksichtigt werden müssen: Zum einen muss die mathematische Formulierung so gewählt werden, dass das gestellte Problem in geeigneter Form gelöst werden kann. Zum anderen müssen die charakteristischen Eigenschaften des realen Systems durch das Modell abgebildet werden, um sicherzustellen, dass sich die anhand des Modells gefundene Lösung übertragen lässt. Diese Forderungen sind im Allgemeinen gegenläufig und müssen deshalb im Rahmen der Modellbildung gegeneinander abgewogen werden.

Eine häufig gemachte Annahme besteht dabei darin, den Feldcharakter der Parameter, durch die das System beschrieben wird, zu vernachlässigen. Ein Beispiel dafür bietet die Modellierung eines Gegenstandes als Starrkörper anstatt eines Kontinuums. Derartige Modelle werden als *Systeme mit konzentrierten Parametern* bezeichnet und liegen in Form von gewöhnlichen Differentialgleichungen sowie unter Umständen algebraischen Gleichungen vor[1]. Für derartige Systeme existieren eine Vielzahl von Methoden für den Entwurf von Steuerungen und Reglern. Wird im Gegensatz dazu der Feldcharakter berücksichtigt, so werden die resultierenden Modelle als *Systeme mit örtlich verteilten Parametern* bezeichnet, da sich die Systemparameter nicht nur zeitlich ändern, sondern auch vom Ort abhängen. Mathematisch werden diese Systeme durch partielle und gewöhn-

[1] Systeme mit konzentrierten Parametern werden auch als *endlichdimensionale Systeme* bezeichnet, da ihre Systemgrößen an einem beliebigen Zeitpunkt als Elemente endlichdimensionaler Vektorräume aufgefasst werden können.

liche Differentialgleichungen sowie algebraische Gleichungen beschrieben. Totzeitsysteme können ebenfalls dieser Modellklasse zugerechnet werden, da sie sich in vielen Fällen als Lösungen (hyperbolischer) partieller Differentialgleichungen ergeben[2].

Ein weitverbreiteter Zugang zum Steuerungs- und Reglerentwurf für Systeme mit verteilten Parametern besteht darin, sie in geeigneter Weise durch konzentriertparametrische Systeme zu approximieren, um die dafür zur Verfügung stehenden Methoden nutzen zu können. Dazu können die partiellen Differentialgleichungen beispielsweise mit Hilfe finiter Differenzen, finiter Elemente, dem Galerkin-Verfahren oder auf Basis einer modalen Approximation als gewöhnliche Differentialgleichungen angeschrieben werden (siehe [82], [10, S. 81], [22, S. 36]). Die Nachteile dieses sogenannten *early lumping*-Zugangs bestehen darin, dass unter Umständen wesentliche Eigenschaften der ursprünglichen Modelle nicht abgebildet werden oder sehr umfangreiche Approximationen notwendig sind (siehe [10, S. 5], [61, S. 4], [71, S. 137]). Alternativ können die Probleme auch auf Basis der verteiltparametrischen Formulierung diskutiert werden. Die bei der Diskussion dieses sogenannten *late lumping*-Zugangs[3] benötigten mathematischen Methoden und Konzepte sind aufgrund der involvierten partiellen Differentialgleichungen in der Regel aufwendiger als im konzentriertparametrischen Fall, was sich beispielsweise im Auftreten von (verteilten) Totzeiten und unstetigen Lösungen bemerkbar macht.

Der in der vorliegenden Arbeit diskutierte *late lumping*-Zugang zum Steuerungsentwurf für eine gewisse Klasse verteiltparametrischer Systeme basiert auf einer Verallgemeinerung der Ideen des aus der Theorie konzentriertparametrischer Systeme stammenden *flachheitsbasierten* Zugangs. Die Ausnutzung der Systemeigenschaft *Flachheit* für regelungstheoretische Zwecke wurde in den 1990er Jahren vorgeschlagen und seitdem weiterentwickelt (siehe [26]). Die dabei genutzten Ideen wurden bereits auf eine große Klasse verteiltparametrischer Systeme übertragen, wobei weitreichende Ergebnisse insbesondere für lineare Modelle vorliegen (siehe [75, 87]). In der vorliegenden Arbeit werden zunächst die gemeinsamen Aspekte des flachheitsbasierten Steuerungsentwurfs, die die meisten der bisher damit diskutierten Systeme teilen, deutlich gemacht. Anschließend wird die Anwendung dieser Ideen auf quasilineare hyperbolische Systeme, die durch eine bestimmte Struktur der Modellgleichungen charakterisiert sind, diskutiert.

Bei der praktischen Realisierung einer berechneten Steuerung werden aufgrund unvermeidbarer Modellfehler stets Abweichungen auftreten. Um eine sinnvolle Anwendung der Steuerung zu gewährleisten, ist es im Allgemeinen notwendig diese Abweichungen mit Hilfe eines Reglers zu kompensieren. Dabei werden die Stellgrößen in Abhängigkeit gemessener Größen so angepasst, dass das gewünschte Steuerungsziel erreicht wird. Während für konzentriertparametrische Systeme eine Vielzahl an Methoden für den Entwurf von Reglern diskutiert wurden, existieren für den verteiltparametrischen Fall wesentlich weniger Resultate (siehe [61, S. 4]). In der vorliegenden Arbeit wird das Regelungsproblem

[2]Systeme mit verteilten Parametern werden auch als *unendlichdimensionale Systeme* bezeichnet, da ihre Systemgrößen an einem beliebigen Zeitpunkt vom Ort abhängige Funktionen umfassen und somit als Elemente unendlichdimensionaler Vektorräume aufgefasst werden können.

[3]Der Begriff *late lumping* rührt daher, dass spätestens bei der Implementierung der Steuerung bzw. des Reglers auf einem Digitalrechner eine Diskretisierung notwendig ist (siehe [71, S. 137]).

nicht behandelt.

Gliederung der vorliegenden Arbeit

Im folgenden Kapitel werden zunächst einige Grundbegriffe, die im Zusammenhang mit partiellen Differentialgleichungen stehen, eingeführt. Anschließend wird die Modellbildung für Systeme mit verteilten Parametern exemplarisch anhand dreier Beispiele diskutiert: einem Wärmeleiter, einem offenen Kanal sowie einem schweren Seil. Im dritten Kapitel werden die Grundideen eines flachheitsbasierten Zugangs zum Steuerungsentwurf für eine gewisse Klasse von Modellen mit Randeingriff diskutiert. Die konkreten Details dieses Zugangs für quasilineare, hyperbolische Systeme werden im darauffolgenden Kapitel erläutert, wobei insbesondere auf die dazu benötigte Lösung des mit den Modellgleichungen assoziierten *Cauchy-Problems* mit Hilfe der *Methode der Charakteristiken* eingegangen wird. Im fünften Kapitel wird anhand der zuvor hergeleiteten Modelle die Berechnung von Steuerungen mit Hilfe des vorgeschlagenen Zugangs demonstriert. Darüber hinaus werden die dabei erzielten Ergebnisse in Simulationsstudien verifiziert. Den Abschluss der Arbeit bildet eine kurze Zusammenfassung sowie ein Ausblick.

Bemerkungen zur Notation

Die Menge der reellen Zahlen und die Menge der natürlichen Zahlen einschließlich der Null werden mit $\mathbb{R}$ bzw. $\mathbb{N}_0$ bezeichnet. Vektoren, beispielsweise der Einheitsvektor $\boldsymbol{e}_i$, werden durch Fettdruck hervorgehoben. Die Einheitsmatrix der Dimension $n \times n$ wird durch I_n, die Null-Matrix der Dimension $n \times m$ durch $0_{n\times m}$ bezeichnet. Das Standard-Skalarprodukt zweier reeller Vektoren $\boldsymbol{u} = (u_1 \ \cdots \ u_n)^T \in \mathbb{R}^n$ und $\boldsymbol{v} = (v_1 \ \cdots \ v_n)^T \in \mathbb{R}^n$ wird mit Hilfe spitzer Klammern in der Form

$$\langle \boldsymbol{u}, \boldsymbol{v} \rangle = \boldsymbol{u}^T \boldsymbol{v} = \sum_{\nu=1}^{n} u_i v_i$$

ausgedrückt, wobei $\boldsymbol{u}^T$ den zu $\boldsymbol{u}$ transponierten Vektor bezeichnet. Der Betrag eines Vektors $\boldsymbol{u} = (u_1 \ \cdots \ u_n)^T \in \mathbb{R}^n$ wird in der Form

$$|\boldsymbol{u}| = \sqrt{\boldsymbol{u}^T \boldsymbol{u}} = \sqrt{\sum_{\nu=1}^{n} u_i^2}$$

angeschrieben. Die Divergenz $\operatorname{div} \boldsymbol{u}$ einer vektorwertigen Funktion

$$(\boldsymbol{z}, t) \mapsto \boldsymbol{u}(\boldsymbol{z}, t) = (u_1(\boldsymbol{z}, t), u_2(\boldsymbol{z}, t), u_3(\boldsymbol{z}, t))^T$$

ist durch

$$\operatorname{div} \boldsymbol{u} = \sum_{\nu=1}^{3} \frac{\partial u_\nu}{\partial z_\nu}$$

gegeben, d. h. es werden nur Ableitungen bezüglich der Ortskoordinaten $\boldsymbol{z} = (z_1 \ z_2 \ z_3)^T$ berücksichtigt, nicht jedoch bezüglich der Zeit t. Dasselbe gilt auch für den in dieser

Arbeit verwendeten Gradienten

$$\operatorname{grad} f(\boldsymbol{z},t) = \sum_{\nu=1}^{3} \frac{\partial f}{\partial z_\nu}(\boldsymbol{z},t)\boldsymbol{e}_\nu$$

einer skalaren Funktion $(\boldsymbol{z},t) \mapsto f(\boldsymbol{z},t)$. Die Jacobi-Matrix einer vektorwertigen Funktion $\boldsymbol{x} \mapsto \boldsymbol{T}(\boldsymbol{x}) = (T_1(\boldsymbol{x}) \ \cdots \ T_m(\boldsymbol{x}))^T$ mit $\boldsymbol{x} = (x_1 \ \cdots \ x_m)^T$ wird durch

$$\frac{\partial \boldsymbol{T}}{\partial \boldsymbol{x}} = \begin{pmatrix} \frac{\partial T_1}{\partial x_1} & \cdots & \frac{\partial T_1}{\partial x_m} \\ \vdots & & \vdots \\ \frac{\partial T_m}{\partial x_1} & \cdots & \frac{\partial T_m}{\partial x_m} \end{pmatrix}$$

abgekürzt. Die Ruhelagen der in der vorliegenden Arbeit untersuchten dynamischen Systeme werden mit dem Index r markiert. Sämtliche physikalische Größen werden als normiert betrachtet, weshalb auf eine Angabe der physikalischen Einheiten verzichtet wird.

Kapitel 2

Grundlagen partieller Differentialgleichungen

Die in dieser Arbeit verwendeten Modelle werden sämtlich durch partielle Differentialgleichungen beschrieben. Das zentrale Problem wird dabei die Lösung von sogenannten Cauchy-Problemen sein, die als Verallgemeinerung der aus der Theorie gewöhnlicher Differentialgleichungen bekannten Anfangswertaufgaben interpretiert werden können. Zur Lösung derartiger Probleme existieren zahlreiche Methoden, deren Eignung von verschiedenen strukturellen Eigenschaften der zugrundeliegenden Modellgleichungen abhängen. Um diese zu erfassen, werden im Folgenden einige Aspekte vorgestellt, hinsichtlich derer partielle Differentialgleichungen klassifiziert werden können. Im Zuge dieser Klassifikation werden die sogenannten *charakteristischen Kurven* eingeführt, die im weiteren Verlauf der Arbeit eine zentrale Rolle bei der Lösung von Cauchy-Problemen spielen (siehe Kapitel 5).

Vor ihrer Klassifikation wird zunächst festgehalten, was in der vorliegenden Arbeit unter einer partiellen Differentialgleichung verstanden wird.

Definition 2.1 (siehe [24, S. 1]). Eine partielle Differentialgleichung der Ordnung k ist eine Gleichung der Form

$$F\Big(z, x(z,t), Dx(z,t), \dots, D^k x(z,t)\Big) = 0, \tag{2.1}$$

wobei F eine im Allgemeinen nichtlineare Funktion bezeichnet, die einen Zusammenhang zwischen der unabhängigen Variablen z sowie der abhängigen Variable x und deren partiellen Ableitungen bis zur Ordnung $k > 0$ herstellt. Hierbei steht

$$D^n x(z,t) = \left\{ \frac{\partial^n x}{\partial^\mu z \partial^\nu t}(z,t) \middle| \mu + \nu = n \right\}$$

für die Menge aller partiellen Ableitungen n-ter Ordnung der Systemgröße x. Analog dazu wird ein System partieller Differentialgleichungen definiert:

$$F_i\Big(z, \boldsymbol{x}(z,t), D\boldsymbol{x}(z,t), \dots, D^k \boldsymbol{x}(z,t)\Big) = 0, \quad i = 1, \dots, m, \tag{2.2}$$

wobei die abhängige Variable $\boldsymbol{x} = (x_1 \ \cdots \ x_m)^T$ eine vektorwertige Funktion des Ortes z und der Zeit t ist.

Bemerkung 2.1 (partielle Differentialgleichungen). Im Hinblick auf die gegebene Definition partieller Differentialgleichungen sind einige Bemerkungen angebracht:

1. Da in der vorliegenden Arbeit nur örtlich eindimensionale Modelle verwendet werden, beschränkt sich die Definition auf partielle Differentialgleichungen mit zwei unabhängigen Variablen, nämlich dem Ort z und der Zeit t. Für den mehrdimensionalen Fall sei auf die zitierte Literatur verwiesen.
2. Im Allgemeinen kann die Funktion F neben dem Ort z auch explizit von der Zeit t abhängen. Da dies jedoch im weiteren Verlauf nicht der Fall sein wird, da nur zeitinvariante Probleme untersucht werden, wurde dieser Fall in der Definition nicht berücksichtigt. Darüber hinaus ist es möglich, dass in den partiellen Differentialgleichungen auch konzentrierte Systemgrößen, also solche die nicht vom Ort z abhängen, auftreten, beispielsweise als Teil verteilter Stellgrößen. Auch dieser Fall wird im Folgenden nicht auftreten und wurde deshalb bei der Definition nicht berücksichtigt.
3. Bei der Definition von Systemen partieller Differentialgleichungen durch Gl. (2.2) wurde vorausgesetzt, dass die Anzahl der Gleichungen mit der Anzahl der abhängigen Variablen übereinstimmt, da dies für alle in dieser Arbeit untersuchten Systeme zutrifft.

Bemerkung 2.2 (Lösungsbegriff (siehe [24, S. 7])). Unter einer klassischen Lösung von partiellen Differentialgleichungen k-ter Ordnung wird eine (vektorwertige) Funktion $(z,t) \mapsto \boldsymbol{x}(z,t)$ verstanden, die mindestens k-mal stetig differenzierbar ist und der partiellen Differentialgleichung (2.1) bzw. (2.2) genügt. Neben dieser naheliegenden Definition ist es möglich verallgemeinerte Lösungen zu definieren, an die in der Regel geringere Differenzierbarkeitsanforderungen gestellt werden. Diese werden in der vorliegenden Arbeit jedoch nicht berücksichtigt, so dass der Begriff „Lösung“ stets klassische Lösungen bezeichnet.

Um konkretere Aussagen über die Eigenschaften der Lösung partieller Differentialgleichungen und deren Berechnung machen zu können, hat es sich als sinnvoll erwiesen, anhand der Struktur der zugrundeliegenden Gleichung verschiedene Spezialfälle zu unterscheiden.

Definition 2.2 (siehe [24, S. 2]). In den folgenden Definitionen bezeichnen $\alpha_{\nu,\mu}$ und c nichtlineare Funktionen der jeweils angegebenen Argumente. Eine partielle Differentialgleichung (2.1) heißt

1. linear, falls sie linear in der abhängigen Variable x ist. Sie hat somit die Struktur
$$\sum_{\nu=0}^{k}\sum_{\mu=0}^{k-\nu} \alpha_{\nu,\mu}(z)\frac{\partial^{\nu+\mu}x}{\partial z^{\nu}\partial t^{\mu}}(z,t) = c(z).$$
2. semilinear, falls sie linear in den höchsten Ableitungen ist und die zugehörigen Koeffizienten nicht von der Systemgröße x abhängen. In diesem Fall hat sie die

Struktur

$$\sum_{\nu=0}^{k} \alpha_{\nu,k-\nu}(z)\frac{\partial^k x}{\partial z^\nu \partial t^{k-\nu}}(z,t) = c\Big(z, x(z,t), Dx(z,t), \ldots, D^{k-1}x(z,t)\Big).$$

3. quasilinear, falls sie linear in den höchsten Ableitungen ist. Die zugrundeliegende Struktur ist somit durch

$$\sum_{\nu=0}^{k} \alpha_{\nu,k-\nu}(z, x(z,t), Dx(z,t), \ldots, D^{k-1}x(z,t))\frac{\partial^k x}{\partial z^\nu \partial t^{k-\nu}}(z,t) = c\Big(z, x(z,t), Dx(z,t), \ldots, D^{k-1}x(z,t)\Big)$$

gegeben.

4. nichtlinear, falls sie nichtlinear in den höchsten Ableitungen ist.

Die selben Begriffe können problemlos auch auf Systeme partieller Differentialgleichungen der Form (2.2) übertragen werden.

Die folgenden Untersuchungen werden sich auf quasilineare Systeme partieller Differentialgleichungen erster Ordnung der Form

$$A(\boldsymbol{x}(z,t))\frac{\partial \boldsymbol{x}}{\partial z}(z,t) + B(\boldsymbol{x}(z,t))\frac{\partial \boldsymbol{x}}{\partial t}(z,t) = \boldsymbol{c}(\boldsymbol{x}(z,t)) \tag{2.3}$$

beschränken, wobei $\boldsymbol{x} = (x_1 \ \cdots \ x_m)^T$ den Systemgrößenvektor, $A(\boldsymbol{x}), B(\boldsymbol{x}) \in \mathbb{R}^{m\times m}$ die Koeffizientenmatrizen und $\boldsymbol{c}(\boldsymbol{x}) \in \mathbb{R}^m$ einen Vektor bezeichnen. Für die späteren Rechnungen ist es günstig vorauszusetzen, dass (2.3) keine algebraischen Gleichungen umfasst. Eine dafür notwendige Bedingung besteht darin zu fordern, dass die Abbildung

$$(\lambda, \mu) \mapsto \det(\lambda A(\boldsymbol{x}) + \mu B(\boldsymbol{x}))$$

für alle $\boldsymbol{x} \in \mathbb{R}^m$ nicht mit dem Nullpolynom übereinstimmt (siehe [72, S. 8]). Wäre dies der Fall, so gäbe es einen Vektor $\boldsymbol{l}^T(\boldsymbol{x}) \in \mathbb{R}^m$ mit $\boldsymbol{l}^T(\boldsymbol{x})(\lambda A(\boldsymbol{x}) + \mu B(\boldsymbol{x})) = \boldsymbol{0}$. Aus dieser Beziehung würden für $\lambda = 0$ bzw. $\mu = 0$ die beiden Gleichungen $\boldsymbol{l}^T(\boldsymbol{x})A(\boldsymbol{x}) = \boldsymbol{0}$ und $\boldsymbol{l}^T(\boldsymbol{x})B(\boldsymbol{x}) = \boldsymbol{0}$ folgen, mit denen man aus (2.3) die algebraische Gleichung

$$\boldsymbol{l}^T(\boldsymbol{x}(z,t))\boldsymbol{c}(\boldsymbol{x}(z,t)) = 0$$

erhielte.

Die explizite Abhängigkeit der Funktionen A, B und $\boldsymbol{c}$ von der Ortsvariable z wurde in der Systemdarstellung (2.3) vernachlässigt, da diese Größe als abhängige Variable $x_{m+1}(z,t) = z$ aufgefasst werden kann. Es ist offensichtlich, dass jedes bestimmte System durch eine derartige Hinzunahme einer abhängigen Variable als unterbestimmtes System erscheinen würde. Um dies zu verhindern, ist es notwendig die definitorische Gleichung[1]

$$\frac{\partial x_{m+1}}{\partial z}(z,t) = 1 \tag{2.4}$$

mit zu berücksichtigen. Damit die neu eingeführte Systemgröße tatsächlich der Ortsvariable z entspricht, ist es notwendig geeignete Randbedingungen zu formulieren. Diese können auf vielfältige Weise gewählt werden, wobei es sich jedoch aus formaler Sicht anbietet, dies so zu tun, dass der ursprüngliche Charakter des untersuchten Problems beibehalten wird[2].

Generell stellt die Beschränkung auf quasilineare Systeme der Form (2.3) keine wesentliche Einschränkung im Hinblick auf die in Definition 2.1 gegebenen partiellen Differentialgleichungen dar, da diese durch Einführen neuer Größen stets auf ein derartiges System erster Ordnung zurückgeführt werden können (siehe [14, S. 35], [41, S. 24]). Für partielle Differentialgleichungen zweiter Ordnung wird dies im Folgenden kurz diskutiert.

Beispiel 2.1 (Reduktion einer partiellen Differentialgleichung zweiter Ordnung auf ein quasilineares System erster Ordnung (siehe [41, S. 24])). Eine allgemeine zeitinvariante partielle Differentialgleichung zweiter Ordnung ist gemäß Definition (2.1) eine Gleichung der Form

$$F\left(z, x, \frac{\partial x}{\partial z}, \frac{\partial x}{\partial t}, \frac{\partial^2 x}{\partial z^2}, \frac{\partial^2 x}{\partial z \partial t}, \frac{\partial^2 x}{\partial t^2}\right) = 0.$$

Diese kann mit Hilfe der neuen Systemgrößen

$$x_1 = x,\ x_2 = \frac{\partial x}{\partial z},\ x_3 = \frac{\partial x}{\partial t},\ x_4 = \frac{\partial^2 x}{\partial z^2},\ x_5 = \frac{\partial^2 x}{\partial z \partial t} \text{ und } x_6 = \frac{\partial^2 x}{\partial t^2} \tag{2.5}$$

zunächst als algebraische Gleichung angeschrieben werden:

$$F\left(z, x_1, x_2, x_3, x_4, x_5, x_6\right) = 0. \tag{2.6}$$

Durch Ableiten dieser Gleichung bezüglich des Ortes z erhält man unter Berücksichtigung der aus (2.5) resultierenden definitorischen Beziehungen

$$\frac{\partial x_1}{\partial z} = x_2, \quad \frac{\partial x_2}{\partial z} = x_4, \quad \frac{\partial x_3}{\partial z} = x_5, \quad \frac{\partial x_5}{\partial z} = \frac{\partial x_4}{\partial t} \quad \text{und} \quad \frac{\partial x_6}{\partial z} = \frac{\partial x_5}{\partial t} \tag{2.7}$$

[1]Es ist möglich alternative definitorische Gleichungen zu finden, beispielsweise $\frac{\partial x_{m+1}}{\partial t}(z,t) = 0$. Die gegebene wurde jedoch im Hinblick auf die weiteren Schritte gewählt.

[2]Auch für den zeitvarianten Fall ist es möglich sich auf Systeme der Form (2.3) zu beschränken. Die explizite Abhängigkeit der einzelnen Funktionen von den unabhängigen Parametern z und t kann dabei durch Einführen der neuen Größen $x_{m+1}(z,t) = z$ und $x_{m+2}(z,t) = t$ vernachlässigt werden (siehe [73, S. 90]). Mit Hilfe der definitorischen Gleichungen

$$\frac{\partial x_{m+1}}{\partial z}(z,t) = \frac{\partial x_{m+2}}{\partial t}(z,t) \quad \text{und} \quad \frac{\partial x_{m+2}}{\partial z}(z,t) = \frac{\partial x_{m+1}}{\partial t}(z,t)$$

erhält man auch in diesem Fall ein bestimmtes System.

die quasilineare partielle Differentialgleichung erster Ordnung[3]

$$\frac{\partial F}{\partial z} + \frac{\partial F}{\partial x_1} x_2 + \frac{\partial F}{\partial x_2} x_4 + \frac{\partial F}{\partial x_3} x_5 + \frac{\partial F}{\partial x_4}\frac{\partial x_4}{\partial z} + \frac{\partial F}{\partial x_5}\frac{\partial x_4}{\partial t} + \frac{\partial F}{\partial x_6}\frac{\partial x_5}{\partial t} = 0.$$

Diese Gleichung bildet gemeinsam mit den Beziehungen (2.7) das gesuchte quasilineare System. Um dieses in einer Form entsprechend Gl. (2.3) anzuschreiben, werden der Systemgrößenvektor $\boldsymbol{x} = (x_1\ x_2\ x_3\ x_4\ x_5\ x_6)^T$, die Matrizen

$$A = \begin{pmatrix} 1 & 0 & 0 & 0 & 0 & 0 \\ 0 & 1 & 0 & 0 & 0 & 0 \\ 0 & 0 & 1 & 0 & 0 & 0 \\ 0 & 0 & 0 & \frac{\partial F}{\partial x_4} & 0 & 0 \\ 0 & 0 & 0 & 0 & 1 & 0 \\ 0 & 0 & 0 & 0 & 0 & 1 \end{pmatrix} \quad \text{und} \quad B = \begin{pmatrix} 0 & 0 & 0 & 0 & 0 & 0 \\ 0 & 0 & 0 & 0 & 0 & 0 \\ 0 & 0 & 0 & 0 & 0 & 0 \\ 0 & 0 & 0 & \frac{\partial F}{\partial x_5} & \frac{\partial F}{\partial x_6} & 0 \\ 0 & 0 & 0 & -1 & 0 & 0 \\ 0 & 0 & 0 & 0 & -1 & 0 \end{pmatrix}$$

sowie der Vektor $\boldsymbol{c}(\boldsymbol{x}) = (x_2\ x_4\ x_5\ \ -\frac{\partial F}{\partial z} - \frac{\partial F}{\partial x_1}x_2 - \frac{\partial F}{\partial x_2}x_4 - \frac{\partial F}{\partial x_3}x_5\ 0\ 0)^T$ eingeführt.

Bemerkung 2.3 (Reduktion auf ein System erster Ordnung)**.** Der vorgestellte Zugang ermöglicht die Darstellung allgemeiner partieller Differentialgleichungen zweiter Ordnung als quasilineares System erster Ordnung. Diese ist jedoch nicht eindeutig, so dass es in vielen Fällen möglich ist kompaktere Formulierungen zu finden.

Analog zur Theorie gewöhnlicher Differentialgleichungen wird durch eine partielle Differentialgleichung (2.3) allein keine eindeutige Lösung festgelegt. Vielmehr ist es in der Regel notwendig eine Lösung zu bestimmen, die gewissen Bedingungen genügt. Das am häufigsten untersuchte Problem stellt dabei das Anfangswertproblem dar, bei dem eine Lösung gesucht wird, die zu einem bestimmten Anfangszeitpunkt mit gegebenen Anfangswerten übereinstimmt. In den folgenden Betrachtungen werden derartige Anfangswertprobleme keine Rolle spielen. Es werden vielmehr solche Probleme untersucht, bei denen die Lösung nicht zu einem bestimmten Zeitpunkt mit gegebenen Werten übereinstimmen soll, sondern an einem bestimmten Ort. Diese Aufgabenstellung wie auch das eigentliche Anfangswertproblem können als Spezialfälle des sogenannten *Cauchy-Problems* aufgefasst werden.

Definition 2.3 (siehe [28, S. 42], [24, S. 233])**.** Das Cauchy-Problem besteht darin, eine Lösung der partiellen Differentialgleichung (2.3) zu bestimmen, die entlang einer Kurve $\Gamma : r \mapsto (\nu(r), \mu(r))$ mit einer vorgegebenen Funktion $\boldsymbol{\varphi}$ übereinstimmt:

$$\boldsymbol{x}(\nu(r), \mu(r)) = \boldsymbol{\varphi}(r). \tag{2.8}$$

Es wird dabei vorausgesetzt, dass die Kurve Γ einmal stetig differenzierbar ist und der Bedingung

$$\left[\frac{\mathrm{d}\nu}{\mathrm{d}r}\right]^2 + \left[\frac{\mathrm{d}\mu}{\mathrm{d}r}\right]^2 > 0$$

[3] Auf eine Berücksichtigung der Argumente der partiellen Ableitungen von F wird zugunsten einer übersichtlicheren Darstellung verzichtet.

genügt. Die durch die Funktion $r \mapsto \boldsymbol{\varphi}(r)$ festgelegten Werte der Lösung $\boldsymbol{x}$ werden im Weiteren als *Cauchy-Daten* bzw. *Randwerte* bezeichnet.

Bemerkung 2.4 (Unabhängigkeit der Cauchy-Daten). In Abhängigkeit von der Struktur der partiellen Differentialgleichungen ist es möglich, dass die Cauchy-Daten gewissen Kompatibilitätsbedingungen genügen müssen. Dies soll im Folgenden kurz für das in Beispiel 2.1 diskutierte System erläutert werden.

Bei einem Anfangswertproblem ist jene Lösung gesucht, die der Bedingung

$$x_i(z,0) = \varphi_i(z), \ i = 1,\dots,6, \tag{2.9}$$

genügt und somit zum Zeitpunkt $t = 0$ mit einer gegebenen vektorwertigen Funktion $\boldsymbol{\varphi} = (\varphi_1 \ \cdots \ \varphi_6)^T$ übereinstimmt. Differenziert man die aus dieser Beziehung resultierende Gleichung $x_1(z,0) = \varphi_1(z)$ bezüglich des Ortes, so erhält man unter Beachtung von (2.5) die Gleichungen

$$x_2(z,0) = \frac{\mathrm{d}\varphi_1}{\mathrm{d}z}(z) \quad \text{und} \quad x_4(z,0) = \frac{\mathrm{d}^2\varphi_1}{\mathrm{d}z^2}(z).$$

Aus diesen Ausdrücken resultieren durch einen Vergleich mit (2.9) die beiden Bedingungen

$$\varphi_2(z) = \frac{\mathrm{d}\varphi_1}{\mathrm{d}z}(z) \quad \text{und} \quad \varphi_4(z) = \frac{\mathrm{d}^2\varphi_1}{\mathrm{d}z^2}(z) \tag{2.10a}$$

an die Anfangswerte. Auf analogem Wege folgt aus $x_3(z,0) = \varphi_3(z)$ der Zusammenhang

$$\varphi_5(z) = \frac{\mathrm{d}\varphi_3}{\mathrm{d}z}(z). \tag{2.10b}$$

Eine weitere Beziehung zwischen den Anfangswerten ergibt sich durch Auswerten der partiellen Differentialgleichung (2.6) für $t = 0$. Unter Beachtung von (2.9) und (2.10) resultiert so der Ausdruck

$$F\left(z, \varphi_1(z), \frac{\mathrm{d}\varphi_1}{\mathrm{d}z}(z), \varphi_3(z), \frac{\mathrm{d}^2\varphi_1}{\mathrm{d}z^2}(z), \frac{\mathrm{d}\varphi_3}{\mathrm{d}z}(z), \varphi_6(z)\right) = 0.$$

Setzt man voraus, dass diese Gleichung nach dem letzten Argument aufgelöst werden kann, so erhält man daraus eine Gleichung der Form

$$\varphi_6(z) = G\left(z, \varphi_1(z), \frac{\mathrm{d}\varphi_1}{\mathrm{d}z}(z), \frac{\mathrm{d}^2\varphi_1}{\mathrm{d}z^2}(z), \varphi_3(z), \frac{\mathrm{d}\varphi_3}{\mathrm{d}z}(z)\right).$$

Aus dieser Gleichung und (2.10) wird deutlich, dass für das Anfangswertproblem lediglich die Anfangswerte der Systemgrößen x_1 und x_3 vorgegeben werden können, jene der verbleibenden Variablen ergeben sich aus diesen. Dieses Ergebnis bestätigt die Vermutung, dass in Analogie zur Theorie gewöhnlicher Differentialgleichungen für eine partielle Differentialgleichung zweiter Ordnung nur zwei Anfangswerte vorgegeben werden können.

Im Zusammenhang mit dem Cauchy-Problem ist es sinnvoll zu untersuchen, ob die Kurve Γ, entlang der die Randwerte vorgegeben werden, beliebig gewählt werden kann.

Insbesondere soll die Frage beantwortet werden, ob die Lösung zumindest in einer Umgebung dieser Kurve aus den gegebenen Werten berechnet werden kann (siehe [40, S. 42]). Dazu ist es notwendig nachzuweisen, dass die Ableitungen der Systemgrößen orthogonal zur Kurve Γ, d. h. die Richtungsableitung

$$\boldsymbol{v}_1(r) = \frac{\partial \boldsymbol{x}}{\partial z}(\nu(r), \mu(r))\frac{\mathrm{d}\mu}{\mathrm{d}r}(r) - \frac{\partial \boldsymbol{x}}{\partial t}(\nu(r), \mu(r))\frac{\mathrm{d}\nu}{\mathrm{d}r}(r), \tag{2.11}$$

aus den gegebenen Werten berechnet werden können. Um dies zu überprüfen leitet man zunächst Gl. (2.8) nach dem Parameter r ab:

$$\frac{\partial \boldsymbol{x}}{\partial z}(\nu(r), \mu(r))\frac{\mathrm{d}\nu}{\mathrm{d}r}(r) + \frac{\partial \boldsymbol{x}}{\partial t}(\nu(r), \mu(r))\frac{\mathrm{d}\mu}{\mathrm{d}r}(r) = \frac{\mathrm{d}\boldsymbol{\varphi}}{\mathrm{d}r}(r).$$

Gemeinsam mit der Systemgleichung (2.3) erhält man so das lineare Gleichungssystem

$$\begin{pmatrix} A(\boldsymbol{\varphi}(r)) & B(\boldsymbol{\varphi}(r)) \\ \frac{\mathrm{d}\nu}{\mathrm{d}r}(r)I_m & \frac{\mathrm{d}\mu}{\mathrm{d}r}(r)I_m \end{pmatrix} \begin{pmatrix} \frac{\partial \boldsymbol{x}}{\partial z}(\nu(r), \mu(r)) \\ \frac{\partial \boldsymbol{x}}{\partial t}(\nu(r), \mu(r)) \end{pmatrix} = \begin{pmatrix} \boldsymbol{c}(\boldsymbol{\varphi}(r)) \\ \frac{\mathrm{d}\boldsymbol{\varphi}}{\mathrm{d}r}(r) \end{pmatrix}. \tag{2.12}$$

Es bietet sich an, für die weitere Rechnung zunächst die neuen Koordinaten

$$\begin{pmatrix} \boldsymbol{v}_1(r) \\ \boldsymbol{v}_2(r) \end{pmatrix} = \begin{pmatrix} \frac{\mathrm{d}\mu}{\mathrm{d}r}(r)I_m & -\frac{\mathrm{d}\nu}{\mathrm{d}r}(r)I_m \\ \frac{\mathrm{d}\nu}{\mathrm{d}r}(r)I_m & \frac{\mathrm{d}\mu}{\mathrm{d}r}(r)I_m \end{pmatrix} \begin{pmatrix} \frac{\partial \boldsymbol{x}}{\partial z}(\nu(r), \mu(r)) \\ \frac{\partial \boldsymbol{x}}{\partial t}(\nu(r), \mu(r)) \end{pmatrix}$$

einzuführen, wobei $\boldsymbol{v}_1$ der gesuchten Ableitung der Systemgröße $\boldsymbol{x}$ orthogonal zu Γ und $\boldsymbol{v}_2$ der Ableitung entlang von Γ entspricht. Die zugehörige inverse Transformation lautet

$$\begin{pmatrix} \frac{\partial \boldsymbol{x}}{\partial z}(\nu(r), \mu(r)) \\ \frac{\partial \boldsymbol{x}}{\partial t}(\nu(r), \mu(r)) \end{pmatrix} = \frac{1}{d(r)} \begin{pmatrix} \frac{\mathrm{d}\mu}{\mathrm{d}r}(r)I_m & \frac{\mathrm{d}\nu}{\mathrm{d}r}(r)I_m \\ -\frac{\mathrm{d}\nu}{\mathrm{d}r}(r)I_m & \frac{\mathrm{d}\mu}{\mathrm{d}r}(r)I_m \end{pmatrix} \begin{pmatrix} \boldsymbol{v}_1(r) \\ \boldsymbol{v}_2(r) \end{pmatrix}$$

und ist wohldefiniert, da $d(r) = \left[\frac{\mathrm{d}\nu}{\mathrm{d}r}(r)\right]^2 + \left[\frac{\mathrm{d}\mu}{\mathrm{d}r}(r)\right]^2$ gemäß der in Definition 2.3 gemachten Voraussetzung stets größer Null ist. Das lineare Gleichungssystem (2.12) lautet mit den neu eingeführten Koordinaten somit

$$\begin{pmatrix} A(\boldsymbol{\varphi})\frac{\mathrm{d}\mu}{\mathrm{d}r} - B(\boldsymbol{\varphi})\frac{\mathrm{d}\nu}{\mathrm{d}r} & A(\boldsymbol{\varphi})\frac{\mathrm{d}\nu}{\mathrm{d}r} + B(\boldsymbol{\varphi})\frac{\mathrm{d}\mu}{\mathrm{d}r} \\ 0_{m\times m} & dI_m \end{pmatrix} \begin{pmatrix} \boldsymbol{v}_1 \\ \boldsymbol{v}_2 \end{pmatrix} = d \begin{pmatrix} \boldsymbol{c}(\boldsymbol{\varphi}) \\ \frac{\mathrm{d}\boldsymbol{\varphi}}{\mathrm{d}r} \end{pmatrix}.$$

Aus der zweiten Zeile dieser Blockmatrixgleichung erhält man unmittelbar $\boldsymbol{v}_2(r) = \frac{\mathrm{d}\boldsymbol{\varphi}}{\mathrm{d}r}(r)$, womit sich die erste Zeile in der Form

$$\left(A(\boldsymbol{\varphi})\frac{\mathrm{d}\mu}{\mathrm{d}r} - B(\boldsymbol{\varphi})\frac{\mathrm{d}\nu}{\mathrm{d}r}\right)\boldsymbol{v}_1 = d\boldsymbol{c}(\boldsymbol{\varphi}) - \left(A(\boldsymbol{\varphi})\frac{\mathrm{d}\nu}{\mathrm{d}r} + B(\boldsymbol{\varphi})\frac{\mathrm{d}\mu}{\mathrm{d}r}\right)\frac{\mathrm{d}\boldsymbol{\varphi}}{\mathrm{d}r}$$

anschreiben lässt. Mit Hilfe dieser Gleichung kann die gesuchte Richtungsableitung $\boldsymbol{v}_1$

eindeutig aus den gegebenen Cauchy-Daten berechnet werden, sofern die Matrix

$$A(\varphi(r))\frac{\mathrm{d}\mu}{\mathrm{d}r}(r) - B(\varphi(r))\frac{\mathrm{d}\nu}{\mathrm{d}r}(r)$$

regulär ist. Ist dies nicht der Fall, so nennt man die entsprechende Kurve *charakteristisch.*

Definition 2.4 (charakteristische Kurve (siehe [43, S. 47])). Eine durch die Abbildung $r \mapsto (\nu(r), \mu(r), \varphi(r))$ parametrierte Kurve heißt *charakteristisch*, falls sie der Bedingung

$$\det\left(A(\varphi(r))\frac{\mathrm{d}\mu}{\mathrm{d}r}(r) - B(\varphi(r))\frac{\mathrm{d}\nu}{\mathrm{d}r}(r)\right) = 0 \tag{2.13}$$

genügt. Die Projektion dieser Kurve in die z-t-Ebene, d. h. die Kurve $\Gamma : r \mapsto (\nu(r), \mu(r))$ heißt *charakteristische Projektion.*

Bemerkung 2.5 (charakteristische Kurven). Bei der oben gezeigten Herleitung wurden die charakteristischen Kurven als jene Kurven identifiziert, für die das zugehörige Cauchy-Problem keine eindeutige Lösung besitzt. Eine weitere Eigenschaft dieser Kurven, die zu ihrer Definition herangezogen werden kann, besteht darin, dass sich mit ihrer Hilfe eine partielle Differentialgleichung als System gewöhnlicher Differentialgleichungen anschreiben lässt (siehe [24, S. 96]). Diese Eigenschaft wird in Abschnitt 5.1 zur Berechnung und Analyse der Lösung des Cauchy-Problems verwendet. Darüber hinaus ist es möglich, die charakteristischen Kurven geometrisch zu interpretieren (siehe [43, S. 9]).

Im Zusammenhang mit den charakteristischen Kurven bietet sich eine weiterer Aspekt zur Klassifikation von Systemen partieller Differentialgleichungen an, der sich insbesondere in den Eigenschaften der Lösungen bemerkbar macht. Zur Vereinfachung der Darstellung[4] wird dazu angenommen, dass das System (2.3) keine charakteristischen Kurven besitzt deren Projektionen parallel zur Zeit-Achse verlaufen, d. h. die Gl. (2.13) besitzt keine Lösung mit $\frac{\mathrm{d}\nu}{\mathrm{d}r}(r) = 0$. Es kann somit geschlussfolgert werden, dass die Matrix $A(\boldsymbol{x})$ regulär ist. Ohne Beschränkung der Allgemeinheit wird deshalb angenommen, dass $A(\boldsymbol{x}) = I_m$ gilt und das untersuchte System somit durch

$$\frac{\partial \boldsymbol{x}}{\partial z}(z,t) + B(\boldsymbol{x})\frac{\partial \boldsymbol{x}}{\partial t}(z,t) = \boldsymbol{c}(\boldsymbol{x}(z,t)) \tag{2.14}$$

gegeben ist. Im Zusammenhang mit dieser Darstellung gilt folgende Klassifikation.

Definition 2.5 (siehe [93, S. 149]). Ein System der Form (2.14) heißt

1. *hyperbolisch*, falls die Matrix $B(\boldsymbol{x})$ nur reelle Eigenwerte besitzt und diagonalisierbar ist.
2. *parabolisch*, falls die Matrix $B(\boldsymbol{x})$ nur reelle Eigenwerte besitzt und nicht diagonalisierbar ist.
3. *elliptisch*, falls die Matrix $B(\boldsymbol{x})$ nur komplexe Eigenwerte besitzt.

[4]Eine Diskussion der Charakterisierung auf Basis der Systemdarstellung (2.3) und für mehrdimensionale Systeme findet sich beispielsweise in [40, S. 45] und [24, S. 421]. Ein allgemeinerer Ansatz wird in [59] für lineare und, anhand eines Beispiels, quasilineare Systeme diskutiert.

Bemerkung 2.6. Nicht jedes System (2.14) kann durch die in Definition 2.5 gegebenen Begriffe klassifiziert werden, da Mischformen denkbar sind, die sich beispielsweise durch Verkopplung parabolischer und hyperbolischer Systeme ergeben. Darüber hinaus kann sich das Spektrum der Matrix $B(\boldsymbol{x})$ in Abhängigkeit von der Lösung $\boldsymbol{x}$ und somit auch die Klassifikation des zugrundeliegenden Systems ändern.

Die Klassifikation von Systemen partieller Differentialgleichungen nach Definition 2.5 basiert im Wesentlichen auf qualitativen Unterschieden in den Eigenschaften der jeweiligen Lösungen. Dies wird bei dem in Abschnitt 4.2.1 exemplarisch diskutierten Steuerungsentwurf für die parabolische Wärmeleitungsgleichung und der in Abschnitt 5.1 vorgestellten Methode der Charakteristiken zur Berechnung der Lösung von Cauchy-Problemen für hyperbolische Systeme deutlich. Elliptische Systeme treten in der Regel bei der Berechnung von Ruhelagen für Systeme mit mehr als einer Ortsvariable auf und werden daher im Folgenden keine Rolle spielen (siehe [93, S. 135]).

Kapitel 3

Modellbildung

Das folgende Kapitel ist der Modellierung von Systemen mit Hilfe partieller Differentialgleichungen gewidmet. Dabei werden exemplarisch die Modelle für drei physikalische Systeme hergeleitet: einen Wärmeleiter, einen offenen Kanal sowie ein schweres Seil. Trotz der offensichtlichen Unterschiede zwischen diesen Systemen folgt die Modellbildung einem gemeinsamen Grundgedanken. Dieser besteht darin, gewisse physikalische Erhaltungsgrößen, insbesondere die Masse, die Energie und den Impuls, zu bilanzieren.

Die resultierenden Gleichungen und Systemgrößen sind im Allgemeinen auf örtlich mehrdimensionalen Gebieten definiert. Da in vielen Systeme jedoch nur eine Ortsrichtung relevant ist und auch nur solche örtlich eindimensionalen Systeme in dieser Arbeit berücksichtigt werden, ist es notwendig die Modellgleichungen in geeigneter Form zu approximieren (siehe [29, S. 29]). Während dies im ersten Beispiel des Wärmeleiters durch Einführen gemittelter Systemgrößen erfolgt, werden in den restlichen beiden Beispielen bereits während der Modellbildung Annahmen getroffen, die auf eindimensionale Modelle führen.

Neben der Modellierung von physikalischen Systemen durch Bilanzgleichungen treten partielle Differentialgleichungen auch in anderen Kontexten auf, beispielsweise in der Variationsrechnung (Theorie der Minimalflächen) und in der Finanzmathematik (Black-Scholes-Modell).

Die im Folgenden diskutierten Ansätze zur Herleitung der Modellgleichungen basieren auf der Untersuchung der zeitlichen Entwicklung bestimmter physikalischer Größen in einem Bilanzgebiet. Dabei treten verschiedene Volumen- und Oberflächenintegrale sowie deren Zeitableitungen auf. Deshalb werden zunächst einige damit im Zusammenhang stehende und später verwendete Sätze vorgestellt.

3.1 Vorbemerkungen zur Modellbildung

Die Bilanzierung der physikalischen Größen liefert im Allgemeinen Ausdrücke, die Volumen- und Oberflächenintegrale über das Bilanzgebiet Ω bzw. dessen Rand $\partial\Omega$ enthalten. Aus mathematischer Sicht ist es jedoch wünschenswert stattdessen Modelle in Form partieller Differentialgleichungen zu verwenden, da diese einfacher zu handhaben sind. Liegen die Bilanzgleichungen in der speziellen Form[1]

$$\int_{\Omega} \boldsymbol{f}(\boldsymbol{z},t)\,\mathrm{d}V = \boldsymbol{0} \tag{3.1}$$

vor, die für beliebige Bilanzgebiete Ω gilt, so kann gezeigt werden, dass daraus die lokale Formulierung

$$\boldsymbol{f}(\boldsymbol{z},t) = \boldsymbol{0}$$

folgt (siehe [36, S. 38], [18, S. 3]). Zur Anwendung dieses Lokalisierungsschritts müssen die Bilanzgleichungen zunächst auf Integralgleichungen der Form (3.1) gebracht werden. Zwei wichtige Werkzeuge für diese Umformung sind der Reynolds'sche Transportsatz sowie der Gauß'sche Integralsatz. Letzterer erlaubt die Formulierung eines Oberflächenintegrals über den Rand $\partial\Omega$ eines Gebietes Ω als Volumenintegral über dessen Inneres (siehe [37, S. 522]). Er lautet

$$\int_{\partial\Omega} \langle \boldsymbol{f}(\boldsymbol{z},t), \boldsymbol{n}(\boldsymbol{z},t)\rangle\,\mathrm{d}A = \int_{\Omega} \operatorname{div} \boldsymbol{f}(\boldsymbol{z},t)\,\mathrm{d}V, \tag{3.2}$$

wobei $\boldsymbol{n}$ den äußeren Normalenvektor des Randes $\partial\Omega$ bezeichnet. Für den eindimensionalen Fall mit $\Omega = [z_A, z_B]$ entspricht dies dem ersten Hauptsatz der Differential- und Integralrechnung (siehe [38, S. 450]):

$$\boldsymbol{f}(z_B,t) - \boldsymbol{f}(z_A,t) = \int_{z_A}^{z_B} \frac{\partial \boldsymbol{f}}{\partial z}(z,t)\,\mathrm{d}z. \tag{3.3}$$

Bei der Bilanzierung in körperfesten Volumen können unter Umständen Zeitableitungen von Integralen der Form

$$\boldsymbol{I}(t) = \int_{\Omega(t)} \boldsymbol{f}(\boldsymbol{z},t)\,\mathrm{d}V$$

auftreten. Um diese Ableitungen wieder in Integralform anzuschreiben, ist es aufgrund der Zeitabhängigkeit des Integrationsgebiets $\Omega(t)$ nicht möglich Differentiation und Integration zu vertauschen. Stattdessen kann der sogenannte Reynolds'sche Transportsatz (siehe [3, S. 176], [32, S. 55])

$$\frac{\mathrm{d}\boldsymbol{I}}{\mathrm{d}t}(t) = \int_{\Omega(t)} \frac{\partial \boldsymbol{f}}{\partial t}(\boldsymbol{z},t)\,\mathrm{d}V + \int_{\partial\Omega(t)} \langle \boldsymbol{f}(\boldsymbol{z},t)\cdot \boldsymbol{v}(\boldsymbol{z},t), \boldsymbol{n}(\boldsymbol{z},t)\rangle\,\mathrm{d}A \tag{3.4}$$

zur Umformung herangezogen werden, in dem $\cdot$ das dyadische Produkt, $\boldsymbol{v}$ das Geschwindigkeitsfeld der Strömung mit der sich das Bilanzgebiet bewegt und $\boldsymbol{n}$ den äußeren Normaleneinheitsvektor des Randes $\partial\Omega$ bezeichnen. Dadurch ist es möglich, die gesuchte Ableitung als Summe eines Volumen- und eines Oberflächenintegrals darzustellen. Wendet man auf diese Beziehung den Gauß'schen Integralsatz (3.2) an, so erhält man den

[1] Die Funktion $\boldsymbol{f}$ bezeichnet im Folgenden eine vektorwertige Funktion, die von der Zeit t und den Ortskoordinaten $\boldsymbol{z} = (z_1\ z_2\ z_3)^T$ abhängt. Es ist allerdings problemlos möglich die Untersuchungen auf den tensorwertigen Fall zu übertragen.

gesuchten Ausdruck

$$\frac{\mathrm{d}\boldsymbol{I}}{\mathrm{d}t}(t) = \int_{\Omega(t)} \left(\frac{\partial \boldsymbol{f}}{\partial t}(\boldsymbol{z},t) + \operatorname{div}(\boldsymbol{f} \cdot \boldsymbol{v})(\boldsymbol{z},t) \right) \mathrm{d}V. \tag{3.5}$$

Im eindimensionalen Fall, d. h. für $\Omega(t) = [z_1(t), z_2(t)]$ und damit

$$\boldsymbol{I}(t) = \int_{z_1(t)}^{z_2(t)} \boldsymbol{f}(z,t)\,\mathrm{d}z$$

entspricht der Reynolds'sche Transportsatz der Leibnizregel für die Ableitung von Parameterintegralen (siehe [38, S. 479]). Man erhält somit

$$\frac{\mathrm{d}\boldsymbol{I}}{\mathrm{d}t}(t) = \int_{z_1(t)}^{z_2(t)} \frac{\partial \boldsymbol{f}}{\partial t}(z,t)\,\mathrm{d}z + v(z_2(t),t)\boldsymbol{f}(z_2(t),t) - v(z_1(t),t)\boldsymbol{f}(z_1(t),t), \tag{3.6}$$

wobei die Beziehung

$$\frac{\mathrm{d}z_i}{\mathrm{d}t}(t) = v(z_i(t),t) \quad \text{für} \quad i = 1,2$$

ausgenutzt wurde, in der $(z,t) \mapsto v(z,t)$ das Geschwindigkeitsfeld bezeichnet mit der sich das Bilanzgebiet ausbreitet. Mit Hilfe des Gauß'schen Integralsatzes bzw. des Hauptsatzes der Differential- und Integralrechnung (3.3) erhält man aus (3.6) die zu (3.5) äquivalente Beziehung

$$\frac{\mathrm{d}\boldsymbol{I}}{\mathrm{d}t}(t) = \int_{z_1(t)}^{z_2(t)} \left(\frac{\partial \boldsymbol{f}}{\partial t}(z,t) + \frac{\partial(\boldsymbol{f}v)}{\partial z}(z,t) \right) \mathrm{d}z$$

für den eindimensionalen Fall.

Bemerkung 3.1. Bei der Anwendung des Gauß'schen Integralsatzes wurde vorausgesetzt, dass die Divergenz des Integranden existiert. Daraus resultieren in der Regel Differenzierbarkeitsanforderungen an die bilanzierten Größen, die physikalisch nicht notwendig sind. Es existieren also Lösungen der Integralgleichungen, die nicht aus den entsprechenden (partiellen) Differentialgleichungen berechnet werden können. Diese Lösungen werden in der vorliegenden Arbeit jedoch nicht berücksichtigt.

3.2 Modell eines Wärmeleiters – die Wärmeleitungsgleichung

Im folgenden Abschnitt wird die zeitliche Entwicklung der Temperaturverteilung in einem zylindrischen Wärmeleiter der Länge ℓ modelliert, dessen Querschnittsfläche durch die Menge $\mathfrak{A} \subset \mathbb{R}^2$ gegeben ist (siehe Abb. 3.1). Er umfasst somit das Raumgebiet

$$\Pi = [0,\ell] \times \mathfrak{A} \subset \mathbb{R}^3.$$

Die Materialeigenschaften, nämlich die Dichte ρ und die spezifische Wärmekapazität c,

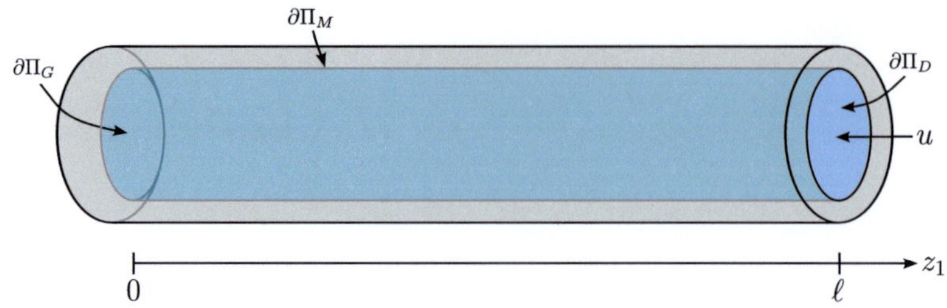

Abbildung 3.1 – Skizze des untersuchten Wärmeleiters – Wärmeleiter (blau) und Isolierung (grau)

werden als zeitlich und örtlich konstant angenommen. Der Zylinder ist an seiner Mantelfläche und an der Deckfläche bei $z_1 = 0$ isoliert, während bei $z_1 = \ell$ ein Wärmestrom eingeprägt werden kann. Im Folgenden wird zunächst die zeitliche und örtliche Entwicklung der Temperatur T im Wärmeleiter modelliert. Anschließend wird daraus ein eindimensionales Modell für die über den Querschnitt gemittelte Temperatur abgeleitet.

Um die Entwicklung der Temperatur in einem Wärmeleiter zu beschreiben, ist es notwendig, die thermische Energie

$$E_\Omega(t) = \int_\Omega c\rho T(z_1, z_2, z_3, t)\,\mathrm{d}V \tag{3.7}$$

in einem beliebigen Volumen $\Omega \subset \Pi$ zu untersuchen. Da sich das betrachtete Medium in Ruhe befindet, ändert sich die thermische Energie im Bilanzvolumen nur aufgrund der Wärmeleitung. Es gilt somit

$$\frac{\mathrm{d}E_\Omega}{\mathrm{d}t}(t) = \dot{Q}_\Omega(t), \tag{3.8}$$

wobei $\dot{Q}_\Omega$ den durch die Oberfläche von Ω einströmenden Wärmestrom bezeichnet. Zur Modellierung dieses Wärmestrom wird das Fourier'sche Gesetz

$$\dot{\boldsymbol{q}}(z_1, z_2, z_3, t) = -\lambda\,\mathrm{grad}\,T(z_1, z_2, z_3, t) \tag{3.9}$$

herangezogen, das mittels der Wärmeleitfähigkeit λ einen Zusammenhang zwischen der Wärmestromdichte $\dot{\boldsymbol{q}}$ und dem Gradienten der Temperatur T herstellt (siehe [6, S. 13]). Den gesamten Wärmestrom $\dot{Q}_\Omega$ erhält man daraus durch Integration über die Oberfläche des Bilanzvolumens[2], d. h.

$$\dot{Q}_\Omega(t) = -\int_{\partial\Omega} \langle \dot{\boldsymbol{q}}(z_1, z_2, z_3, t), \boldsymbol{n}_\Omega(z_1, z_2, z_3)\rangle\,\mathrm{d}A. \tag{3.10}$$

Das negative Vorzeichen ergibt sich dabei aus der Festlegung, dass ein in das Bilanzvolumen einströmender Wärmestrom positiv gezählt wird, der Vektor $\boldsymbol{n}_\Omega$ jedoch den nach

[2]Durch das Skalarprodukt im Integranden wird berücksichtigt, dass in einem Punkt des Randes nur ein Teil des Wärmestroms, nämlich seine Komponente in Normalenrichtung, in das Bilanzvolumen hineinfließt.

außen gerichteten Normaleneinheitsvektor an den Rand $\partial\Omega$ bezeichnet. Setzt man die Ausdrücke für die thermische Energie (3.7) sowie den Wärmestrom (3.10) in die Bilanzgleichung (3.8) ein, so erhält man unter Verwendung des Gauß'schen Integralsatzes (3.2) die Gleichung

$$\int_\Omega \left(c\rho \frac{\partial T}{\partial t}(z_1, z_2, z_3, t) + \operatorname{div} \dot{\boldsymbol{q}}(z_1, z_2, z_3, t) \right) \mathrm{d}V = 0.$$

Durch Lokalisieren dieser Gleichung und Einsetzen des Fourier'schen Gesetzes (3.9) resultiert die partielle Differentialgleichung

$$c\rho \frac{\partial T}{\partial t}(z_1, z_2, z_3, t) - \lambda \left(\frac{\partial^2 T}{\partial {z_1}^2}(z_1, z_2, z_3, t) + \frac{\partial^2 T}{\partial {z_2}^2}(z_1, z_2, z_3, t) + \frac{\partial^2 T}{\partial {z_3}^2}(z_1, z_2, z_3, t) \right) = 0, \tag{3.11}$$

die sogenannte *Wärmeleitungsgleichung*.

Für die Angabe der Randbedingungen ist es günstig, den Rand $\partial\Pi$ des Gebiets Π zunächst in eine Grund-, eine Deck- und eine Mantelfläche zu zerlegen. Die Grundfläche $\partial\Pi_G$ und die Deckfläche $\partial\Pi_D$ sind dabei durch

$$\partial\Pi_G = \{0\} \times \mathfrak{A} \quad \text{bzw.} \quad \partial\Pi_D = \{\ell\} \times \mathfrak{A}$$

gegeben, während die Mantelfläche $\partial\Pi_M$ der Menge

$$\partial\Pi_M = (0, \ell) \times \partial\mathfrak{A} \tag{3.12}$$

entspricht, wobei $\partial\mathfrak{A}$ den Rand der Querschnittsfläche bezeichnet. Für jedes dieser drei Gebiete können aus den oben gemachten Annahmen Randbedingungen abgeleitet werden. So folgt aus der Tatsache, dass der Wärmeleiter bei $z_1 = 0$ isoliert und der Wärmestrom senkrecht zur Grundfläche somit Null ist, die Gleichung:

$$\langle \dot{\boldsymbol{q}}(0, z_2, z_3, t), \boldsymbol{e}_1 \rangle = -\lambda \frac{\partial T}{\partial z_1}(0, z_2, z_3, t) = 0. \tag{3.13a}$$

Analog erhält man für die Deckfläche, in die ein Wärmestrom mit der Dichte u eingeprägt werden kann, die Randbedingung

$$\langle \dot{\boldsymbol{q}}(\ell, z_2, z_3, t), -\boldsymbol{e}_1 \rangle = \lambda \frac{\partial T}{\partial z_1}(\ell, z_2, z_3, t) = u(z_2, z_3, t), \tag{3.13b}$$

wobei die Vorzeichen so gewählt wurden, dass ein positives u mit einem in den Wärmeleiter hineinströmenden Wärmestrom korrespondiert. Da auch die Mantelfläche als isoliert angenommen wurde, besteht dort der Zusammenhang

$$\langle \dot{\boldsymbol{q}}(z_1, z_2, z_3, t), \boldsymbol{n}(z_1, z_2, z_3) \rangle = -\lambda \langle \operatorname{grad} T(z_1, z_2, z_3, t), \boldsymbol{n}(z_1, z_2, z_3) \rangle = 0 \tag{3.13c}$$

für $(z_1, z_2, z_3) \in \partial\Pi_M$, wobei $\boldsymbol{n}$ den äußeren Normaleneinheitsvektor an die Mantelfläche bezeichnet. Diese Randbedingungen bilden gemeinsam mit der partiellen Differentialgleichung (3.11) das dreidimensionale Modell des Wärmeleiters.

Aus diesem kann ein eindimensionales Modell für die über den Querschnitt gemittelte Temperatur

$$\tilde{T}(z_1,t) = \frac{1}{A}\int_{\mathfrak{A}} T(z_1,z_2,z_3,t)\,\mathrm{d}z_2\,\mathrm{d}z_3$$

abgeleitet werden, wobei A den Flächeninhalt der Querschnittsfläche $\mathfrak{A}$ bezeichnet. Dazu integriert man (3.11) über den Querschnitt $\mathfrak{A}$ und erhält so

$$c\rho\frac{\partial\tilde{T}}{\partial t}(z_1,t) - \lambda\frac{\partial^2\tilde{T}}{\partial {z_1}^2}(z_1,t) + I(z_1,t) = 0 \tag{3.14}$$

mit

$$I(z_1,t) = -\frac{\lambda}{A}\int_{\mathfrak{A}}\left(\frac{\partial^2 T}{\partial {z_2}^2}(z_1,z_2,z_3,t) + \frac{\partial^2 T}{\partial {z_3}^2}(z_1,z_2,z_3,t)\right)\mathrm{d}z_2\,\mathrm{d}z_3.$$

Das Integral I kann mit Hilfe des Gauß'schen Integralsatzes umgeformt werden:

$$I(z_1,t) = -\frac{\lambda}{A}\int_{\partial\mathfrak{A}}\left\langle\left(\frac{\partial T}{\partial z_2}(z_1,z_2,z_3,t), \frac{\partial T}{\partial z_3}(z_1,z_2,z_3,t)\right)^T, \tilde{\boldsymbol{n}}(z_1,z_2,z_3)\right\rangle \mathrm{d}s, \tag{3.15}$$

wobei $\tilde{\boldsymbol{n}}$ dem äußeren Normaleneinheitsvektor an den Rand $\partial\mathfrak{A}$ der Querschnittsfläche $\mathfrak{A}$ entspricht. Zur weiteren Vereinfachung dieses Ausdrucks ist es notwendig, die auf der Mantelfläche gestellte Randbedingung (3.13c) zu berücksichtigen. Es lässt sich zeigen, dass der darin enthaltene äußere Normaleneinheitsvektor $\boldsymbol{n}$ in der Form

$$\boldsymbol{n} = \begin{pmatrix} 0 \\ \tilde{\boldsymbol{n}} \end{pmatrix}$$

angeschrieben werden kann, da das untersuchte Gebiet zylindrisch ist. Die Randbedingungen lauten somit

$$-\lambda\left\langle\left(\frac{\partial T}{\partial z_2}(z_1,z_2,z_3,t), \frac{\partial T}{\partial z_3}(z_1,z_2,z_3,t)\right)^T, \tilde{\boldsymbol{n}}(z_1,z_2,z_3)\right\rangle = 0$$

für $(z_1,z_2,z_3) \in \Pi_M$. Aus dieser Gleichung folgt, dass der Integrand in (3.15) verschwindet, weshalb $I(z_1,t) = 0$ gilt. Man erhält somit aus (3.14) die eindimensionale Formulierung

$$\frac{\partial\tilde{T}}{\partial t}(z_1,t) - \alpha\frac{\partial^2\tilde{T}}{\partial {z_1}^2}(z_1,t) = 0 \tag{3.16}$$

der Wärmeleitungsgleichung, wobei zur Vereinfachung die Wärmeleitfähigkeit $\alpha = \frac{\lambda}{c\rho}$ eingeführt wurde. Die zugehörigen Randbedingungen lauten

$$-\lambda\frac{\partial\tilde{T}}{\partial z_1}(0,t) = 0 \quad \text{und} \quad \lambda\frac{\partial\tilde{T}}{\partial z_1}(\ell,t) = \tilde{u}(t)$$

mit der gemittelten Wärmestromdichte

$$\tilde{u}(t) = \frac{1}{A} \int_{\mathfrak{A}} u(z_2, z_3, t) \, \mathrm{d}z_2 \, \mathrm{d}z_3$$

und resultieren durch Integration der Randbedingungen (3.13a) und (3.13b) des vollständigen Modells über den Querschnitt $\mathfrak{A}$.

Klassifikation

Mit Hilfe des Systemgrößenvektors $\boldsymbol{x} = (\tilde{T} \ \frac{\partial \tilde{T}}{\partial z_1})^T$ lässt sich die Wärmeleitungsgleichung (3.16) in Matrixform anschreiben:

$$\frac{\partial \boldsymbol{x}}{\partial z_1}(z_1, t) + \begin{pmatrix} 0 & 0 \\ -\frac{1}{\alpha} & 0 \end{pmatrix} \frac{\partial \boldsymbol{x}}{\partial t}(z_1, t) = \begin{pmatrix} 0 & 1 \\ 0 & 0 \end{pmatrix} \boldsymbol{x}(z_1, t).$$

Gemäß Definition 2.2 handelt es sich hierbei um ein lineares System. Des Weiteren stellt man fest, dass die Systemmatrix

$$B(\boldsymbol{x}) = \begin{pmatrix} 0 & 0 \\ -\frac{1}{\alpha} & 0 \end{pmatrix}$$

nicht diagonalisierbar ist, da zu dem reellen Eigenwert $\lambda = 0$ mit der algebraischen Vielfachheit 2 nur ein linear unabhängiger Links-Eigenvektor

$$\boldsymbol{l}^T = \begin{pmatrix} 1 & 0 \end{pmatrix}$$

gefunden werden kann. Das System ist daher gemäß Definition 2.5 parabolisch.

3.3 Modell eines offenen Kanals – die Flachwassergleichungen

Im folgenden Abschnitt wird ein eindimensionales Modell zur Beschreibung der zeitlichen Entwicklung der Strömungsgeschwindigkeit v und der Flüssigkeitshöhe h in einem offenen Kanal hergeleitet. Der untersuchte Kanal wird, wie in Abb. 3.2a dargestellt, durch zwei Schütze begrenzt. Während die Öffnung u_0 des Schützes bei $z = 0$ fest vorgegeben ist, kann die Öffnung u_ℓ am Abfluss eingestellt werden und steht somit als Stellgröße zur Verfügung. Die Geometrie des Kanalquerschnitts wird durch die in Abb. 3.2b dargestellten Parameter erfasst, dabei bezeichnen b die Breite des Kanals, $\tilde{k}$ die vertikale Koordinate seines tiefsten Punktes und k' das relative Bodenprofil. Es wird angenommen, dass sich die Geometrie des Kanals, d. h. das relative Bodenprofil k', in z_1-Richtung nicht ändert. Für die Breite des Kanals gilt somit

$$b(z_1, z_3) = \tilde{b}(z_3 - \tilde{k}(z_1)),$$

wobei $\tilde{b}$ die Breite des Kanals ausgehend von seinem niedrigsten Punkt bezeichnet. Zur Vereinfachung der folgenden Untersuchungen wird die Flüssigkeit als inkompressibel angenommen und ihre Viskosität vernachlässigt.

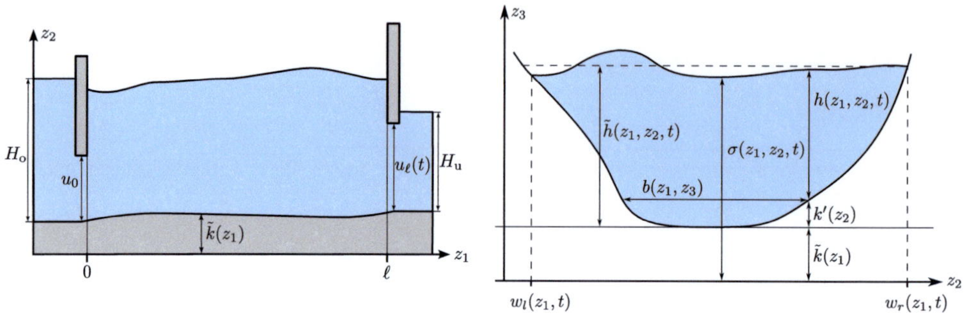

a) Profil b) Maße am Querschnitt

Abbildung 3.2 – Skizze des offenen Kanals

Für die Herleitung der Flachwassergleichungen werden zunächst die Masse und die Komponente des Impulses in Längsrichtung des Kanals in einem durch die beiden Ebenen $z_1 = z_A$ und $z_1 = z_B$ mit $z_A, z_B \in [0, \ell]$ begrenzten, raumfesten Gebiet $\Omega_{[z_A, z_B]}(t)$ bilanziert (siehe [17, S. 9]). Aus den resultierenden Gleichungen werden anschließend mit Hilfe zusätzlicher Annahmen die Flachwassergleichungen hergeleitet[3]. Vor der Herleitung der Modellgleichungen soll diskutiert werden, welche Konsequenzen aus der vorausgesetzten Inkompressibilität der Flüssigkeit resultieren.

Bemerkung 3.2 (Inkompressibilität [9, S. 10]). Eine inkompressible Flüssigkeit besitzt die Eigenschaft, dass das Volumen

$$V_\Omega(t) = \int_{\Omega(t)} \mathrm{d}V$$

eines mit der Strömung mitbewegten Bilanzgebiets $\Omega(t)$ konstant ist, d. h.

$$\frac{\mathrm{d}V_\Omega}{\mathrm{d}t}(t) = 0.$$

Aus dieser Gleichung folgt mit Hilfe des Reynolds'schen Transporttheorems (3.4) zunächst

$$\int_{\Omega(t)} \operatorname{div} \boldsymbol{v}(z_1, z_2, z_3, t) \, \mathrm{d}V = 0,$$

wobei $\boldsymbol{v} = (v_1, v_2, v_3)^T$ das Geschwindigkeitsfeld bezeichnet. Da diese Integralgleichung

[3]Alternativ ist es auch möglich, zunächst die dreidimensionalen Euler-Gleichungen herzuleiten und aus diesen mit Hilfe verschiedener Annahmen ein eindimensionales, gemitteltes Modell, die sogenannten Flachwassergleichungen, zu gewinnen (siehe [80, 92]). Dieser Zugang erscheint jedoch aufwendiger als der vorgestellte.

für beliebige Volumen gilt, kann sie lokalisiert werden und führt so auf die partielle Differentialgleichung

$$\operatorname{div} \boldsymbol{v}(z_1, z_2, z_3, t) = 0. \tag{3.17}$$

Diese Beziehung stellt die erste Gleichung zur Charakterisierung der untersuchten Strömung dar. Wie bereits erwähnt, resultieren die verbleibenden Gleichungen durch Bilanzieren der Masse und des Impulses.

Eine weitere Gleichung erhält man durch Bilanzierung der in einem körperfesten, d. h. mit der Strömung mitbewegten, Volumen $\Omega(t)$ enthaltenen Masse

$$m_\Omega(t) = \int_{\Omega(t)} \rho(z_1, z_2, z_3, t)\, \mathrm{d}V, \tag{3.18}$$

wobei ρ die Massendichte bezeichnet. Da in der Flüssigkeit keine Masse umgewandelt wird, beispielsweise durch eine chemische Reaktion, bleibt diese Masse stets konstant und es gilt

$$\frac{\mathrm{d}m_\Omega}{\mathrm{d}t}(t) = 0.$$

Aus dieser Gleichung folgt zusammen mit (3.18) und dem Reynolds'schen Transporttheorem (3.4) der Ausdruck

$$\int_{\Omega(t)} \left(\frac{\partial \rho}{\partial t}(z_1, z_2, z_3, t) + \operatorname{div}(\rho \boldsymbol{v})(z_1, z_2, z_3, t) \right) \mathrm{d}V = 0.$$

Da dieser für beliebige Bilanzgebiete erfüllt sein muss, folgt daraus die lokale partielle Differentialgleichung

$$\frac{\partial \rho}{\partial t}(z_1, z_2, z_3, t) + \operatorname{div}(\rho \boldsymbol{v})(z_1, z_2, z_3, t) = 0,$$

die mit Hilfe der Inkompressibilitätsbedingung (3.17) vereinfacht werden kann:

$$\frac{\partial \rho}{\partial t} + \langle \boldsymbol{v}, \operatorname{grad}(\rho) \rangle = 0.$$

Diese Gleichung kann dahingehend interpretiert werden, dass sich Dichteschwankungen, die zu einem Anfangszeitpunkt t_0 im untersuchten Gebiet vorliegen, entlang des Geschwindigkeitsfeldes ausbreiten. Für eine homogene Anfangsverteilung der Dichte, d. h. $\rho(z_1, z_2, z_3, t_0) = \rho_0$, gilt somit $\rho(z_1, z_2, z_3, t) = \rho_0$ für $t \geq t_0$. In den folgenden Betrachtungen wird eine derartige homogene Dichteverteilung angenommen.

Die im Volumen $\Omega_{[z_A, z_B]}(t)$ enthaltene Masse $m_{[z_A, z_B]}(t)$ lässt sich mit Hilfe der Dichte ρ_0 durch das Integral

$$m_{[z_A, z_B]}(t) = \int_{\Omega_{[z_A, z_B]}(t)} \rho_0\, \mathrm{d}V \tag{3.19}$$

erfassen. Dieser Ausdruck kann weiter vereinfacht werden, indem das Volumenintegral in ein Linien- und ein Flächenintegral zerlegt wird. Man erhält so

$$m_{[z_A,z_B]}(t) = \int_{z_A}^{z_B} \int_{\mathfrak{A}(z_1,t)} \rho_0 \,\mathrm{d}A \,\mathrm{d}z_1 = \int_{z_A}^{z_B} \rho_0 A(z_1,t) \,\mathrm{d}z_1, \tag{3.20}$$

wobei

$$A(z_1,t) = \int_{\mathfrak{A}(z_1,t)} \mathrm{d}A$$

die Querschnittsfläche der Flüssigkeit bezeichnet. Die Masse im betrachteten Bilanzgebiet ändert sich im vorliegenden Fall nur aufgrund des Zuflusses durch den Rand. Da weder durch die freie Oberfläche noch durch das Bett des Kanals Masse mit der Umgebung ausgetauscht wird, muss nur der durch die Ebenen $z_1 = z_A$ und $z_1 = z_B$ festgelegte Rand berücksichtigt werden. Der Massenstrom durch diese Flächen kann durch das Integral

$$Q(z_1,t) = \int_{\mathfrak{A}(z_1,t)} \rho_0 v_1(z_1,z_2,z_3,t) \,\mathrm{d}A \tag{3.21}$$

erfasst werden (siehe [17, S. 9]). Man erhält somit

$$\frac{\mathrm{d}m_{[z_A,z_B]}}{\mathrm{d}t}(t) = Q(z_A,t) - Q(z_B,t),$$

woraus mit (3.20) sowie unter Berücksichtigung des Hauptsatzes der Differential- und Integralrechnung (3.3) die Gleichung

$$\int_{z_A}^{z_B} \rho_0 \frac{\partial A}{\partial t}(z_1,t) \,\mathrm{d}z_1 = -\int_{z_A}^{z_B} \frac{\partial Q}{\partial z_1}(z_1,t) \,\mathrm{d}z_1$$

resultiert. Da diese Integralgleichung für beliebige Bilanzgebiete, d. h. für beliebige Grenzen $z_A, z_B \in [0,\ell]$, erfüllt sein muss, kann gefolgert werden, dass der Integrand verschwindet. Es gilt daher

$$\rho_0 \frac{\partial A}{\partial t}(z_1,t) + \frac{\partial Q}{\partial z_1}(z_1,t) = 0. \tag{3.22}$$

Eine zweite Gleichung zur Beschreibung der eindimensionalen Strömung erhält man durch Bilanzieren des im Gebiet $\Omega_{[z_A,z_B]}(t)$ enthaltenen Impulses, wobei nur die Komponente $i_{[z_A,z_B]}$ in $\boldsymbol{e}_1$-Richtung berücksichtigt wird. Diese ist durch das Integral

$$i_{[z_A,z_B]}(t) = \int_{\Omega_{[z_A,z_B]}(t)} \rho_0 v_1(z_1,z_2,z_3,t) \,\mathrm{d}V$$

gegeben, das analog zum Ausdruck (3.19) für die Masse in ein Linien- und ein Flächenintegral zerlegt werden kann:

$$i_{[z_A,z_B]}(t) = \int_{z_A}^{z_B} \int_{\mathfrak{A}(z_1,t)} \rho_0 v_1(z_1,z_2,z_3,t) \,\mathrm{d}A \,\mathrm{d}z_1 = \int_{z_A}^{z_B} Q(z_1,t) \,\mathrm{d}z_1. \tag{3.23}$$

Der Impuls $i_{[z_A,z_B]}$ ändert sich durch den Zufluss L impulsbehafteter Flüssigkeit sowie durch die an der Oberfläche des Bilanzgebiets angreifende Kraft $\boldsymbol{F}_{[z_A,z_B]}$. Die Gravitationskraft hat keinen direkten Einfluss, da sie keine Komponente in z_1-Richtung besitzt. Es gilt somit

$$\frac{\mathrm{d}i_{[z_A,z_B]}}{\mathrm{d}t}(t) = L(z_A,t) - L(z_B,t) + \left\langle \boldsymbol{F}_{[z_A,z_B]}(t), \boldsymbol{e}_1 \right\rangle, \tag{3.24}$$

wobei der Impulsstrom L durch

$$L(z_1,t) = \int_{\mathfrak{A}(z_1,t)} \rho_0 \left[v_1(z_1,z_2,z_3,t)\right]^2 \mathrm{d}A \tag{3.25}$$

und die am Rand angreifende Kraft $\boldsymbol{F}_{[z_A,z_B]}$ durch

$$\boldsymbol{F}_{[z_A,z_B]}(t) = -\int_{\partial\Omega_{[z_A,z_B]}(t)} p(z_1,z_2,z_3,t)\boldsymbol{n}_\Omega(z_1,z_2,z_3,t)\,\mathrm{d}A \tag{3.26}$$

gegeben sind (siehe [17, S. 11]). Dabei bezeichnet $\boldsymbol{\eta}_\Omega$ den äußeren Normaleneinheitsvektor an den Rand $\partial\Omega_{[z_A,z_B]}$ des Gebietes $\Omega_{[z_A,z_B]}$. Bei der Formulierung des Integrals für die Kraft $\boldsymbol{F}_{[z_A,z_B]}$ wurde ausgenutzt, dass der Spannungstensor unter Vernachlässigung der Viskosität die Form $-pI_3$ annimmt, wobei p den Druck bezeichnet. Da es sich bei der Kraft um eine vektorwertige Funktion handelt, müssen zur Umformung des Integrals die Formulierungen der Divergenz und des Gauß'schen Integralsatzes für tensorwertige Funktionen verwendet werden (siehe [3, S. 42, S. 45], [32, S. 60]). Mit diesen kann das Integral (3.26) in der Form

$$\boldsymbol{F}_{[z_A,z_B]}(t) = -\int_{\Omega_{[z_A,z_B]}(t)} \operatorname{div}(pI_3)(z_1,z_2,z_3,t)\,\mathrm{d}V = -\int_{z_A}^{z_B}\int_{\mathfrak{A}(z_1,t)} \operatorname{grad} p(z_1,z_2,z_3,t)\,\mathrm{d}A\,\mathrm{d}z_1 \tag{3.27}$$

angeschrieben werden. Setzt man diesen Ausdruck in die Impulsbilanz (3.24) ein, so folgt unter Verwendung von Gl. (3.23) die Beziehung

$$\int_{z_A}^{z_B} \frac{\partial Q}{\partial t}(z_1,t)\,\mathrm{d}z_1 = -\int_{z_A}^{z_B} \frac{\partial L}{\partial z_1}(z_1,t)\,\mathrm{d}z_1 - \int_{z_A}^{z_B}\int_{\mathfrak{A}(z_1,t)} \frac{\partial p}{\partial z_1}(z_1,z_2,z_3,t)\,\mathrm{d}A\,\mathrm{d}z_1.$$

Da diese Integralgleichung für sämtliche Intervalle $[z_A, z_B] \subset [0,\ell]$ erfüllt sein muss, kann gefolgert werden, dass der Integrand verschwindet:

$$\frac{\partial Q}{\partial t}(z_1,t) = -\frac{\partial L}{\partial z_1}(z_1,t) - \int_{\mathfrak{A}(z_1,t)} \frac{\partial p}{\partial z_1}(z_1,z_2,z_3,t)\,\mathrm{d}A. \tag{3.28}$$

Diese Gleichung bildet gemeinsam mit (3.22) die Grundlage für die Herleitung der Flachwassergleichungen.

Herleitung der Flachwassergleichungen

Aus den eindimensionalen Bilanzgleichungen des vorangegangenen Abschnitts soll durch eine Reihe von Approximationen[4] ein System partieller Differentialgleichungen für die gemittelte Strömungsgeschwindigkeit

$$\tilde{v}_1(z_1,t) = \frac{1}{A(z_1,t)} \int_{\mathfrak{A}(z_1,t)} v_1(z_1,z_2,z_3,t)\,\mathrm{d}A \tag{3.29}$$

und eine gemittelte Flüssigkeitshöhe $\tilde{h}$ hergeleitet werden. Letztere ist dabei implizit durch

$$A(z_1,t) = \int_0^{\tilde{h}(z_1,t)} \tilde{b}(\xi)\,\mathrm{d}\xi \tag{3.30}$$

definiert und entspricht somit einer der tatsächlichen Querschnittsfläche entsprechenden konstanten Flüssigkeitshöhe (siehe Abb. 3.2b).

Die wesentlichste Annahme zur Herleitung der Flachwassergleichungen besteht darin, eine hydrostatische Druckverteilung vorauszusetzen (siehe [8, S. 292]). Der Druck genügt somit der gewöhnlichen Differentialgleichung

$$\frac{\partial p}{\partial z_3}(z_1,z_2,z_3,t) = -\rho_0 g. \tag{3.31}$$

Aus der Tatsache, das der Spannungstensor im Inneren der Flüssigkeit mit jenem außerhalb im Gleichgewicht steht, und unter Vernachlässigung der Oberflächenspannung erhält man für den Druck die Randbedingung

$$p(z_1,z_2,\sigma(z_1,z_2,t)) = p_0,$$

wobei p_0 den Luftdruck und

$$\sigma(z_1,z_2,t) = \tilde{k}(z_1) + k'(z_2) + h(z_1,z_2,t)$$

die vertikale Koordinate der freien Oberfläche bezeichnen. Die Lösung von (3.31) lautet somit

$$p(z_1,z_2,z_3,t) = p_0 + \rho_0 g\left(\sigma(z_1,z_2,t) - z_3\right). \tag{3.32}$$

Für die weiteren Untersuchungen bietet es sich an, die Strömungsgeschwindigkeit v_1 und die vertikale Koordinate σ der freien Oberfläche in einen gemittelten Anteil und eine Abweichung davon gemäß

$$v_1(z_1,z_2,z_3,t) = \tilde{v}_1(z_1,t) + v_1'(z_1,z_2,z_3,t) \quad \text{bzw.} \quad \sigma(z_1,z_2,t) = \tilde{\sigma}(z_1,t) + \sigma'(z_1,z_2,t)$$

zu zerlegen, wobei der gemittelte Anteil von σ durch

$$\tilde{\sigma}(z_1,t) = \tilde{k}(z_1) + \tilde{h}(z_1,t) \tag{3.33}$$

[4]Eine Diskussion dieser Approximationen findet sich in [8, S. 311].

gegeben ist. Im nächsten Schritt werden die in den Bilanzgleichung (3.22) und (3.28) auftretenden Terme umgeformt. Aus den Definitionsgleichungen (3.21), (3.25) und (3.32) erhält man dazu

$$Q(z_1,t) = \rho_0 A(z_1,t)\tilde{v}_1(z_1,t), \tag{3.34a}$$

$$L(z_1,t) = \rho_0 A(z_1,t)\left[\tilde{v}_1(z_1,t)\right]^2 + \rho_0 M_1(z_1,t) \tag{3.34b}$$

mit

$$M_1(z_1,t) = \int_{\mathfrak{A}(z_1,t)} \left[v_1'(z_1,z_2,z_3,t)\right]^2 \mathrm{d}A$$

sowie

$$p(z_1,z_2,z_3,t) = p_0 + \rho_0 g\left(\tilde{\sigma}(z_1,t) + \sigma'(z_1,z_2,t) - z_3\right). \tag{3.34c}$$

Setzt man diese Beziehungen in Gl. (3.28) ein, so erhält man

$$\frac{\partial(A\tilde{v}_1)}{\partial t}(z_1,t) = -\frac{\partial(A\tilde{v}_1^2)}{\partial z_1}(z_1,t) - gA(z_1,t)\frac{\partial\tilde{\sigma}}{\partial z_1}(z_1,t) - \frac{\partial M_1}{\partial z_1}(z_1,t) - M_2(z_1,t) \tag{3.35}$$

mit

$$M_2(z_1,t) = g\int_{\mathfrak{A}(z_1,t)} \frac{\partial\sigma'}{\partial z_1}(z_1,z_2,t)\,\mathrm{d}A.$$

Die beiden Terme $\frac{\partial M_1}{\partial z_1}$ und M_2 können vernachlässigt werden, wenn die Abweichungen v_1' und σ' sowie ihre Ableitungen in z_1-Richtung kleine Werte annehmen, wenn also die Geschwindigkeit v_1 sowie die vertikale Koordinate σ der freien Oberfläche nur geringfügig von den mittleren Werten $\tilde{v}_1$ und $\tilde{\sigma}$ abweichen. Aus (3.35) folgt somit

$$\frac{\partial(A\tilde{v}_1)}{\partial t}(z_1,t) = -\frac{\partial(A\tilde{v}_1^2)}{\partial z_1}(z_1,t) - gA(z_1,t)\frac{\partial\tilde{\sigma}}{\partial z_1}(z_1,t). \tag{3.36a}$$

Diese Gleichung bildet gemeinsam mit der Beziehung

$$\frac{\partial A}{\partial t}(z_1,t) + \frac{\partial(A\tilde{v}_1)}{\partial z_1}(z_1,t) = 0, \tag{3.36b}$$

die durch Einsetzen von (3.34a) in die Bilanzgleichung (3.22) resultiert, die gesuchten Flachwassergleichungen. Für die weiteren Untersuchungen bietet es sich an, diese Gleichungen zu vereinfachen. Dazu erhält man unter Verwendung der Produktregel aus (3.36a) den Ausdruck

$$\begin{aligned}\frac{\partial A}{\partial t}(z_1,t)\tilde{v}_1(z_1,t) + A(z_1,t)\frac{\partial\tilde{v}_1}{\partial t}(z_1,t)&\\ = -\frac{\partial\left(A\tilde{v}_1\right)}{\partial z_1}(z_1,t)\tilde{v}_1(z_1,t) - A(z_1,t)\tilde{v}_1(z_1,t)\frac{\partial\tilde{v}_1}{\partial z_1}(z_1,t) - gA(z_1,t)\frac{\partial\tilde{\sigma}}{\partial z_1}(z_1,t).&\end{aligned}$$

Setzt man in diese Beziehung die Kontinuitätsgleichung (3.36b) ein und dividiert durch die Querschnittsfläche A, so folgt

$$\frac{\partial \tilde{v}_1}{\partial t}(z_1,t) = -\tilde{v}_1(z_1,t)\frac{\partial \tilde{v}_1}{\partial z_1}(z_1,t) - g\left(\frac{\partial \tilde{h}}{\partial z_1}(z_1,t) + \frac{\mathrm{d}\tilde{k}}{\mathrm{d}z_1}(z_1)\right), \tag{3.37a}$$

wobei $\tilde{\sigma}$ durch (3.33) ersetzt wurde. Aus (3.36b) resultiert wiederum

$$\frac{\partial \tilde{h}}{\partial t}(z_1,t) + \tilde{v}_1(z_1,t)\frac{\partial \tilde{h}}{\partial z_1}(z_1,t) + \frac{A(\tilde{h}(z_1,t))}{\tilde{b}(\tilde{h}(z_1,t))}\frac{\partial \tilde{v}_1}{\partial z_1}(z_1,t) = 0, \tag{3.37b}$$

indem man den Flächeninhalt A gemäß (3.30) als Funktion der gemittelten Höhe $\tilde{h}$ auffasst, für deren Ableitung

$$\frac{\mathrm{d}A}{\mathrm{d}\tilde{h}}(\tilde{h}) = \tilde{b}(\tilde{h})$$

gilt.

Randbedingungen

Die Randbedingungen am Zu- und Abfluss können nicht aus den zur Herleitung der Systemgleichungen verwendeten Voraussetzungen abgeleitet werden, da die Annahme einer hydrostatischen Druckverteilung dort nicht mehr gerechtfertigt ist. Der Ausfluss unter einem Schütz kann im einfachsten Fall durch eine Gleichung der Form

$$Q = Cu\sqrt{\Delta H} \tag{3.38}$$

berechnet werden, wobei Q den Volumenstrom, u die Schützöffnung, ΔH die Differenz der Flüssigkeitshöhe zwischen den beiden Seiten des Schützes und C einen konstanten, positiven Parameter bezeichnen[5] (siehe [64, S. 86]). Der Parameter C hängt im Allgemeinen von der Geometrie und den Flüssigkeitshöhen auf beiden Seiten des Schützes ab. In speziellen Fällen können dafür explizite Beziehungen gefunden werden, im Allgemeinen ist jedoch eine experimentelle Bestimmung notwendig. Zur Vereinfachung der folgenden Untersuchungen werden diese Abhängigkeiten daher vernachlässigt und der Parameter als konstant angenommen. Damit durch die Ausflussgleichung (3.38) eine sinnvolle Randbedingung gegeben ist, muss $\Delta H > 0$ gefordert werden.

Aus (3.38) resultieren für das vorliegende System die beiden Randbedingungen

$$\tilde{h}(0,t)\tilde{v}_1(0,t) = Cu_0\sqrt{H_\mathrm{o} - \tilde{h}(0,t)} \quad \text{und} \quad \tilde{h}(\ell,t)\tilde{v}_1(\ell,t) = Cu_\ell(t)\sqrt{\tilde{h}(\ell,t) - H_\mathrm{u}}, \tag{3.39}$$

wobei H_o und H_u die als konstant angenommenen Flüssigkeitshöhen vor und nach dem untersuchten Kanalstück bezeichnen (siehe Abb. 3.2a). Als Stellgröße steht die Öffnung u_ℓ des Schützes bei $z = \ell$ zur Verfügung. Wie bereits erwähnt, ist der Koeffizient C in der Beziehung (3.38) von verschiedenen Größen abhängig, so dass sich in der Regel für die Randbedingungen am Zu- und Abfluss unterschiedliche Werte ergeben. Zur Vereinfachung

[5] Diese Darstellung unterscheidet sich von der in [64, S. 86] gegebenen dahingehend, dass die dort auftretenden Koeffizienten im Parameter C zusammengefasst wurden.

wurde dieser Unterschied jedoch vernachlässigt.

Bemerkung 3.3. Den Randbedingungen liegen stationäre Strömungsverhältnisse zugrunde, weshalb sie für den allgemeinen instationären Fall nur noch unzureichend zutreffen. Eine genauere Modellierung der Randbedingung erscheint jedoch nicht sinnvoll, da die unregelmäßige Geometrie an den Rändern ein sehr komplexes Modell nach sich ziehen würde. Für den praktischen Anwendungsfall kann stattdessen ein experimentell erfasstes Kennlinienfeld verwendet werden. Zum Einstellen eines gewünschten Volumenstroms am aktuierten Schütz ist darüber hinaus die Verwendung eines unterlagerten Reglers denkbar.

Klassifikation

Mit Hilfe des Systemgrößenvektors $\boldsymbol{x} = (x_1\ x_2)^T = (\tilde{h}\ \tilde{v}_1)^T$ können die Flachwassergleichungen (3.37) in der Matrixform

$$\frac{\partial \boldsymbol{x}}{\partial z} + \frac{1}{D(\boldsymbol{x})}\begin{pmatrix} x_2 & -d(x_1) \\ -g & x_2 \end{pmatrix}\frac{\partial \boldsymbol{x}}{\partial t} = \frac{g}{D(\boldsymbol{x})}\frac{\mathrm{d}\tilde{k}}{\mathrm{d}z}\begin{pmatrix} d(x_1) \\ -x_2 \end{pmatrix} \quad \text{mit} \quad d(x_1) = \frac{A(x_1)}{\tilde{b}(x_1)}$$

und $D(\boldsymbol{x}) = x_2^2 - gd(x_1)$ angeschrieben werden. Da diese Gleichung linear in den höchsten Ableitungen ist, die Koeffizienten jedoch von der Lösung abhängen, handelt es sich nach Definition 2.2 um ein quasilineares System. Die Eigenwerte der Systemmatrix

$$B(\boldsymbol{x}) = \frac{1}{D(\boldsymbol{x})}\begin{pmatrix} x_2 & -d(x_1) \\ -g & x_2 \end{pmatrix}$$

und die zugehörigen Links-Eigenvektoren lauten

$$\lambda_1(\boldsymbol{x}) = x_2 + \sqrt{gd(x_1)} \quad \text{und} \quad \lambda_2(\boldsymbol{x}) = x_2 - \sqrt{gd(x_1)}$$

bzw.

$$\boldsymbol{\gamma}_1^T(\boldsymbol{x}) = \left(-\sqrt{\tfrac{g}{d(x_1)}}\ \ 1\right) \quad \text{und} \quad \boldsymbol{\gamma}_2^T(\boldsymbol{x}) = \left(\sqrt{\tfrac{g}{d(x_1)}}\ \ 1\right).$$

Es gibt also für $x_1 > 0$ zwei verschiedene reelle Eigenwerte und somit auch zwei linear unabhängige Eigenvektoren. Die Systemmatrix $B(\boldsymbol{x})$ ist daher diagonalisierbar und das System gemäß Definition 2.5 hyperbolisch.

3.4 Modell eines schweren Seils

Im folgenden Abschnitt wird das Modell eines schweren Seils[6] hergeleitet (siehe Abb. 3.3). Das untersuchte Seil ist an einem frei beweglichen Aufhängepunkt der Masse m_W befestigt, in den die äußere Kraft $\boldsymbol{F}$ eingeprägt werden kann. Am freien Ende befindet sich eine Last

[6] In der englischsprachigen Literatur (siehe [67]) wird auch die Bezeichnung „chain“, also „Kette“, im Zusammenhang mit dem vorliegenden Modell genutzt. Durch die Wahl des Begriffs „Seil“ soll jedoch der verteiltparametrische Charakter hervorgehoben werden.

der Masse m_L. Die folgenden Schritte zur Herleitung der Modellgleichungen orientieren

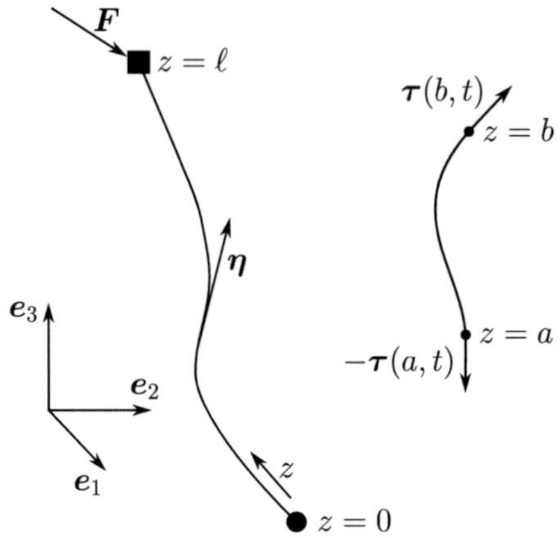

Abbildung 3.3 – Skizze des schweren Seils

sich an dem in [5, S. 13] diskutierten Zugang.

Die wesentlichste Annahme, die den folgenden Untersuchungen zugrunde liegt, besteht darin, das Seil als eindimensionales Objekt aufzufassen. Das heißt, die Konfiguration des Seiles zu einem Zeitpunkt t ist eindeutig durch die Raumkurve $z \mapsto \boldsymbol{w}(z,t) \in \mathbb{R}^3$ gegeben. Die materialfeste Koordinate $z \in [0, \ell]$ entspricht dabei der Bogenlänge des Seils im entspannten Zustand und wird so festgelegt, dass das freie Ende durch $z = 0$ und der Aufhängepunkt durch $z = \ell$ gekennzeichnet sind. Darüber hinaus wird angenommen, dass das Seil biegeschlaff ist, dass also keine Biegemomente übertragen werden können (siehe [19, S. 157]).

Zur Herleitung der Modellgleichungen werden die Masse, der Impuls und der Drehimpuls eines materialfesten Liniensegments $[a, b] \subset [0, \ell]$ bilanziert, dessen Grenzen a und b von der Zeit unabhängig sind. Die Masse des so definierten Segments kann mit Hilfe der auf die Koordinate z bezogenen Liniendichte ρ durch das Integral

$$m_{[a,b]}(t) = \int_a^b \rho(z,t)\,\mathrm{d}z$$

berechnet werden. Diese Masse bleibt konstant, weil weder ein Zufluss durch die Grenzen des Bilanzgebiets noch eine innere Erzeugung oder Verlust auftreten. Es gilt somit

$$\frac{\mathrm{d}m_{[a,b]}}{\mathrm{d}t}(t) = 0.$$

Da die Grenzen a und b des Bilanzgebiets zeitunabhängig und beliebig sind, kann diese Beziehung lokalisiert werden und führt so auf

$$\frac{\partial \rho}{\partial t}(z,t) = 0 \quad \text{bzw.} \quad \rho(z,t) = \text{const.} \tag{3.40}$$

Es sei darauf hingewiesen, dass nur die Liniendichte bezogen auf die materialfeste Koordinate z konstant bleibt. Bezieht man die Dichte hingegen auf die physikalische Länge des Seils, so ändert sich diese infolge der Verformung des Seils.

Analog zur Masse kann der Impuls $\boldsymbol{p}_{[a,b]}$ des untersuchten Seilsegments durch das Integral

$$\boldsymbol{p}_{[a,b]}(t) = \int_a^b \rho \frac{\partial \boldsymbol{w}}{\partial t}(z,t)\,\mathrm{d}z \tag{3.41}$$

ausgedrückt werden. Die Änderung dieses Impulses entspricht der Summe der äußeren Kräfte. Diese setzen sich zum einen aus der an den Grenzen des Bilanzgebiets angreifenden Seilkraft $\boldsymbol{\tau}$ und zum anderen aus der entlang des Segments wirkenden Gravitationskraft

$$\int_a^b \rho \boldsymbol{g}\,\mathrm{d}z$$

zusammen, wobei $\boldsymbol{g} = -g\boldsymbol{e}_3$ die Erdbeschleunigung mit dem Betrag g bezeichnet. Aus der daraus resultierenden Beziehung

$$\frac{\mathrm{d}\boldsymbol{p}_{[a,b]}}{\mathrm{d}t}(t) = \boldsymbol{\tau}(b,t) - \boldsymbol{\tau}(a,t) + \int_a^b \rho \boldsymbol{g}\,\mathrm{d}z$$

erhält man unter Verwendung des Hauptsatzes der Differential- und Integralrechnung (3.3) und der Gl. (3.41) die Integralgleichung

$$\int_a^b \left(\rho \frac{\partial^2 \boldsymbol{w}}{\partial t^2}(z,t) - \frac{\partial \boldsymbol{\tau}}{\partial z}(z,t) - \rho \boldsymbol{g} \right) \mathrm{d}z = \boldsymbol{0},$$

wobei berücksichtigt wurde, dass die Grenzen a und b des Bilanzgebiets nicht von der Zeit abhängen und somit Integration und Differentiation vertauscht werden können. Da diese Integralgleichung für beliebige Intervalle $[a,b] \subset [0,\ell]$ gilt, erhält man

$$\rho \left(\frac{\partial^2 \boldsymbol{w}}{\partial t^2}(z,t) - \boldsymbol{g} \right) - \frac{\partial \boldsymbol{\tau}}{\partial z}(z,t) = \boldsymbol{0}. \tag{3.42}$$

Abschließend wird der Drehimpuls $\boldsymbol{L}_{[a,b]}$ bilanziert, der sich mit Hilfe des durch den Operator $\times$ dargestellten Kreuzprodukts durch das Integral

$$\boldsymbol{L}_{[a,b]}(t) = \int_a^b \rho \boldsymbol{w}(z,t) \times \frac{\partial \boldsymbol{w}}{\partial t}(z,t)\,\mathrm{d}z \tag{3.43}$$

ausdrücken lässt. Die zeitliche Änderung des Drehimpulses entspricht der Summe der angreifenden Momente. Diese ergeben sich aufgrund der eingangs gemachten Annahme, das keine Biegemomente übertragen werden können, aus der Seilkraft $\boldsymbol{\tau}$ sowie der Gravitationskraft:

$$\frac{\mathrm{d}\boldsymbol{L}_{[a,b]}}{\mathrm{d}t}(t) = \boldsymbol{w}(b,t) \times \boldsymbol{\tau}(b,t) - \boldsymbol{w}(a,t) \times \boldsymbol{\tau}(a,t) + \int_a^b \boldsymbol{w}(z,t) \times (\rho \boldsymbol{g})\,\mathrm{d}z.$$

Aus dieser Beziehung folgt gemeinsam mit (3.43) und dem Hauptsatz der Differential- und Integralrechnung (3.3) die Integralgleichung

$$\int_a^b \left(\rho \boldsymbol{w}(z,t) \times \frac{\partial^2 \boldsymbol{w}}{\partial t^2}(z,t) - \frac{\partial(\boldsymbol{w} \times \boldsymbol{\tau})}{\partial z}(z,t) - \boldsymbol{w}(z,t) \times (\rho \boldsymbol{g}) \right) \mathrm{d}z = \boldsymbol{0},$$

wobei die Beziehung $\frac{\partial \boldsymbol{w}}{\partial t}(z,t) \times \frac{\partial \boldsymbol{w}}{\partial t}(z,t) = \boldsymbol{0}$ ausgenutzt wurde. Da diese Gleichung für beliebige Intervalle $[a,b] \subset [0,\ell]$ gilt, erhält man

$$\rho \boldsymbol{w}(z,t) \times \frac{\partial^2 \boldsymbol{w}}{\partial t^2}(z,t) - \frac{\partial(\boldsymbol{w} \times \boldsymbol{\tau})}{\partial z}(z,t) - \boldsymbol{w}(z,t) \times (\rho \boldsymbol{g}) = \boldsymbol{0}.$$

Dieser Ausdruck kann mit Hilfe der aus der Bilanzierung des Impulses resultierenden Gl. (3.42) weiter vereinfacht werden und liefert somit

$$-\frac{\partial \boldsymbol{w}}{\partial z}(z,t) \times \boldsymbol{\tau}(z,t) = \boldsymbol{0}. \tag{3.44}$$

Die in dieser Gleichung auftretende Ableitung der Auslenkung $\boldsymbol{w}$ bezüglich des Ortes entspricht dem Tangentialvektor an die Seilkurve. Dieser kann mit Hilfe des entsprechenden Einheitsvektors $\boldsymbol{\eta}$ in der Form

$$\frac{\partial \boldsymbol{w}}{\partial z}(z,t) = \left| \frac{\partial \boldsymbol{w}}{\partial z}(z,t) \right| \boldsymbol{\eta}(z,t) \tag{3.45a}$$

dargestellt werden. Gl. (3.44) bringt somit zum Ausdruck, dass die Seilkraft $\boldsymbol{\tau}$ und der Tangentialvektor $\frac{\partial \boldsymbol{w}}{\partial z}$ bzw. $\boldsymbol{\eta}$ kollinear sind. Es gilt somit

$$\boldsymbol{\tau}(z,t) = \tau(z,t)\boldsymbol{\eta}(z,t), \tag{3.45b}$$

wobei τ den Betrag der Seilkraft bezeichnet.

Aus der Bilanz der verschiedenen physikalischen Größen resultieren die Gleichungen (3.40), (3.42) sowie (3.44) bzw. (3.45). Dieses System ist nicht geschlossen, da mehr unabhängige Größen als linear unabhängige Gleichungen enthalten sind. Es ist daher notwendig, zusätzliche Gleichungen, sogenannte Konstitutivgleichungen, zu bestimmen, durch die das System geschlossen wird. Im Folgenden werden dazu zwei Möglichkeiten diskutiert[7]. Im ersten Fall wird angenommen, dass das Seil elastisch verformbar ist, während im zweiten Fall vorausgesetzt wird, dass es dehnstarr ist.

Der erste Fall kann durch einen im Allgemeinen nichtlinearer Zusammenhang zwischen dem Betrag der Seilkraft τ und der Dehnung ε der Form

$$\tau(z,t) = N(\varepsilon(z,t)) \tag{3.46}$$

[7]Eine detailliertere Diskussion möglicher Konstitutivgleichungen findet sich in [5, S. 17].

modelliert werden, wobei sich die Dehnung aus der Gleichung

$$\varepsilon(z,t) = \left|\frac{\partial \boldsymbol{w}}{\partial z}(z,t)\right| - 1 \tag{3.47}$$

ergibt (siehe [16, S. 222]). Es wird angenommen, dass die Funktion N zweimal stetig differenzierbar und monoton steigend ist. Die erste dieser beiden Annahmen ist für die spätere Anwendung der Charakteristikenmethode notwendig, während die zweite aus der physikalischen Anschauung herrührt, dass mit der Dehnung auch die Seilkraft zunimmt[8]. Darüber hinaus wird vereinbart, dass die Seilkraft im entspannten Zustand, d. h. für $\varepsilon = 0$, verschwindet und somit $N(0) = 0$ gilt. Der einfachste derartige Zusammenhang ist durch die lineare Abbildung

$$N(\varepsilon(z,t)) = EA\varepsilon(z,t), \tag{3.48}$$

mit dem konstanten Parameter $EA > 0$ gegeben[9].

Aus der angenommenen Monotonieeigenschaft der Funktion N kann in Verbindung mit dem Umkehrsatz (siehe [37, S. 300]) geschlossen werden, dass sie invertierbar ist, d. h. eine Funktion

$$\varepsilon(z,t) = N^{-1}(\tau(z,t)) \tag{3.49}$$

existiert.

Im zweiten Fall, in dem das Seil als dehnstarr betrachtet und somit $\varepsilon = 0$ gefordert wird, erhält man aus Gl. (3.47) die Konstitutivgleichung

$$\left|\frac{\partial \boldsymbol{w}}{\partial z}(z,t)\right| = 1. \tag{3.50}$$

Die Gleichungen (3.40), (3.42) sowie (3.44) bzw. (3.45) bilden gemeinsam mit der Konstitutivgleichung (3.46) bzw. (3.50) das gesuchte Modell des schweren Seils.

[8] Dieses Argument ist nur für Dehnungen zulässig, die eine gewisse Grenze nicht überschreiten. Ab dieser kommt es zu plastischen Verformungen bzw. zum Bruch. Für die folgenden Untersuchungen wird stets vorausgesetzt, dass die auftretenden Dehnungen im elastischen Bereich liegen.

[9] Die Bezeichnung des Parameters EA wurde gewählt um die Analogie zum Hooke'schen Gesetz zu verdeutlichen, bei dem das Produkt aus dem Elastizitätsmodul E und der Querschnittsfläche A die Proportionalitätskonstante für die Beziehung zwischen Seilkraft und Dehnung darstellt. Da im vorliegenden Fall das Seil als eindimensionales Objekt angesehen wird, besitzt es per Definition keine Querschnittsfläche. Da dies jedoch nur eine Modellannahme ist, wurde das Produkt als fester Parameter vereinbart, der im Rahmen einer Parameteridentifikation bestimmt werden kann (siehe [5, S. 16]).

Randbedingungen

Die Randbedingungen erhält man durch Bilanzieren des Impulses des Aufhängepunkts und der angehängten Last. Sie lauten somit

$$m_L \left(\frac{\partial^2 \boldsymbol{w}}{\partial t^2}(0,t) - \boldsymbol{g} \right) - \boldsymbol{\tau}(0,t) = \boldsymbol{0} \quad \text{und} \quad m_W \left(\frac{\partial^2 \boldsymbol{w}}{\partial t^2}(\ell,t) - \boldsymbol{g} \right) + \boldsymbol{\tau}(\ell,t) = \boldsymbol{F}(t). \tag{3.51}$$

Klassifikation

Um die vorgestellten Modelle des elastischen und des inelastischen, schweren Seils zu klassifizieren, ist es zunächst notwendig, eine Formulierung der Modellgleichungen als System partieller Differentialgleichungen erster Ordnung zu finden. An dieser Stelle wird jedoch auf eine weitere Untersuchung verzichtet, da die entsprechenden Umformungen in den Abschnitten 6.3 und 6.4, die sich mit dem Steuerungsentwurf für die jeweiligen Modelle befassen, ausführlich diskutiert werden. Dabei wird sich herausstellen, dass die Systeme quasilinear und hyperbolisch sind.

Das linearisierte Modell

Für die Diskussion des flachheitsbasierten Steuerungsentwurfs für lineare partielle Differentialgleichungen im Abschnitt 4.2 wird das um eine Ruhelage linearisierte Modell des elastischen Seils verwendet (siehe [4]). Dazu ist es notwendig, zunächst die Ruhelagen zu berechnen. Durch Nullsetzen der Zeitableitungen in den Modellgleichungen erhält man das folgende System gewöhnlicher Differentialgleichungen:

$$\frac{\mathrm{d}\boldsymbol{\tau}_\mathrm{r}}{\mathrm{d}s}(s) = -\rho \boldsymbol{g}, \qquad \boldsymbol{\tau}_\mathrm{r}(s) = \tau_\mathrm{r}(s)\boldsymbol{\eta}_\mathrm{r}(s), \tag{3.52a}$$

$$\varepsilon_\mathrm{r}(z) = \left| \frac{\mathrm{d}\boldsymbol{w}_\mathrm{r}}{\mathrm{d}z}(z) \right| - 1, \qquad \tau_\mathrm{r}(z) = N(\varepsilon_\mathrm{r}(z)), \tag{3.52b}$$

$$\frac{\mathrm{d}\boldsymbol{w}_\mathrm{r}}{\mathrm{d}z}(z) = \left| \frac{\mathrm{d}\boldsymbol{w}_\mathrm{r}}{\mathrm{d}z}(z) \right| \boldsymbol{\eta}_\mathrm{r}(z). \tag{3.52c}$$

Die zugehörigen Randbedingungen ergeben sich aus (3.51) und lauten

$$-m_L \boldsymbol{g} - \boldsymbol{\tau}_\mathrm{r}(0) = \boldsymbol{0} \quad \text{und} \quad -m_W \boldsymbol{g} + \boldsymbol{\tau}_\mathrm{r}(\ell) = \boldsymbol{F}_\mathrm{r}.$$

Die Seilkraft in der Ruhelage $\boldsymbol{\tau}_\mathrm{r}$, ihr Betrag τ_r und der Tangentialvektor $\boldsymbol{\eta}_\mathrm{r}$ können aus (3.52a) und der Randbedingung bei $z = 0$ berechnet werden:

$$\boldsymbol{\tau}_\mathrm{r}(z) = -(m_L + \rho z)\boldsymbol{g}, \qquad \tau_\mathrm{r}(z) = (m_L + \rho z)g, \qquad \boldsymbol{\eta}_\mathrm{r}(z) = \boldsymbol{e}_3. \tag{3.53}$$

Für die Dehnung des Seiles ε_r und damit verbunden den Betrag des Gradienten der Auslenkung $\boldsymbol{w}$ erhält man unter Verwendung der Beziehungen (3.53) und der Gl. (3.52b) sowie der inversen Funktion N^{-1} nach Gl. (3.49) die Ausdrücke

$$\varepsilon_{\mathrm{r}}(s) = N^{-1}((m_L + \rho z)g) \quad \text{und} \quad \left|\frac{\mathrm{d}\boldsymbol{w}_{\mathrm{r}}}{\mathrm{d}z}(z)\right| = 1 + N^{-1}((m_L + \rho z)g).$$

Diese können verwendet werden um aus (3.52c) die Auslenkung $\boldsymbol{w}_{\mathrm{r}}$ des Seils in der Ruhelage zu bestimmen:

$$\boldsymbol{w}_{\mathrm{r}}(z) = \boldsymbol{w}_{\mathrm{r}}(0) + \left(z + \int_0^z N^{-1}((m_L + \rho\zeta)g)\,\mathrm{d}\zeta\right)\boldsymbol{e}_3. \tag{3.54}$$

Qualitativ kann diese Lösung dahingehend interpretiert werden, dass die Ruhelage erwartungsgemäß dadurch gekennzeichnet ist, dass das Seil senkrecht herabhängt. Die Position der Last bzw. bei Änderung der Integrationsgrenzen die Position eines beliebigen Punktes des Seils kann dabei frei vorgegeben werden. Für die quantitative Auswertung muss das Integral auf der rechten Seite von Gl. (3.54) gelöst werden, was im Allgemeinen nur numerisch möglich ist. Für den Spezialfall eines linearen Zusammenhangs zwischen Seilkraft und Dehnung nach Gl. (3.48) kann jedoch die explizite Lösung

$$\boldsymbol{w}_{\mathrm{r}}(z) = \boldsymbol{w}_{\mathrm{r}}(0) + \left(z + \frac{g}{EA}\left(m_L z + \frac{\rho z^2}{2}\right)\right)\boldsymbol{e}_3 \tag{3.55}$$

angegeben werden.

Ausgehend von den so bestimmten Ruhelagen kann das linearisierte Modell auf Basis der Gleichungen (3.42) und (3.45)–(3.47) hergeleitet werden. Durch Linearisieren dieser Gleichungen unter Ausnutzung der aus (3.47) resultierenden Beziehung $\left|\frac{\partial w}{\partial z}\right| = \varepsilon + 1$ erhält man das folgende Gleichungssystem, wobei die Abweichungen der einzelnen Systemgrößen von ihren Profilen in der Ruhelage, also beispielsweise $\tilde{\boldsymbol{w}} = \boldsymbol{w} - \boldsymbol{w}_{\mathrm{r}}$, mit einer Tilde gekennzeichnet wurden:

$$\rho\frac{\partial^2\tilde{\boldsymbol{w}}}{\partial t^2}(z,t) = \frac{\partial\tilde{\boldsymbol{\tau}}}{\partial z}(z,t), \tag{3.56a}$$

$$\frac{\partial\tilde{\boldsymbol{w}}}{\partial z}(z,t) = \tilde{\varepsilon}(z,t)\boldsymbol{\eta}_{\mathrm{r}} + (\varepsilon_{\mathrm{r}}(z)+1)\tilde{\boldsymbol{\eta}}(z,t), \tag{3.56b}$$

$$\tilde{\boldsymbol{\tau}}(z,t) = \tilde{\tau}(z,t)\boldsymbol{\eta}_{\mathrm{r}} + \tau_{\mathrm{r}}(z)\tilde{\boldsymbol{\eta}}(z,t), \tag{3.56c}$$

$$\tilde{\tau}(z,t) = \frac{\mathrm{d}N}{\mathrm{d}\varepsilon}(\varepsilon_{\mathrm{r}}(z))\tilde{\varepsilon}(z,t), \tag{3.56d}$$

$$\tilde{\varepsilon}(z,t) = \left|\frac{\mathrm{d}\boldsymbol{w}_{\mathrm{r}}}{\mathrm{d}z}(z)\right|^{-1}\left\langle\frac{\mathrm{d}\boldsymbol{w}_{\mathrm{r}}}{\mathrm{d}z}(z), \frac{\partial\tilde{\boldsymbol{w}}}{\partial z}(z,t)\right\rangle. \tag{3.56e}$$

Die zugehörigen Randbedingungen erhält man durch Linearisieren der ursprünglichen Randbedingungen (3.51). Sie lauten

$$m_L\frac{\partial^2\tilde{\boldsymbol{w}}}{\partial t^2}(0,t) - \tilde{\boldsymbol{\tau}}(0,t) = \boldsymbol{0} \quad \text{und} \quad m_W\frac{\partial^2\tilde{\boldsymbol{w}}}{\partial t^2}(\ell,t) + \tilde{\boldsymbol{\tau}}(\ell,t) = \tilde{\boldsymbol{F}}(t). \tag{3.57}$$

Zur weiteren Vereinfachung des Systems (3.56) wird zunächst mit Hilfe von (3.56c) die Systemgröße $\tilde{\boldsymbol{\tau}}$ und anschließend mit (3.56b) die Systemgröße $\tilde{\boldsymbol{\eta}}$ aus (3.56a) eliminiert. Dies liefert mit[10]

$$\rho\frac{\partial^2\tilde{\boldsymbol{w}}}{\partial t^2}=\frac{\partial}{\partial z}\left(\tilde{\tau}\boldsymbol{\eta}_{\mathrm{r}}+\frac{\tau_{\mathrm{r}}}{1+\varepsilon_{\mathrm{r}}}\left(\frac{\partial\tilde{\boldsymbol{w}}}{\partial z}-\tilde{\varepsilon}\boldsymbol{\eta}_{\mathrm{r}}\right)\right)$$

einen Ausdruck, der neben $\tilde{\boldsymbol{w}}$ nur noch die skalaren Systemgrößen $\tilde{\varepsilon}$ und $\tilde{\tau}$ enthält. Diese können wiederum mit (3.56d) und (3.56e) ersetzt werden. Unter Berücksichtigung der aus (3.52c) resultierenden Beziehung

$$\boldsymbol{\eta}_{\mathrm{r}}=\left|\frac{\mathrm{d}\boldsymbol{w}_{\mathrm{r}}}{\mathrm{d}z}\right|^{-1}\frac{\mathrm{d}\boldsymbol{w}_{\mathrm{r}}}{\mathrm{d}z}$$

erhält man somit

$$\rho\frac{\partial^2\tilde{\boldsymbol{w}}}{\partial t^2}=\frac{\partial}{\partial z}\left(\frac{\mathrm{d}N}{\mathrm{d}\varepsilon}(\varepsilon_{\mathrm{r}})\left\langle\boldsymbol{\eta}_{\mathrm{r}},\frac{\partial\tilde{\boldsymbol{w}}}{\partial z}\right\rangle\boldsymbol{\eta}_{\mathrm{r}}+\frac{\tau_{\mathrm{r}}}{1+\varepsilon_{\mathrm{r}}}\left(\frac{\partial\tilde{\boldsymbol{w}}}{\partial z}-\left\langle\boldsymbol{\eta}_{\mathrm{r}},\frac{\partial\tilde{\boldsymbol{w}}}{\partial z}\right\rangle\boldsymbol{\eta}_{\mathrm{r}}\right)\right).$$

Dieser Ausdruck kann mit Hilfe der Beziehung

$$\left\langle\boldsymbol{\eta}_{\mathrm{r}},\frac{\partial\tilde{\boldsymbol{w}}}{\partial z}\right\rangle\boldsymbol{\eta}_{\mathrm{r}}=\boldsymbol{\eta}_{\mathrm{r}}^T\frac{\partial\tilde{\boldsymbol{w}}}{\partial z}\boldsymbol{\eta}_{\mathrm{r}}=\boldsymbol{\eta}_{\mathrm{r}}\boldsymbol{\eta}_{\mathrm{r}}^T\frac{\partial\tilde{\boldsymbol{w}}}{\partial z}$$

in der übersichtlicheren Form

$$\rho\frac{\partial^2\tilde{\boldsymbol{w}}}{\partial t^2}=\frac{\partial}{\partial z}\left(\left(\frac{\mathrm{d}N}{\mathrm{d}\varepsilon}(\varepsilon_{\mathrm{r}})\boldsymbol{\eta}_{\mathrm{r}}\boldsymbol{\eta}_{\mathrm{r}}^T+\frac{\tau_{\mathrm{r}}}{1+\varepsilon_{\mathrm{r}}}\left(I_3-\boldsymbol{\eta}_{\mathrm{r}}\boldsymbol{\eta}_{\mathrm{r}}^T\right)\right)\frac{\partial\tilde{\boldsymbol{w}}}{\partial z}\right) \tag{3.58}$$

angeschrieben werden. Dass die drei Komponenten von $\tilde{\boldsymbol{w}}=(\tilde{w}_1,\tilde{w}_2,\tilde{w}_3)^T$ unabhängig voneinander sind, wird durch eine Zerlegung der Gl. (3.58) und der Randbedingungen (3.57) deutlich. Da laut (3.53) für den Tangentialvektor in der Ruhelage $\boldsymbol{\eta}_{\mathrm{r}}(z)=\boldsymbol{e}_3$ gilt, erhält man aus (3.58) die partiellen Differentialgleichungen

$$\rho\frac{\partial^2\tilde{w}_i}{\partial t^2}=\frac{\partial}{\partial z}\left(\frac{\tau_{\mathrm{r}}}{1+\varepsilon_{\mathrm{r}}}\frac{\partial\tilde{w}_i}{\partial z}\right)\quad\text{und}\quad\rho\frac{\partial^2\tilde{w}_3}{\partial t^2}=\frac{\partial}{\partial z}\left(\frac{\mathrm{d}N}{\mathrm{d}\varepsilon}(\varepsilon_{\mathrm{r}})\frac{\partial\tilde{w}_3}{\partial z}\right) \tag{3.59a}$$

für $i=1,2$. Analog zur Herleitung dieser Gleichungen aus dem System (3.56) können auch die Randbedingungen (3.57) umgeformt werden. Man erhält somit für $i=1,2$

$$m_L\frac{\partial^2\tilde{w}_i}{\partial t^2}(0,t)=\frac{\tau_{\mathrm{r}}(0)}{1+\varepsilon_{\mathrm{r}}(0)}\frac{\partial w_i}{\partial z}(0,t) \tag{3.59b}$$

und

$$m_L\frac{\partial^2\tilde{w}_3}{\partial t^2}(0,t)=\frac{\mathrm{d}N}{\mathrm{d}\varepsilon}(\varepsilon_{\mathrm{r}}(0))\frac{\partial\tilde{w}_3}{\partial z}(0,t) \tag{3.59c}$$

[10]Zugunsten einer besseren Lesbarkeit wird im Folgenden auf das Mitführen der unabhängigen Variablen z und t in den Argumenten verzichtet.

sowie

$$m_W \frac{\partial^2 \tilde{w}_i}{\partial t^2}(\ell, t) = -\frac{\tau_{\mathrm{r}}(\ell)}{1 + \varepsilon_{\mathrm{r}}(\ell)} \frac{\partial \tilde{w}_i}{\partial z}(\ell, t) + \tilde{F}_i(t) \tag{3.59d}$$

und

$$m_W \frac{\partial^2 \tilde{w}_3}{\partial t^2}(\ell, t) = -\frac{\mathrm{d}N}{\mathrm{d}\varepsilon}(\varepsilon_{\mathrm{r}}(\ell)) \frac{\partial \tilde{w}_3}{\partial z}(\ell, t) + \tilde{F}_3(t). \tag{3.59e}$$

Kapitel 4

Grundlegende Aspekte des flachheitsbasierten Steuerungsentwurfs

Dem Entwurf von Steuerungen für Systeme mit verteilten Parametern ist in den letzten Jahren große Aufmerksamkeit zuteil geworden. So wurden Methoden für eine Vielzahl verschiedener Systeme entwickelt. Im Zusammenhang damit wurden Zugänge diskutiert, die das Konzept des flachheitsbasierten Steuerungsentwurfs nutzen, das aus der Theorie konzentriertparametrischer Systeme stammt. Der Begriff Flachheit bezeichnet dabei eine Systemeigenschaft, die als strukturelle Eigenschaft der Systemgleichungen definiert ist (siehe [26]).

Mit Hilfe modultheoretischer Methoden wurde diese Eigenschaft auch für lineare und semilineare verteiltparametrische Systeme mit Randeingriff definiert und zum Entwurf von Steuerungen ausgenutzt (siehe [75, S. 217]). Die dabei erzielten Resultate konnten auf Systeme mit konzentrierten Stelleingriffen, bei denen die Stellgrößen über eine örtliche Wichtung auch innerhalb des Ortsgebietes wirken können, erweitert werden (siehe [77] und [87, S. 35]).

Obwohl zur Zeit keine analoge Definition für quasilineare verteiltparametrische Systeme existiert, ist es möglich die grundlegende Idee zumindest für Systeme mit Randeingriff zu übernehmen. Diese besteht darin, dass die Trajektorien sämtlicher Systemgrößen durch die Trajektorien einer gewissen Familie von Größen, den sogenannten *flachen Ausgang*, eindeutig und frei parametriert werden können. Der größte Vorteil einer solchen Parametrierung besteht darin, dass es zur Berechnung der Systemgrößen aus dem flachen Ausgang im konzentriertparametrischen Fall nicht notwendig ist, die Modellgleichungen zu integrieren. Stattdessen können die Systemgrößen aus algebraischen Gleichungen berechnet werden, die neben dem flachen Ausgang auch von dessen Ableitungen abhängen. Dies ermöglicht einen einfachen Steuerungsentwurf, insbesondere für die Realisierung von Überführungen zwischen stationären Regimes. Im quasilinearen verteiltparametrischen Fall wird die Berechnung der Systemgrößen aus dem flachen Ausgang auf das Lösen eines mit den Modellgleichungen assoziierten Cauchy-Problems zurückgeführt. Dessen Lösung kann in der Regel nur mit Hilfe numerischer Methoden berechnet werden und erfordert, je nach Typ der Modellgleichungen, zeitverschobene Werte bzw. Ableitungen beliebiger

Ordnung der Trajektorie des flachen Ausgangs[1]. Im Auftreten dieser Phänomene besteht der wesentliche Unterschied zwischen dem konzentriert- und dem verteiltparametrischen Fall.

Im folgenden Abschnitt wird zunächst das Konzept der Flachheit und dessen Verwendung zum Entwurf von Steuerungen für konzentriertparametrische Systeme kurz erläutert. Anschließend wird die Übertragung dieses Konzepts auf lineare verteiltparametrische Systeme anhand der parabolischen Wärmeleitungsgleichung und der hyperbolischen Wellengleichung vorgestellt. Trotz der wesentlichen Unterschiede in den dabei resultierenden Parametrierungen können Gemeinsamkeiten in der prinzipiellen Herangehensweise ausgemacht werden. Um diese hervorzuheben, wird ein allgemeiner Zugang zum Steuerungsentwurf für eine Modellklasse vorgestellt, die neben den untersuchten linearen Systemen viele der bisher im Rahmen des flachheitsbasierten Steuerungsentwurfs behandelten Systeme umfasst. Obwohl die Charakterisierung des flachheitsbasierten Zugangs für verteiltparametrische Systeme auf Basis der Trajektorien der Systemgrößen erfolgt, werden dabei Annahmen an die konkrete Struktur der Systemgleichungen getroffen. Anschließend wird dieser Ansatz auf quasilineare hyperbolische Systeme angewendet und diskutiert. Als wesentliches Hilfsmittel wird dazu die sogenannte *Methode der Charakteristiken* verwendet.

4.1 Flachheitsbasierter Steuerungsentwurf für konzentriertparametrische Systeme

Methoden zur Ausnutzung der Systemeigenschaft *Flachheit* für regelungstechnische Zwecke werden seit der Einführung des Konzepts in den 1990er Jahren entwickelt und haben seitdem eine weite Verbreitung gefunden (siehe [26, 58, 63]). Wie bereits einleitend erwähnt, besteht bei diesen Systemen die Möglichkeit, sämtliche Systemgrößen durch einen sogenannten *flachen Ausgang* zu parametrieren, wobei diese Parametrierung ohne das Lösen von Differentialgleichungen auskommt. Neben der Existenz einer solchen Parametrierung wird zusätzlich gefordert, dass die Komponenten des flachen Ausgangs unabhängig voneinander vorgegeben werden können.

Die grundlegenden Ideen zur Ausnutzung der Flachheit für den Entwurf von Steuerungen werden im Folgenden exemplarisch erläutert. Darüber hinaus kann diese Eigenschaft auch für den Entwurf von (Folge-)Reglern beispielsweise auf der Basis quasi-statischer Zustandsrückführungen ausgenutzt werden (siehe [21]). Dieser Aspekt wird in der vorliegenden Arbeit jedoch nicht diskutiert.

Zur formalen Definition der Flachheitseigenschaft nach [75, S. 80] wird von einer

[1] Auch im konzentriertparametrischen Fall können die algebraischen Gleichungen zur Parametrierung der Systemgrößen unter Umständen nur numerisch gelöst werden, beispielsweise für das kinematische Modell eines Fahrzeug mit Anhänger (siehe [74]).

impliziten Systemdarstellung der Form

$$\Sigma_i\left(\boldsymbol{x}, \frac{\mathrm{d}\boldsymbol{x}}{\mathrm{d}t}, \ldots, \frac{\mathrm{d}^{\alpha_i}\boldsymbol{x}}{\mathrm{d}t^{\alpha_i}}\right) = 0, \quad i = 1, \ldots, s, \quad \alpha_i \in \mathbb{N}_0, \tag{4.1}$$

ausgegangen, wobei Σ_i eine im Allgemeinen nichtlineare Funktion bezeichnet. Die darin auftauchenden Systemgrößen $\boldsymbol{x} = (x_1, \ldots, x_n)^T$ können neben den Regel- und Stellgrößen auch Zustands- und Deskriptorvariablen umfassen.

Definition 4.1 (siehe [26], [75, S. 80])**.** Ein System der Form (4.1) heißt flach, falls ein m-Tupel $\boldsymbol{y} = (y_1, \ldots, y_m)$ existiert, dessen Komponenten

$$y_i = \varphi_i\left(\boldsymbol{x}, \frac{\mathrm{d}\boldsymbol{x}}{\mathrm{d}t}, \ldots, \frac{\mathrm{d}^{\beta_i}\boldsymbol{x}}{\mathrm{d}t^{\beta_i}}\right), \quad i = 1, \ldots, m, \quad \beta_i \in \mathbb{N}_0, \tag{4.2a}$$

mit Hilfe der Funktionen φ_i aus den Ableitungen der Systemgrößen berechnet werden können und das den folgenden Bedingungen genügt:

1. Das Tupel $\boldsymbol{y}$ ist differentiell unabhängig, d. h. es existiert keine Differentialgleichung der Form
$$R\left(\boldsymbol{y}, \frac{\mathrm{d}\boldsymbol{y}}{\mathrm{d}t}, \ldots, \frac{\mathrm{d}^{\varepsilon}\boldsymbol{y}}{\mathrm{d}t^{\varepsilon}}\right) = 0, \quad \varepsilon \in \mathbb{N}_0. \tag{4.2b}$$

2. Sämtliche Systemgrößen können durch die Systemgrößen $\boldsymbol{y}$ und deren Ableitungen ausgedrückt werden:
$$x_i = \psi_i\left(\boldsymbol{y}, \frac{\mathrm{d}\boldsymbol{y}}{\mathrm{d}t}, \ldots, \frac{\mathrm{d}^{\delta_i}\boldsymbol{y}}{\mathrm{d}t^{\delta_i}}\right), \quad i = 1, \ldots, n, \quad \delta_i \in \mathbb{N}_0. \tag{4.2c}$$

Ein Tupel $\boldsymbol{y}$, das diesen Bedingungen genügt, heißt *flacher Ausgang* des Systems (4.1).

Im Folgenden wird exemplarisch anhand des Problems der Überführung zwischen zwei Ruhelagen erläutert, wie die Flachheit zum Entwurf von Steuerungen ausgenutzt werden kann. Das heißt, es soll eine Trajektorie $t \mapsto \boldsymbol{x}(t)$ realisiert werden, die folgenden Bedingungen genügt:

$$\boldsymbol{x}(t) = \begin{cases} \boldsymbol{x}_{\mathrm{a}}, & t < 0 \\ \boldsymbol{x}_{\mathrm{e}}, & t > T \end{cases}, \tag{4.3}$$

wobei $\boldsymbol{x}_{\mathrm{a}}$ und $\boldsymbol{x}_{\mathrm{e}}$ die vorgegebene Anfangs- bzw. Endruhelage und T die gewünschte Dauer des Übergangs bezeichnen. Im Allgemeinen muss dazu ein Randwertproblem gelöst werden, das aus den Systemgleichungen (4.1) und den Randbedingungen (4.3) besteht[2]. Ist das System flach, so kann das in der Regel aufwendige Lösen des Randwertproblems wesentlich vereinfacht werden. Dazu ist es notwendig, für den flachen Ausgang eine Trajektorie $t \mapsto \boldsymbol{y}(t)$ derart zu planen, dass die parametrierte Lösung dem gewünschten Übergang zwischen Ruhelagen entspricht. Die zur Realisierung erforderlichen Stellgrößen, wie auch die restlichen Systemgrößen, resultieren anschließend aus der so geplanten

[2]Nähere Informationen zum Steuerungsentwurf für nicht-flache System enthält die Dissertation [31].

Trajektorie und den Gln. (4.2c).

Das Problem wurde somit auf die Parametrierung einer geeigneten Trajektorie für den flachen Ausgang reduziert. Es stellt sich dabei die Frage, welche Anforderungen bei der Parametrierung berücksichtigt werden müssen. Dazu stellt man zunächst fest, dass aus (4.2a) und (4.3) die Bedingungen

$$y_i(t) = \begin{cases} \varphi_i\left(\boldsymbol{x}_\mathrm{a}, 0, \ldots, 0\right), & t < 0 \\ \varphi_i\left(\boldsymbol{x}_\mathrm{e}, 0, \ldots, 0\right), & t > T \end{cases}, \quad i = 1, \ldots, m, \tag{4.4}$$

an die gesuchte Trajektorie des flachen Ausgangs resultieren. Es wird deutlich, dass die Ruhelagen des Systems (4.1) mit konstanten Werten des flachen Ausgangs $\boldsymbol{y}$ korrespondieren. Aus dieser Feststellung folgt, dass zur Realisierung des gewünschten Übergangs eine Trajektorie für den flachen Ausgang parametriert werden muss, die den Bedingungen (4.4) genügt. Diese Trajektorie kann dabei nicht vollkommen beliebig vorgegeben werden, da sichergestellt werden muss, dass die in den Gln. (4.2c) auftretenden Ableitungen existieren. Zur Erläuterung des Prinzips wird im Folgenden der Entwurf einer Steuerung für einen nichtlinearen Oszillator, der als Variante des Duffing-Oszillators (siehe [33, S. 82]) interpretiert werden kann, diskutiert.

Beispiel 4.1 (Nichtlinearer Oszillator)**.** Gegeben sei ein nichtlinearer Oszillator, der durch die Differentialgleichung

$$\frac{\mathrm{d}^2 w}{\mathrm{d}t^2}(t) + \frac{\mathrm{d}w}{\mathrm{d}t}(t) + w(t) + [w(t)]^3 = u(t)$$

beschrieben wird. Mit dieser Gleichung kann beispielsweise ein Feder-Masse-System mit einer nichtlinearen Federkennlinie modelliert werden. Fasst man sämtliche Systemgrößen in einem Vektor $\boldsymbol{x} = (w\ u)^T$ zusammen, so kann das System in der Form (4.1) angeschrieben werden:

$$\Sigma\left(\boldsymbol{x}, \frac{\mathrm{d}\boldsymbol{x}}{\mathrm{d}t}, \frac{\mathrm{d}^2\boldsymbol{x}}{\mathrm{d}t^2}\right) = \frac{\mathrm{d}^2 w}{\mathrm{d}t^2} + \frac{\mathrm{d}w}{\mathrm{d}t} + w + w^3 - u = 0.$$

Die Ruhelagen w_r und u_r des Oszillators ergeben sich als Lösungen der Gleichung

$$w_\mathrm{r} + w_\mathrm{r}^3 = u_\mathrm{r}.$$

Ziel des Steuerungsentwurfs ist es, eine Trajektorie $t \mapsto u(t)$ zu parametrieren, die das System zwischen zwei Ruhelagen w_a und w_e überführt.

Man kann leicht prüfen, dass $y = w$ ein flacher Ausgang des Systems ist. Dazu ist es notwendig nachzuweisen, dass sämtliche Systemgrößen durch y parametriert werden können. Während dies für w offensichtlich ist, erhält man für die Stellgröße u:

$$u(t) = \frac{\mathrm{d}^2 y}{\mathrm{d}t^2}(t) + \frac{\mathrm{d}y}{\mathrm{d}t}(t) + y(t) + [y(t)]^3. \tag{4.5}$$

Aus dieser Gleichung wird deutlich, dass die Trajektorie des flachen Ausgangs mindestens zweimal differenzierbar sein muss. Sind darüber hinaus stetige Stellgrößenverläufe erforderlich, so muss y zweimal stetig differenzierbar sein. Neben diesen Anforderungen an die Differenzierbarkeit muss die Trajektorie des flachen Ausgangs wie oben gezeigt folgende Eigenschaften aufweisen:

$$y(t) = \begin{cases} w_\mathrm{a}, & t < 0 \\ w_\mathrm{e}, & t > T \end{cases}. \tag{4.6}$$

Durch diese Bedingungen ist die gesuchte Trajektorie des flachen Ausgangs außerhalb des Intervalls $[0, T]$ festgelegt. Der einfachste Ansatz zur Vorgabe der Werte innerhalb dieses Intervalls besteht darin, ein geeignetes Polynom zu verwenden. Nimmt man an, dass stetige Stellgrößenverläufe gefordert sind, so müssen in den Randpunkten folgende Bedingungen erfüllt werden:

$$\begin{aligned} y(0) &= w_\mathrm{a}, & \frac{\mathrm{d}y}{\mathrm{d}t}(0) &= 0, & \frac{\mathrm{d}^2y}{\mathrm{d}t^2}(0) &= 0, \\ y(T) &= w_\mathrm{e}, & \frac{\mathrm{d}y}{\mathrm{d}t}(T) &= 0, & \frac{\mathrm{d}^2y}{\mathrm{d}t^2}(T) &= 0. \end{aligned}$$

Dies wird beispielsweise durch das Polynom (siehe Anhang A.1)

$$y(t) = w_\mathrm{a} + (w_\mathrm{e} - w_\mathrm{a})\varphi_2\left(\frac{t}{T}\right) \quad \text{mit} \quad \varphi_2(\tau) = \tau^3(10 - 15\tau + 6\tau^2) \tag{4.7}$$

realisiert. Die gesamte Trajektorie des flachen Ausgangs ist somit durch die Gln. (4.6) und (4.7) gegeben. Mit Hilfe von Gl. (4.5) erhält man daraus den zur Realisierung des Übergangs benötigten Zeitverlauf der Stellgröße u. In Abb. 4.1 sind zur Veranschaulichung des Steuerungsentwurfs die entsprechenden Trajektorien für einen Übergang zwischen den Ruhelagen $w_\mathrm{a} = \frac{1}{2}$ und $w_\mathrm{e} = 1$ in der Übergangszeit $T = 3$ dargestellt.

4.2 Flachheitsbasierter Steuerungsentwurf für lineare verteiltparametrische Systeme

Die Vorteile des flachheitsbasierten Steuerungsentwurfs für endlichdimensionale Systeme haben in der Vergangenheit dazu geführt, das Konzept auch auf unendlichdimensionale Systeme anzuwenden. Viele der existierenden Resultate beziehen sich dabei auf lineare Modelle. Im Folgenden werden die grundlegenden Ideen anhand zweier Beispiele erläutert. Da sich die Ansätze je nach Typ der dem Problem zugrundeliegenden partiellen Differentialgleichung unterscheiden, wird je ein Vertreter parabolischen und hyperbolischen Typs untersucht.

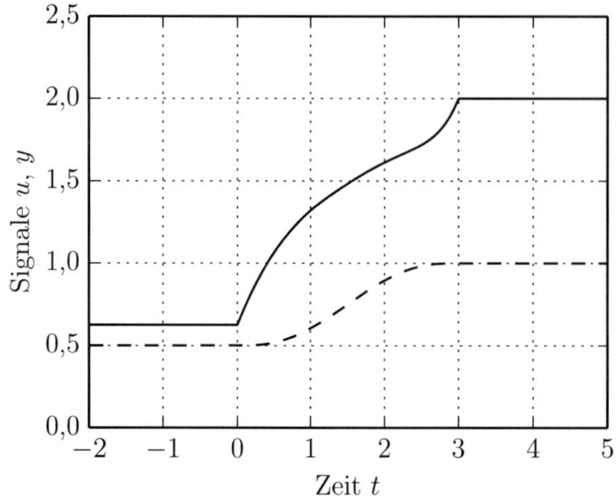

Abbildung 4.1 – Resultat des Steuerungsentwurfs für den nichtlinearen Oszillator – Trajektorien des flachen Ausgangs y (gestrichelt) und der Stellgröße u (durchgezogen)

4.2.1 Steuerungsentwurf für lineare parabolische Systeme – Diskussion anhand der Wärmeleitungsgleichung

Eine Vielzahl physikalischer Systeme lassen sich durch parabolische partielle Differentialgleichungen modellieren. Dazu zählen Euler-Bernoulli-Balken, piezoelektrische elastische Platten [77], chemische Reaktoren [60, 76] sowie Wärmeleiter [51, 87].

Die Grundidee des Steuerungsentwurfs für parabolische Systeme besteht darin, die Lösung mit Hilfe eines Potenzreihenansatzes bezüglich des Ortes darzustellen. Ist es möglich die zeitabhängigen Koeffizienten dieser Reihe durch einen flachen Ausgang zu parametrieren, kann analog zum konzentriertparametrischen Fall eine Steuerung entworfen werden. Der wesentliche Unterschied besteht jedoch darin, dass die Parametrierungen in der Regel Ableitungen der Trajektorie des flachen Ausgangs beliebiger Ordnung enthalten. Daher müssen die vorgegebenen Trajektorien spezielle Eigenschaften aufweisen um die Konvergenz der Potenzreihe zu sichern.

Am Beispiel eines Wärmeleiters wird die beschriebene Methode zum Entwurf von Steuerungen für parabolische Systeme diskutiert. Eine detailliertere Untersuchung dieses Problems ist beispielsweise in [52] und [55] enthalten. Das verwendete Modell wurde in Abschnitt 3.2 hergeleitet und ist durch die partielle Differentialgleichung

$$\frac{\partial w}{\partial t}(z,t) - \alpha \frac{\partial^2 w}{\partial z^2}(z,t) = 0 \tag{4.8a}$$

mit den Randbedingungen

$$-\lambda A \frac{\partial w}{\partial z}(0,t) = 0 \quad \text{und} \quad \lambda A \frac{\partial w}{\partial z}(\ell,t) = u(t) \tag{4.8b}$$

gegeben, wobei die gemittelte Temperatur hier mit w bezeichnet wird, um Verwechslungen mit der Übergangsdauer T auszuschließen.

Mit Hilfe algebraischer Methoden ist es möglich zu überprüfen, ob das System flach ist und gegebenenfalls einen flachen Ausgang zu berechnen. Die Details dieser Algorithmen werden an dieser Stelle nicht erläutert, sie sind jedoch beispielsweise in [78] enthalten. Durch Verwendung der entsprechenden Methoden kann gezeigt werden, dass die Temperatur bei $z = 0$ einen flachen Ausgang des Systems darstellt:

$$y(t) = w(0,t). \tag{4.9}$$

Um eine Beziehung für die Berechnung der Systemgrößen aus diesem flachen Ausgang zu erhalten, wird für die Lösung eine Potenzreihe der Form

$$w(z,t) = \sum_{\nu=0}^{\infty} w_\nu^*(t) \frac{z^\nu}{\nu!} \tag{4.10}$$

angesetzt. Mit diesem Ansatz folgen aus der Randbedingung (4.8b) und der Definitionsgleichung des flachen Ausganges (4.9) die in den ersten beiden Reihengliedern enthaltenen Zeitfunktionen

$$w_0^*(t) = y(t) \quad \text{und} \quad w_1^*(t) = 0. \tag{4.11}$$

Eine Rekursionsbeziehung zur Berechnung der restlichen Parameter erhält man durch Einsetzen des Ansatzes (4.10) in die Wärmeleitungsgleichung (4.8a):

$$w_{\nu+2}^*(t) = \frac{1}{\alpha} \frac{\mathrm{d}w_\nu^*}{\mathrm{d}t}(t). \tag{4.12}$$

Durch Auflösen dieser Beziehung unter Berücksichtigung von (4.11) folgen die restlichen Folgenglieder

$$w_{2\nu}^*(t) = \frac{1}{\alpha^\nu} \frac{\mathrm{d}^\nu y}{\mathrm{d}t^\nu}(t) \quad \text{und} \quad w_{2\nu+1}^*(t) = 0$$

für $\nu \in \mathbb{N}_0$. Mit diesen Koeffizienten stellt sich die Lösung nach (4.10) in der Form

$$w(z,t) = \sum_{\nu=0}^{\infty} \frac{z^{2\nu}}{a^\nu (2\nu)!} \frac{\mathrm{d}^\nu y}{\mathrm{d}t^\nu}(t) \tag{4.13}$$

dar. Um sicher zu stellen, dass diese Reihe konvergiert, muss die Trajektorie des flachen Ausgangs y eine Funktion der Gevrey-Ordnung $\alpha < 2$ sein (siehe [52]). Die Gevrey-Ordnung einer Funktion ist im Anhang durch die Definition A.1 festgelegt.

Die Lösungsdarstellung (4.13) kann genutzt werden, um aus der Randbedingung (4.8b) bei $z = \ell$ eine Parametrierung des Eingangs u durch den flachen Ausgang y zu erhalten. Die dabei erforderliche Ortsableitung des Temperaturprofils erhält man durch Differenzieren von (4.13) bezüglich des Ortes z:

$$\frac{\partial w}{\partial z}(z,t) = \sum_{\nu=1}^{\infty} \frac{z^{2\nu-1}}{a^\nu (2\nu-1)!} \frac{\mathrm{d}^\nu y}{\mathrm{d}t^\nu}(t). \tag{4.14}$$

Setzt man diesen Ausdruck in die entsprechende Randbedingung ein, so folgt mit

$$u(t) = \lambda A \sum_{\nu=1}^{\infty} \frac{\ell^{2\nu-1}}{a^\nu (2\nu-1)!} \frac{\mathrm{d}^\nu y}{\mathrm{d}t^\nu}(t) \tag{4.15}$$

die gewünschte Darstellung des Eingangs durch den flachen Ausgang.

Steuerungsentwurf und Simulationsergebnisse

Mit Hilfe der flachheitsbasierten Parametrierung für die Wärmeleitungsgleichung soll eine Steuerung zur Realisierung eines Übergangs zwischen stationären Regimes entworfen werden. Das Problem wird dabei wie bei der Diskussion des konzentriertparametrischen Falls in Abschnitt 4.1 auf die Planung einer geeigneten Trajektorie für den flachen Ausgang reduziert. Nach der Berechnung der stationären Regimes wird untersucht, welchen Anforderungen die gesuchte Trajektorie unterliegt und wie diesen genügt werden kann.

Die stationären Regimes $z \mapsto w_\mathrm{r}(z)$ und u_r der Wärmeleitungsgleichung ergeben sich als Lösungen jenes Randwertproblems, das durch Nullsetzen der Zeitableitungen aus den Gln. (4.8a) und (4.8b) resultiert und durch die gewöhnliche Differentialgleichung

$$-\alpha \frac{\mathrm{d}^2 w_\mathrm{r}}{\mathrm{d}z^2}(z) = 0$$

mit den Randbedingungen

$$-\lambda A \frac{\mathrm{d}w_\mathrm{r}}{\mathrm{d}z}(0) = 0 \quad \text{und} \quad \lambda A \frac{\mathrm{d}w_\mathrm{r}}{\mathrm{d}z}(\ell) = u_\mathrm{r}$$

gegeben ist. Als Lösungen erhält man somit $w_\mathrm{r}(z) = w_\mathrm{r}(0)$ und $u_\mathrm{r} = 0$. Die stationären Regimes sind also durch eine konstante Temperatur im Wärmeleiter und einen verschwindenden Wärmestrom am rechten Rand gekennzeichnet. Bei der Steuerung wird angenommen, dass der Wärmeleiter bis zum Zeitpunkt $t = 0$ eine derartige konstante Temperaturverteilung $w(z,t) = w_\mathrm{a}$ aufweist. Das Ziel des Steuerungsentwurfs besteht darin, ab dem Zeitpunkt $t = T$ eine andere Ruhelage einzustellen, die durch die konstante Temperaturverteilung $w(z,t) = w_\mathrm{e}$ gegeben ist. Es ist also eine Lösung $(z,t) \mapsto w(z,t)$ zu parametrieren, die den Bedingungen

$$w(z,t) = \begin{cases} w_\mathrm{a}, & t \leq 0 \\ w_\mathrm{e}, & t \geq T \end{cases} \tag{4.16}$$

genügt. Durch Einsetzen der Parametrierung (4.13) in diese Bedingungen folgt für die gesuchte Trajektorie

$$y(t) = \begin{cases} w_\mathrm{a}, & t \leq 0 \\ w_\mathrm{e}, & t \geq T \end{cases} \tag{4.17a}$$

sowie

$$\frac{\mathrm{d}^\nu y}{\mathrm{d}t^\nu}(t) = 0, \text{ für } t \notin (0,T) \text{ und } \nu = 1,2,\ldots. \tag{4.17b}$$

Damit ist die gesuchte Trajektorie des flachen Ausgangs außerhalb des Intervalls $[0,T]$ festgelegt. Innerhalb dieses Intervalls muss die Trajektorie so ergänzt werden, dass die Potenzreihe (4.13) konvergiert. Dazu muss, wie bereits oben erwähnt, die Trajektorie $t \mapsto y(t)$ so gewählt werden, dass ihre Gevrey-Ordnung $\alpha < 2$ ist.

Zur Illustration des Entwurfsverfahrens wurde eine Steuerung für die Erwärmung eines Zylinders der Länge $\ell = 0{,}05$ und einer kreisrunden Querschnittsfläche mit dem Radius $r = 0{,}01$ berechnet. Für die verbleibenden Parameter wurde $\lambda = 400$, $\rho = 8920$ und $c = 385$ gewählt.

Das Steuerungsziel bestand darin, den Zylinder ausgehend von der Ruhelage $w_\mathrm{a} = 0$ im Intervall $[0,T]$ mit $T = 15$ vollständig auf $w_\mathrm{e} = 100$ zu erwärmen. Dazu wurde für den flachen Ausgang eine Trajektorie auf Basis der Exponentialfunktion (siehe Anhang A.2) mit dem Parameter $\gamma = 1{,}1$ verwendet. In Abb. 4.2 ist die Trajektorie des flachen Ausgangs sowie die daraus gemäß (4.15) resultierende Trajektorie der Stellgröße u dargestellt, bei deren Berechnung nur die ersten 40 Reihenglieder berücksichtigt wurden. Zur Veranschaulichung des Übergangs wurde die Wärmeleitungsgleichung mit der berechneten Stellgrößentrajektorie simuliert. Dazu wurde eine modale Simulation verwendet, bei der die ersten 80 Eigenfunktionen berücksichtigt wurden. Das Ergebnis ist in Abb. 4.3 dargestellt und zeigt, dass die berechnete Trajektorie zur Realisierung des gewünschten Übergangs geeignet ist.

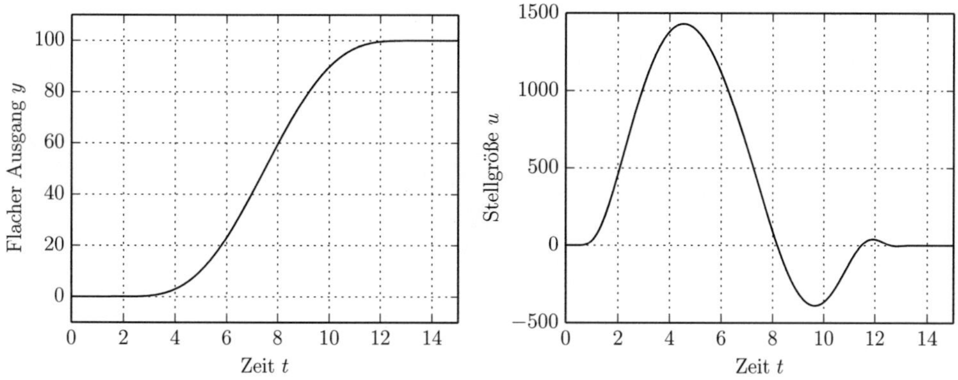

Abbildung 4.2 – Trajektorien des flachen Ausgangs y und der Stellgröße u

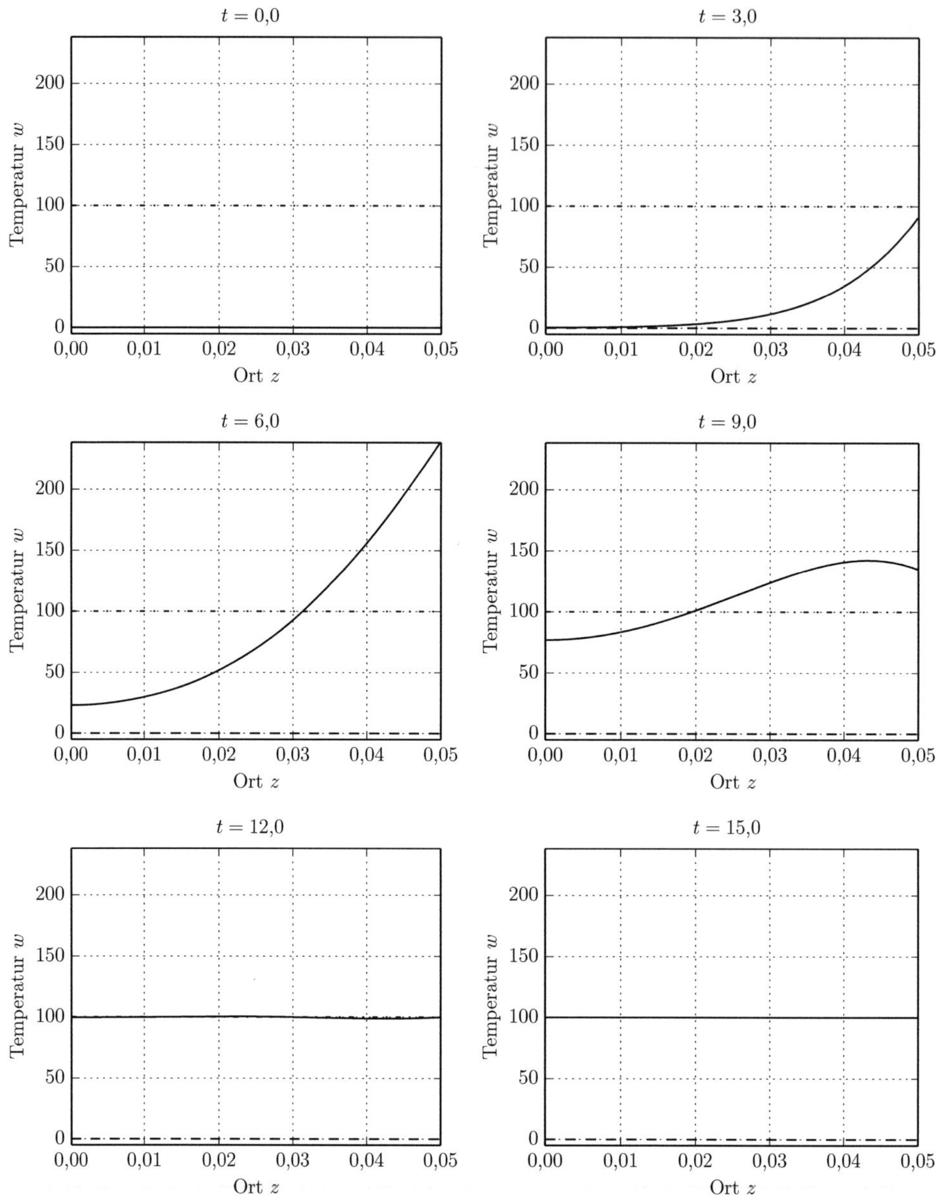

Abbildung 4.3 – Temperaturprofile zu verschiedenen Zeitpunkten des Übergangs (durchgezogene Linien), Profil der Ausgangsruhelage (gestrichelte Linien), Profil der Zielruhelage (strich-punktierte Linien)

4.2.2 Steuerungsentwurf für lineare hyperbolische Systeme – Diskussion anhand der Wellengleichung

Im folgenden Abschnitt wird der flachheitsbasierte Steuerungsentwurf für ein hyperbolisches System vorgestellt. Im Allgemeinen treten hyperbolische Systeme bei der Modellierung von Ausbreitungsvorgängen mit endlicher Ausbreitungsgeschwindigkeit auf, beispielsweise bei Problemen der Fluidmechanik [12, 35, 68], im Zusammenhang mit chemischen Reaktoren [11, 45] und bei elastischen mechanischen Strukturen [47, 49, 67]. Es wird sich herausstellen, dass die Trajektorie des flachen Ausgangs im Gegensatz zum parabolischen Fall wesentlich geringeren Differenzierbarkeitsanforderungen genügen muss. Allerdings werden bei den resultierenden Parametrierungen Totzeiten und Prädiktionen auftreten. Das Verfahren wird anhand des linearen Modells des elastischen Seils diskutiert, das im Abschnitt 3.4 hergeleitet wurde. Dort wurde gezeigt, dass die Komponenten der Auslenkung im linearisierten Modell voneinander entkoppelt auftreten. Zur Vereinfachung der folgenden Rechenschritte wird daher nur die Komponente $\tilde{w}_3$ in $\boldsymbol{e}_3$-Richtung berücksichtigt. Diese Wahl wurde getroffen, da sich die Lösungen der zugehörigen partiellen Differentialgleichung unter der Annahme eines linearen Zusammenhangs zwischen Seilkraft und Dehnung nach Gl. (3.48) sehr übersichtlich anschreiben lässt.

Das aus diesen Annahmen folgende Modell ist gemäß (3.59) durch die partielle Differentialgleichung

$$\rho \frac{\partial^2 w}{\partial t^2}(z,t) = EA \frac{\partial^2 w}{\partial z^2}(z,t) \tag{4.18a}$$

und die Randbedingungen

$$m_L \frac{\partial^2 w}{\partial t^2}(0,t) = EA \frac{\partial w}{\partial z}(0,t) \quad \text{und} \quad m_W \frac{\partial^2 w}{\partial t^2}(\ell,t) = -EA \frac{\partial w}{\partial z}(\ell,t) + F(t) \tag{4.18b}$$

gegeben, wobei zur Vereinfachung der Notation $w = \tilde{w}_3$ und $F = \tilde{F}_3$ eingeführt wurden. Für dieses System soll ein Übergang zwischen zwei stationären Regimes realisiert werden. Mit Hilfe der in [78] vorgestellten algebraischen Methoden kann nachgewiesen werden, dass die Auslenkung am freien Ende $w(0,\cdot)$ einen flachen Ausgang des Systems darstellt. Um die Parametrierung der Systemgrößen durch diesen Ausgang zu berechnen, stellt man zunächst fest, dass die Systemgleichung (4.18a) einer Wellengleichung entspricht, deren allgemeine Lösung mit Hilfe der zweimal differenzierbaren Funktionen $t \mapsto G_1(t)$ und $t \mapsto G_2(t)$ in der Form

$$w(z,t) = G_1(t+cz) + G_2(t-cz) \tag{4.19}$$

mit $c = \sqrt{\frac{\rho}{EA}}$ angegeben werden kann (siehe [24, S. 68]). Die Funktionen G_1 und G_2 können dabei für das vorliegende System aus der Definition des flachen Ausgangs

$$y(t) = w(0,t)$$

sowie der in (4.18b) gegebenen Randbedingung bei $z = 0$ bestimmt werden. Man erhält so die Lösung in der Form

$$w(z,t) = \frac{1}{2}\Bigg(y(t+cz) + y(t-cz) + \frac{m_L}{cEA}\left(\frac{\mathrm{d}y}{\mathrm{d}t}(t+cz) - \frac{\mathrm{d}y}{\mathrm{d}t}(t-cz)\right)\Bigg). \tag{4.20}$$

Somit wurde eine Parametrierung der verteilten Systemgröße w durch den flachen Ausgang hergeleitet. Um eine analoge Parametrierung für die konzentrierte Systemgröße F zu erhalten, setzt man diese Lösung in die Randbedingung (4.18b) bei $z = \ell$ ein und erhält

$$\begin{aligned} F(t) = \frac{m_W m_L}{2cEA}&\left(\frac{\mathrm{d}^3 y}{\mathrm{d}t^3}(t+c\ell) - \frac{\mathrm{d}^3 y}{\mathrm{d}t^3}(t-c\ell)\right) + \\ &\frac{m_W + m_L}{2}\left(\frac{\mathrm{d}^2 y}{\mathrm{d}t^2}(t+c\ell) + \frac{\mathrm{d}^2 y}{\mathrm{d}t^2}(t-c\ell)\right) + \\ &\qquad\frac{cEA}{2}\left(\frac{\mathrm{d}y}{\mathrm{d}t}(t+c\ell) - \frac{\mathrm{d}y}{\mathrm{d}t}(t-c\ell)\right). \end{aligned} \tag{4.21}$$

Im Unterschied zu dem parabolischen Beispiel im vorangegangenen Abschnitt wird deutlich, dass bei der Parametrierung der Systemgrößen durch den flachen Ausgang $y(t) = w(0,t)$ nur Ableitungen bis zur dritten Ordnung sowie Prädiktionen und Totzeiten auftreten. Daraus ergeben sich wesentliche Konsequenzen für die Trajektorienplanung, worauf im weiteren Verlauf noch eingegangen wird.

Steuerungsentwurf und Simulationsergebnisse

Mit Hilfe der oben hergeleiteten Parametrierung soll eine Steuerung so entworfen werden, dass ausgehend von einem stationären Regime $z \mapsto w_\mathrm{a}(z)$ zum Zeitpunkt $t = 0$ ein gewünschtes stationäres Zielregime $z \mapsto w_\mathrm{e}(z)$ zum Zeitpunkt $t = T$ erreicht wird. Diese Regimes sind entsprechend (4.18) durch die gewöhnliche Differentialgleichung

$$\frac{\mathrm{d}^2 w_\mathrm{r}}{\mathrm{d}z^2}(z) = 0$$

mit den Randbedingungen

$$\frac{\mathrm{d}w_\mathrm{r}}{\mathrm{d}z}(0) = 0 \quad \text{und} \quad EA\frac{\mathrm{d}w_\mathrm{r}}{\mathrm{d}z}(\ell) = F_\mathrm{r}$$

gegeben. Als Lösung erhält man

$$w_\mathrm{r}(z) = w_\mathrm{r}(0) \quad \text{und} \quad F_\mathrm{r} = 0. \tag{4.22}$$

Aus dem gesetzten Steuerungsziel folgt, dass die Trajektorie $t \mapsto y(t)$ so bestimmt werden muss, dass durch sie eine Lösung parametriert wird, die den Bedingungen

$$w(z,t) = \begin{cases} w_\mathrm{a}(z), & t \leq 0 \\ w_\mathrm{e}(z), & t \geq T \end{cases} \tag{4.23}$$

genügt. Um zu bestimmen, welche Anforderungen an die Trajektorie des flachen Ausgangs zur Realisierung eines derartigen Übergangs gestellt werden müssen, setzt man die Parametrierung (4.20) in die Bedingungen (4.23) ein. Dadurch erhält man die beiden Beziehungen

$$w_\mathrm{a}(z) = \frac{1}{2}\left(y(t+cz) + y(t-cz) + c\frac{m_L}{EA}\left(\frac{\mathrm{d}y}{\mathrm{d}t}(t+cz) - \frac{\mathrm{d}y}{\mathrm{d}t}(t-cz)\right)\right) \tag{4.24a}$$

für $t \leq 0$ und

$$w_\mathrm{e}(z) = \frac{1}{2}\left(y(t+cz) + y(t-cz) + c\frac{m_L}{EA}\left(\frac{\mathrm{d}y}{\mathrm{d}t}(t+cz) - \frac{\mathrm{d}y}{\mathrm{d}t}(t-cz)\right)\right) \tag{4.24b}$$

für $t \geq T$. Aus diesen beiden Gleichungen resultieren die Anforderungen

$$y(t) = \begin{cases} w_\mathrm{a}(0), & t \leq c\ell \\ w_\mathrm{e}(0), & t \geq T - c\ell. \end{cases} \tag{4.25}$$

an den flachen Ausgang. Da der Zusammenhang zwischen diesen Bedingungen und den Gln. (4.24) nicht offensichtlich ist, wird die Herleitung im Folgenden diskutiert. Dabei wird nur auf das Intervall $t \leq c\ell$ eingegangen, da sich die einzelnen Schritte problemlos auf das Intervall $t \geq T - c\ell$ übertragen lassen.

Durch Auswerten der Gl. (4.24a) bei $z = 0$ erhält man zunächst die Bedingung

$$y(t) = w_\mathrm{a}(0) \quad \text{für} \quad t \leq 0. \tag{4.26}$$

Unter Verwendung dieser Beziehung folgt die gewöhnliche Differentialgleichung

$$w_\mathrm{a}(z) = \frac{1}{2}\left(y(t+cz) + w_\mathrm{a}(0) + c\frac{m_L}{EA}\frac{\mathrm{d}y}{\mathrm{d}t}(t+cz)\right) \quad \text{für} \quad t \leq 0$$

aus (4.24a). Mit Hilfe der Koordinatentransformation $\tau = t + cz < c\ell$ und der Definition der stationären Regime (4.22) kann diese Gleichung zu

$$w_\mathrm{a}(0) = y(\tau) + c\frac{m_L}{EA}\frac{\mathrm{d}y}{\mathrm{d}t}(\tau) \tag{4.27}$$

vereinfacht werden. Die Lösung dieser Differentialgleichung ist für $\tau \leq 0$ bereits durch (4.26) festgelegt. Auf dem verbleibenden Intervall $(0, c\ell]$ folgt sie durch Integration mit dem Anfangswert $y(0) = w_\mathrm{a}(0)$, der aus Gl. (4.26) resultiert. Sie lautet

$$y(t) = w_\mathrm{a}(0) \quad \text{für} \quad t \in (0, c\ell].$$

Gemeinsam mit (4.26) folgt aus dieser Gleichung die in (4.25) getroffene Aussage für die Trajektorie des flachen Ausgangs für $t \leq c\ell$.

Durch (4.25) ist somit die Trajektorie des flachen Ausgangs für $t \leq c\ell$ und $t \geq T - c\ell$

festgelegt. Auf dem restlichen Intervall kann die Trajektorie weitestgehend frei gewählt werden. Aus der Parametrierung der verteilten Systemgrößen (4.20) und insbesondere der Stellgröße (4.21) wird allerdings deutlich, dass $t \mapsto y(t)$ mindestens dreimal differenzierbar sein muss.

Mit Hilfe der flachheitsbasierten Parametrierung wurde auf Basis des linearisierten Modells eine Steuerung für die Überführung des Seils zwischen den durch $w_\mathrm{a}(0) = 0$ bzw. $w_\mathrm{e}(0) = 4$ gegebenen Ruhelagen im Intervall $[0, 8]$ berechnet. Für die Parameter des dazu verwendeten Modells wurden $EA = 30$, $\ell = 12$, $\rho = 1{,}3$, $m_L = 3{,}5$ und $m_W = 10$ gewählt.

Entsprechend den oben diskutierten Anforderungen an die Trajektorie des flachen Ausgangs, wurde eine dreimal stetig differenzierbare Trajektorie für den flachen Ausgang geplant, die den Bedingungen (4.25) genügt. Dazu wurde ein polynomialer Ansatz der Form

$$y(t) = \begin{cases} w_\mathrm{a}(0), & \text{für } t \leq c\ell \\ w_\mathrm{a}(0) + (w_\mathrm{e}(0) - w_\mathrm{a}(0))\varphi_3\left(\frac{t - c\ell}{T - 2c\ell}\right), & \text{für } t \in (c\ell, T - c\ell) \\ w_\mathrm{e}(0), & \text{für } t \geq T - c\ell \end{cases}$$

mit $\varphi_3(\tau) = (35 - 84\tau + 70\tau^2 - 20\tau^3)\tau^4$ gewählt (siehe Anhang A.1).

In Abb. 4.4 ist die resultierende Trajektorie des flachen Ausgangs neben dem daraus mit Hilfe von (4.21) berechneten Verlauf der Stellgröße F dargestellt. Zur Verdeutlichung

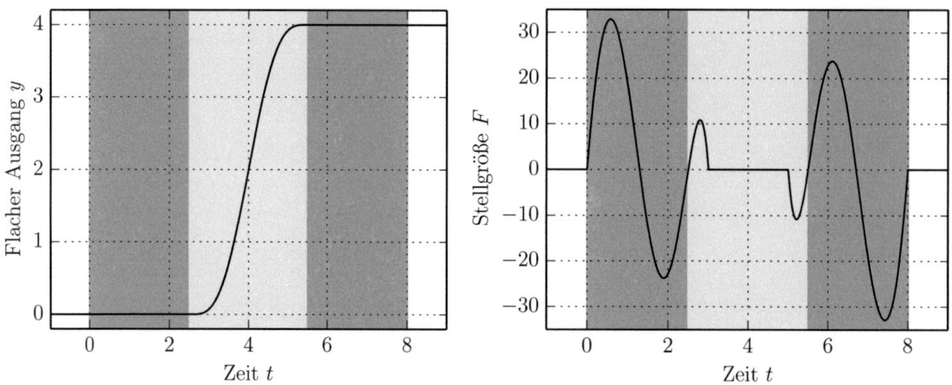

Abbildung 4.4 – Trajektorien des flachen Ausgangs y und der daraus berechneten Stellgröße F

des Einflusses der Totzeiten und Prädiktionen bei der flachheitsbasierten Parametrierung wurden in Abb. 4.4 verschiedene Intervalle farbig markiert. Das hellgraue Intervall entspricht dem Intervall $[c\ell, T - c\ell]$ auf dem eine Übergangstrajektorie für den flachen Ausgang vorgegeben wurde. Die dunkelgrauen Bereiche entsprechen den Intervallen $[0, c\ell]$ und $[T - c\ell, T]$ auf denen sich die Stellgröße und die Auslenkung ändern, obwohl dort der flache Ausgang konstante Werte annimmt. Dieses Phänomen liegt in den bei der Parametrierung auftretenden Prädiktionen und Totzeiten begründet. Die weißen

Bereiche $t \leq 0$ und $t \geq T$ markieren letztendlich die Intervalle in denen sich das Seil, der Steuerungsaufgabe entsprechend, in der jeweiligen Ruhelage befindet.

Zur Illustration des Steuerungsentwurfs wurde das linearisierte Modell des Seils mit Hilfe einer konzentriertparametrischen, modalen Approximation unter Berücksichtigung der ersten 20 Moden simuliert. Die dabei erzielten Simulationsergebnisse sind in Abb. 4.5 in Form von Auslenkungsprofilen des Seils zu verschiedenen Zeitpunkten dargestellt. Aus diesen werden die im Seil auftretenden Ausbreitungsvorgänge deutlich.

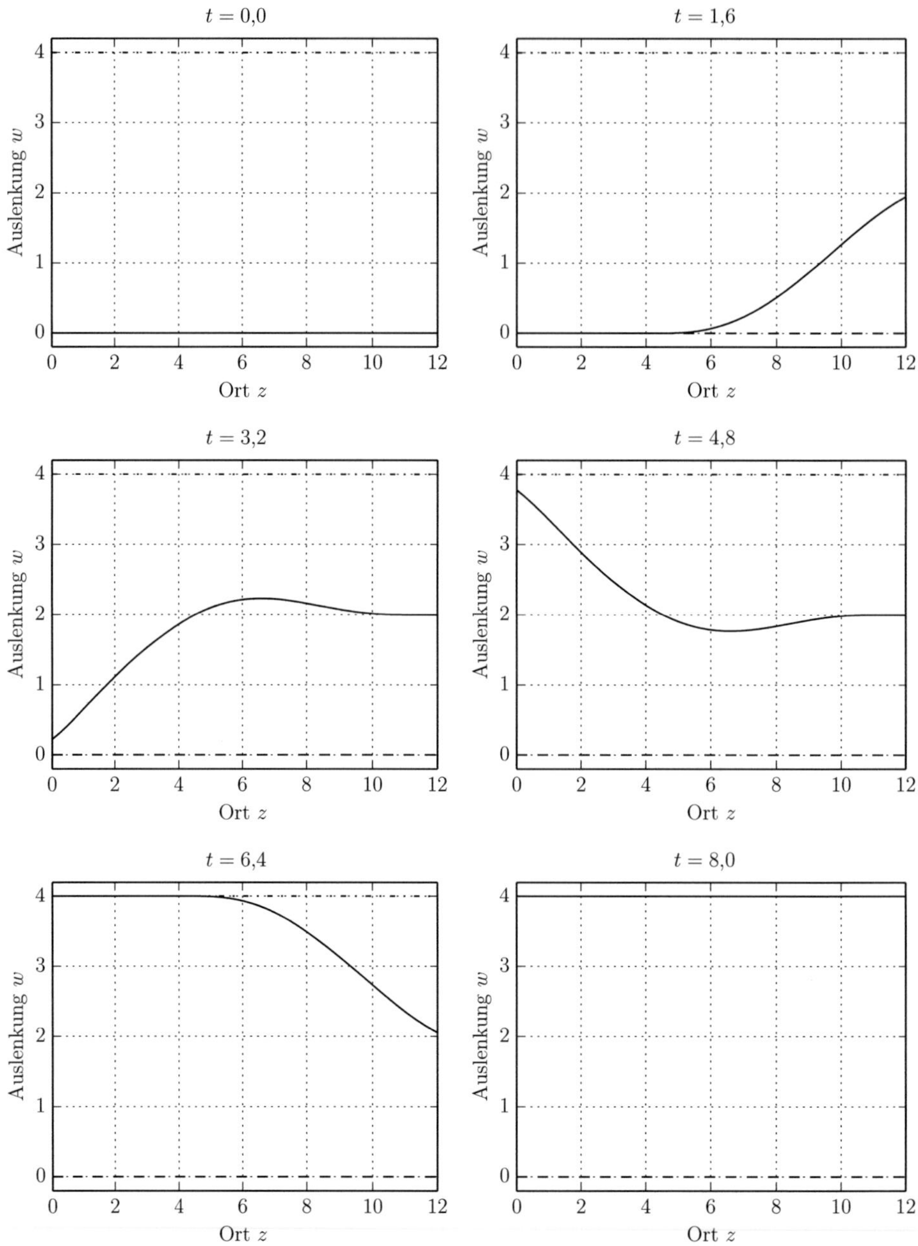

Abbildung 4.5 – Auslenkung des Seils zu verschiedenen Zeitpunkten des Übergangs (durchgezogene Linien), Profil der Ausgangsruhelage (gestrichelte Linien), Profil der Zielruhelage (strich-punktierte Linien)

4.3 Der flachheitsbasierte Steuerungsentwurf für eine Klasse verteiltparametrischer Systeme mit flachen Randsystemen

Bei der Untersuchung der Zugänge zum Steuerungsentwurf für die Wärmeleitungs- und Wellengleichung in den beiden vorangegangenen Abschnitten können, trotz der wesentlichen Unterschiede in der Parametrierung der Systemgrößen durch den flachen Ausgang, strukturelle Gemeinsamkeiten festgestellt werden. Um diese zu erfassen, wird im Folgenden eine Modellklasse $\mathcal{K}$ definiert, in die neben den beiden Beispielen auch alle bisher mit flachheitsbasierten Methoden untersuchten quasilinearen Modelle mit verteilten Parametern fallen. Auf Basis dieser Modellklasse ist es möglich, einen abstrakten Zugang zum Steuerungsentwurf anzugeben. Dieser abstrakte Zugang wird im Kapitel 5 für den Fall, dass die Modellgleichungen quasilinear und hyperbolisch sind, konkretisiert und ausführlich diskutiert.

Definition 4.2 (Modellklasse $\mathcal{K}$)**.** Die Modellklasse $\mathcal{K}$ umfasst Modelle, in denen die zeitliche und örtliche Entwicklung der verteilten Systemgrößen $\boldsymbol{x} = (x_1, x_2, \ldots, x_n)^T$ durch partielle Differentialgleichungen der Form

$$\frac{\partial \boldsymbol{x}}{\partial z}(z,t) + \boldsymbol{f}\left(z, \boldsymbol{x}(z,t), \frac{\partial \boldsymbol{x}}{\partial t}(z,t), \ldots, \frac{\partial^\alpha \boldsymbol{x}}{\partial t^\alpha}(z,t)\right) = \boldsymbol{0}, \;\alpha \in \mathbb{N}_0, \tag{4.28a}$$

sowie die Randbedingungen

$$\boldsymbol{D}_0\left(\boldsymbol{u}_0(t), \ldots, \frac{\mathrm{d}^{\kappa_0}\boldsymbol{u}_0}{\mathrm{d}t^{\kappa_0}}(t), \boldsymbol{x}(0,t), \ldots, \frac{\partial^{\alpha_0}\boldsymbol{x}}{\partial t^{\alpha_0}}(0,t)\right) = \boldsymbol{0}, \;\kappa_0, \alpha_0 \in \mathbb{N}_0, \tag{4.28b}$$

und

$$\boldsymbol{D}_\ell\left(\boldsymbol{u}_\ell(t), \ldots, \frac{\mathrm{d}^{\kappa_\ell}\boldsymbol{u}_\ell}{\mathrm{d}t^{\kappa_\ell}}(t), \boldsymbol{x}(\ell,t), \ldots, \frac{\partial^{\alpha_\ell}\boldsymbol{x}}{\partial t^{\alpha_\ell}}(\ell,t)\right) = \boldsymbol{0}, \;\kappa_\ell, \alpha_\ell \in \mathbb{N}_0, \tag{4.28c}$$

beschrieben wird. Dabei bezeichnen die Zeit $t \in \mathbb{R}$ und der Ort $z \in [0, \ell]$ die unabhängigen Variablen, $\boldsymbol{f}$, $\boldsymbol{D}_0$ und $\boldsymbol{D}_\ell$ nichtlineare Funktionen und $\boldsymbol{u}_0(t) \in \mathbb{R}^p$ sowie $\boldsymbol{u}_\ell(t) \in \mathbb{R}^q$ die konzentrierten Systemgrößen. Des Weiteren genügen die Randbedingungen (4.28b) bzw. (4.28c) den folgenden Bedingungen:

1. Das durch die Randbedingungen (4.28b) gegebene konzentriertparametrische System mit den Systemgrößen $\boldsymbol{x}(0, \cdot)$ und $\boldsymbol{u}_0$ ist differentiell flach. Ein flacher Ausgang dieses Systems werde mit $\boldsymbol{y}_0$ bezeichnet.
2. Das durch die Randbedingungen (4.28c) gegebene konzentriertparametrische System mit den Systemgrößen $\boldsymbol{x}(\ell, \cdot)$ und $\boldsymbol{u}_\ell$ ist ebenfalls differentiell flach, wobei ein flacher Ausgang $\boldsymbol{y}_\ell$ existiert, der die Randwerte $\boldsymbol{x}(\ell, \cdot)$ der verteilten Systemgrößen sowie unter Umständen weitere frei vorgebbare Größen $\bar{\boldsymbol{y}}_\ell$ umfasst, d. h. $\boldsymbol{y}_\ell = (\boldsymbol{x}(\ell, \cdot), \bar{\boldsymbol{y}}_\ell)^T$.

Die in diesen Bedingungen erwähnten konzentriertparametrischen Systeme werden im

Folgenden auch als Randsysteme bezeichnet.

Bemerkung 4.1 (zur Modellklasse $\mathcal{K}$)**.** In Bezug auf die in Definition 4.2 gegebene Modellklasse $\mathcal{K}$ sind einige Bemerkungen angebracht:

1. In der Definition 4.2 wurde keine Aussage über mögliche Eingangsgrößen getroffen. Es wird daher angenommen, dass sie aus der Modellbildung bekannt und in den konzentrierten Systemgrößen $\boldsymbol{u}_0$ und $\boldsymbol{u}_\ell$ enthalten sind. Daraus wird deutlich, dass nur Systeme mit Randeingriff berücksichtigt werden, da die Stellgrößen nur in den Randbedingungen nicht aber in der partiellen Differentialgleichung auftauchen.
2. Die definierte Modellklasse schließt Randbedingungen der Form
$$d_\ell\left(\boldsymbol{x}(\ell,t),\ldots,\frac{\partial^{\alpha_\ell}\boldsymbol{x}}{\partial t^{\alpha_\ell}}(\ell,t)\right)=0$$
aus, da dies der differentiellen Unabhängigkeit des flachen Ausgangs $\boldsymbol{y}_\ell$ widersprechen würde. An dieser Stelle sei darauf hingewiesen, dass sich die in Definition 4.2 an die Randbedingungen gestellten Forderungen mit Hilfe der Koordinatentransformation $\bar{z}=\ell-z$ vertauschen lassen.
3. Enthalten die Randbedingungen eines gegebenen Systems Ortsableitungen der verteilten Systemgrößen, so können diese unter Verwendung der Systemgleichung (4.28a) auf die durch (4.28b) und (4.28c) definierte Form gebracht werden.
4. Aus der Theorie konzentriertparametrischer flacher Systeme folgt, dass die Dimension eines flachen Ausgangs der Anzahl der frei vorgebbaren Systemgrößen eines Systems entspricht (siehe [75, S. 4]). Für den Fall differentiell unabhängiger Systemgleichungen ist die Dimension somit durch die Differenz zwischen der Anzahl der Systemgrößen und der Anzahl der Gleichungen gegeben. Dies hat zur Folge, dass für die in der Definition 4.2 enthaltenen flachen Ausgänge $\boldsymbol{y}_0$ und $\boldsymbol{y}_\ell$ der konzentriertparametrischen Randsysteme
$$\dim(\boldsymbol{y}_0)=n+p-b_0 \quad \text{und} \quad \dim(\boldsymbol{y}_\ell)=n+q-b_\ell$$
gilt, wobei b_0 und b_ℓ die Anzahl der in (4.28b) bzw. (4.28c) enthaltenen Gleichungen bezeichnen.

Für die durch Definition 4.2 gegebene Modellklasse $\mathcal{K}$ wird im Folgenden ein Ansatz für den flachheitsbasierten Steuerungsentwurf diskutiert, dessen Ziel darin besteht, das System ausgehend von einem gegebenen Anfangsregime in ein gewünschtes Zielregime zu überführen. Zur Lösung dieser Aufgabe ist es notwendig, geeignete Trajektorien für die in den konzentrierten Systemgrößen $\boldsymbol{u}_0$ und $\boldsymbol{u}_\ell$ enthaltenen Stellgrößen zu bestimmen. Allgemein kann diese Aufgabe als Anfangs-Randwert-Problem aufgefasst werden, das durch die Gln. (4.28) und das Steuerungsziel festgelegt ist. Die Lösung eines derartigen Problems ist allerdings in der Regel sehr aufwendig und wird in dieser Arbeit nicht weiter untersucht. Es wird stattdessen gezeigt, dass dieses Problem, aufgrund der in Definition 4.2 gemachten strukturellen Voraussetzungen, auf ein vergleichsweise einfach zu lösendes Cauchy-Problem in Verbindung mit einer geeigneten Planung der dazu benötigten Cauchy-Daten zurückgeführt werden kann.

Aus den in Definition 4.2 gemachten Voraussetzungen bezüglich der Flachheit des Randsystems bei $z = 0$ folgt unmittelbar, dass die Randwerte $\boldsymbol{x}(0, \cdot)$ und die konzentrierten Größen $\boldsymbol{u}_0$ durch den flachen Ausgang $\boldsymbol{y}_0$ und dessen Zeitableitungen parametriert werden können. Mit den nichtlinearen Funktionen $\boldsymbol{\psi}$ und $\boldsymbol{\xi}_0$ erhält man somit

$$\boldsymbol{x}(0,t) = \boldsymbol{\psi}\left(\boldsymbol{y}_0(t), \ldots, \frac{\mathrm{d}^{\delta_0}\boldsymbol{y}_0}{\mathrm{d}t^{\delta_0}}(t)\right), \ \delta_0 \in \mathbb{N}_0, \tag{4.29a}$$

und

$$\boldsymbol{u}_0(t) = \boldsymbol{\xi}_0\left(\boldsymbol{y}_0(t), \ldots, \frac{\mathrm{d}^{\chi_0}\boldsymbol{y}_0}{\mathrm{d}t^{\chi_0}}(t)\right), \ \chi_0 \in \mathbb{N}_0. \tag{4.29b}$$

Für das Randsystem bei $z = \ell$ gilt analog, dass die zugehörigen Systemgrößen $\boldsymbol{x}(\ell, \cdot)$ und $\boldsymbol{u}_\ell$ durch den flachen Ausgang $\boldsymbol{y}_\ell$ und dessen Zeitableitungen parametriert werden können. Die Randwerte $\boldsymbol{x}(\ell, \cdot)$ ergeben sich dabei entsprechend den in Definition 4.2 gemachten Voraussetzungen direkt aus dem flachen Ausgang. Für die konzentrierten Systemgrößen $\boldsymbol{u}_\ell$ erhält man mit der nichtlinearen Funktion $\boldsymbol{\xi}_\ell$ den Zusammenhang

$$\boldsymbol{u}_\ell(t) = \boldsymbol{\xi}_\ell\left(\boldsymbol{y}_\ell(t), \ldots, \frac{\mathrm{d}^{\chi_\ell}\boldsymbol{y}_\ell}{\mathrm{d}t^{\chi_\ell}}(t)\right), \ \chi_\ell \in \mathbb{N}_0. \tag{4.30}$$

Da die Randwerte $\boldsymbol{x}(\ell, \cdot)$ Teil des flachen Ausgangs $\boldsymbol{y}_\ell$ sind, können sie frei vorgegeben werden. Somit stellen die Randbedingungen bei $z = \ell$ keine Einschränkung an die Trajektorien der Randwerte $\boldsymbol{x}(\ell, \cdot)$ dar, sondern können als Definitionsgleichungen für die in $\boldsymbol{u}_\ell$ enthaltenen konzentrierten Systemgrößen aufgefasst werden (siehe Bemerkung 4.1).

Ein wesentlicher Punkt des vorgeschlagenen Zugangs zum Steuerungsentwurfs besteht darin, diese Eigenschaft auszunutzen und die Randbedingungen bei $z = \ell$ zunächst zu vernachlässigen. Das daraus resultierende reduzierte System umfasst die Systemgleichungen (4.28a) sowie die Randbedingungen (4.28b) bei $z = 0$ und kann unabhängig von den vernachlässigten Randbedingungen gelöst werden, da diese als Definitionsgleichungen für die konzentrierten Systemgrößen $\boldsymbol{u}_\ell$ interpretiert werden können. Wurde eine Lösung des reduzierten Systems berechnet, so ist dadurch insbesondere die Randtrajektorie $t \mapsto \boldsymbol{x}(\ell, t)$ und damit die entsprechenden Komponenten des flachen Ausgangs $\boldsymbol{y}_\ell$ festgelegt. Mit Hilfe von (4.30) und geeigneter Trajektorien $t \mapsto \bar{\boldsymbol{y}}_\ell(t)$ für die verbleibenden Komponenten des flachen Ausgangs $\boldsymbol{y}_\ell$ können die Trajektorien der konzentrierten Systemgrößen $t \mapsto \boldsymbol{u}_\ell(t)$ berechnet werden, wodurch die Erfüllung der Randbedingungen bei $z = \ell$ sichergestellt wird.

Im nächsten Schritt ist es notwendig eine geeignete, d. h. dem Steuerungsziel entsprechende, Lösung des reduzierten Problems zu bestimmen. Dazu bietet es sich an, die Menge der zulässigen Lösungen zu parametrieren, um das Problem auf die Planung geeigneter Trajektorien für die dabei verwendeten Parameter zurückzuführen. Dies entspricht der Grundidee des flachheitsbasierten Steuerungsentwurfs für konzentriertparametrische

Systeme, bei dem die Parametrierung dadurch gegeben ist, dass sämtliche Systemgrößen durch den flachen Ausgang ausgedrückt werden können (siehe Gl. (4.2c)). Es kann für das reduzierte System gezeigt werden, dass der flache Ausgang $\boldsymbol{y}_0$ des Randsystems bei $z = 0$ zur Parametrierung der Lösungen geeignet ist, sofern das mit der partiellen Differentialgleichung (4.28a) assoziierte Cauchy-Problem mit gegebenen Werten bei $z = 0$ wohlgestellt ist.

Dazu stellt man zunächst fest, dass aufgrund der Wohlgestelltheit des Cauchy-Problems die Randwerte $\boldsymbol{x}(0, \cdot)$ mit einer eindeutigen Lösung von (4.28a) korrespondieren. Um sicherzustellen, dass eine derartig parametrierte Lösung den Randbedingungen (4.28b) genügt, müssen die Randtrajektorien kompatibel zu diesen gewählt werden. Dazu kann ausgenutzt werden, dass die Randwerte $\boldsymbol{x}(0, \cdot)$ mittels (4.29a) durch den flachen Ausgang $\boldsymbol{y}_0$ parametriert werden können und auf diesem Wege berechnete Trajektorien automatisch den entsprechenden Randbedingungen genügen. Gleichzeitig ist es möglich, aus der Trajektorie des flachen Ausgangs $\boldsymbol{y}_0$, die zur Berechnung der Randwerte verwendet wurde, auch die konzentrierten Systemgrößen $\boldsymbol{u}_0$ mit Hilfe von Gl. (4.29b) zu berechnen. Aus der Lösung des so bestimmten Cauchy-Problems können letztendlich entsprechend den vorangegangenen Ausführungen die verbleibenden konzentrierten Stellgrößen $\boldsymbol{u}_\ell$ berechnet werden.

Zusammenfassend kann der Steuerungsentwurf in die folgenden Schritte gegliedert werden:

1. Parametrieren einer geeigneten Trajektorie für $\boldsymbol{y}_0$ und Berechnung der Randwerte $\boldsymbol{x}(0, \cdot)$ sowie der konzentrierten Systemgrößen $\boldsymbol{u}_0$ aus den Gln. (4.29).
2. Lösen des durch die Randwerte $\boldsymbol{x}(0, \cdot)$ und die partielle Differentialgleichung (4.28a) gegebenen Cauchy-Problems.
3. Berechnen der konzentrierten Systemgrößen $\boldsymbol{u}_\ell$ aus Gl. (4.30) unter Verwendung des flachen Ausgangs $\boldsymbol{y}_\ell$, der die Randwerte $\boldsymbol{x}(\ell, \cdot)$ der in Schritt 2 berechneten Lösung sowie frei vorgebbare Komponenten $\bar{\boldsymbol{y}}_\ell$ umfasst.

Aus dem beschriebenen Ansatz für den Steuerungsentwurf wird deutlich, dass neben dem flachen Ausgang $\boldsymbol{y}_0$ des Randsystems bei $z = 0$, die Komponenten $\bar{\boldsymbol{y}}_\ell$ des flachen Ausgangs $\boldsymbol{y}_\ell$ des Randsystems bei $z = \ell$ frei vorgebbar sind. Daher kann

$$\boldsymbol{y} = \begin{pmatrix} \boldsymbol{y}_0 \\ \bar{\boldsymbol{y}}_\ell \end{pmatrix} \tag{4.31}$$

als flacher Ausgang des Gesamtsystems (4.28) aufgefasst werden, für dessen Dimension gemäß der Argumentation in Bemerkung 4.1 die Beziehung

$$\dim(\boldsymbol{y}) = n + p + q - b_0 - b_\ell.$$

gilt.

Bemerkung 4.2 (Lösung eines Cauchy-Problems). Den aufwendigsten Teil des Steuerungsentwurfes stellt, neben der Suche nach den flachen Ausgängen der Randsysteme, die Lösung des mit der partiellen Differentialgleichung (4.28a) assoziierten Cauchy-Problems dar. Bereits aus den beiden eingangs diskutierten linearen Beispielen wird deutlich, dass dazu sehr unterschiedliche Ansätze zum Einsatz kommen. Während sich für die parabolische Wärmeleitungsgleichung ein Potenzreihenansatz (siehe Gl. (4.10)) als geeignet erwiesen hat, kam bei der Wellengleichung ein Ansatz mit Totzeiten und Prädiktionen zum Einsatz (siehe (4.19)). Diese Lösungsansätze wie auch die Lösung für andere lineare Systeme, insbesondere solche mit konstanten Koeffizienten, können mit Hilfe der Laplace-Transformation bzw. des Operatorkalküls nach Mikusiǹski berechnet werden (siehe [87, S. 27]). Im Allgemeinen muss für die Lösung jedoch auf numerische Methoden zurückgegriffen werden.

Bemerkung 4.3 (Differenzierbarkeit der Trajektorie des flachen Ausgangs)**.** Bei der Vorgabe von Trajektorien für den flachen Ausgang $\boldsymbol{y}$ müssen gewisse Differenzierbarkeitsanforderungen berücksichtigt werden. So muss zum einen sichergestellt werden, dass die zur Auswertung der Gln. (4.29) und (4.30) benötigten Ableitungen existieren. Im Hinblick auf die Komponenten $\boldsymbol{y}_0$ von $\boldsymbol{y}$ muss zum anderen gewährleistet werden, dass die durch Gl. (4.29a) parametrierten Randtrajektorien $t \mapsto \boldsymbol{x}(0,t)$ mindestens den aus der partiellen Differentialgleichung (4.28a) resultierenden Differenzierbarkeitsanforderungen genügen, da in der vorliegenden Arbeit nur klassische Lösungen berücksichtigt werden. Darüber hinaus können weitere, wesentlich subtilere Anforderungen vorliegen, durch die gewährleistet wird, dass das Cauchy-Problem wohlgestellt ist. Dies wird besonders am Beispiel der Wärmeleitungsgleichung deutlich, das in Abschnitt 4.2.1 diskutiert wurde. Es wurde dort gefordert, dass die gewählte Trajektorie beliebig oft differenzierbar ist und eine bestimmte Gevrey-Ordnung besitzt, um die Konvergenz des Potenzreihenansatzes zu sichern.

Kapitel 5

Der flachheitsbasierte Steuerungsentwurf für quasilineare hyperbolische Systeme

In diesem Abschnitt wird die Anwendung des im vorangegangenen Abschnitt vorgestellten Ansatzes für den Steuerungsentwurf auf jene Modelle der Klasse $\mathcal{K}$ diskutiert, deren Modellgleichungen quasilinear und hyperbolisch sind. Diese sind gemäß den Definitionen 2.2 und 2.5 durch partielle Differentialgleichungen der Form

$$\frac{\partial \boldsymbol{x}}{\partial z}(z,t) + B(\boldsymbol{x}(z,t))\frac{\partial \boldsymbol{x}}{\partial t}(z,t) = \boldsymbol{c}(\boldsymbol{x}(z,t)) \tag{5.1}$$

gegeben, wobei die Matrix $B(\boldsymbol{x})$ diagonalisierbar ist. Sie entsprechen somit einem Spezialfall der in Definition 4.2 gegebenen Formulierung für

$$\boldsymbol{f}\left(z, \boldsymbol{x}(z,t), \frac{\partial \boldsymbol{x}}{\partial t}(z,t), \ldots, \frac{\partial^{\alpha} \boldsymbol{x}}{\partial t^{\alpha}}(z,t)\right) = B(\boldsymbol{x}(z,t))\frac{\partial \boldsymbol{x}}{\partial t}(z,t) - \boldsymbol{c}(\boldsymbol{x}(z,t)).$$

Für den Entwurf einer Steuerung mit Hilfe des in Abschnitt 4.3 vorgestellten Ansatzes müssen zwei Aspekte diskutiert werden: Zum einen die Lösung des mit Gl. (5.1) assoziierten Cauchy-Problems, zum anderen die Planung geeigneter Trajektorien für den flachen Ausgang $\boldsymbol{y}$.

Zur Lösung des Cauchy-Problems wird im Folgenden die *Methode der Charakteristiken*, ein Werkzeug der klassischen Theorie partieller Differentialgleichungen, ausführlich diskutiert (siehe [14, S. 51]). Dabei erhält man wesentliche Informationen über die Eigenschaften der Lösung, die im Anschluss zur Trajektorienplanung ausgenutzt werden.

5.1 Das Cauchy-Problem für quasilineare hyperbolische Systeme

Im folgenden Abschnitt wird das mit dem Gleichungssystem (5.1) assoziierte Cauchy-Problem diskutiert. Dabei ist gemäß Definition 2.3 jene Lösung gesucht, die entlang einer

Kurve $r \mapsto (\nu(r), \mu(r))$ mit einer gegebenen Funktion $r \mapsto \boldsymbol{\varphi}(r)$ übereinstimmt, d. h.

$$\boldsymbol{x}(\nu(r), \mu(r)) = \boldsymbol{\varphi}(r). \tag{5.2}$$

Obwohl für den in Abschnitt 4.3 vorgestellten Steuerungsentwurf nur das spezielle Cauchy-Problem mit $\nu(r) = 0$ relevant ist, wird im Folgenden der allgemeine Fall diskutiert, da die Untersuchungen dadurch nicht wesentlich aufwendiger werden. Das zentrale Hilfsmittel stellt dabei, wie bereits erwähnt, die Methode der Charakteristiken dar. Diese erlaubt es, partielle Differentialgleichungen auf Systeme gewöhnlicher Differentialgleichungen zurückzuführen (siehe [24, S. 96], [14, S. 291], [93, S. 131]). Im Folgenden wird sie zunächst für den skalaren Fall erläutert und im Anschluss auf den allgemeinen Fall übertragen.

5.1.1 Der skalare Fall

In diesem Abschnitt wird die Lösung des Cauchy-Problems für eine quasilineare partielle Differentialgleichung erster Ordnung diskutiert. Eine solche Gleichung ist analog zur Definition entsprechender Systeme (2.14) durch

$$\frac{\partial x}{\partial z}(z,t) + b(z,x)\frac{\partial x}{\partial t}(z,t) = c(z, x(z,t)) \tag{5.3a}$$

gegeben, wobei die Abhängigkeit der Funktionen b und c von der unabhängigen Variable z explizit berücksichtigt werden muss. Das zugehörige Cauchy-Problem besteht gemäß der Definition 2.3 darin, jene Lösung $(z,t) \mapsto x(z,t)$ dieser partiellen Differentialgleichung zu finden, die der Bedingung

$$x(\nu(r), \mu(r)) = \varphi(r) \tag{5.3b}$$

genügt, die also entlang einer Kurve $r \mapsto (\nu(r), \mu(r))$ mit einer gegebenen Funktion φ übereinstimmt.

Die Lösung dieses Problems wird im Folgenden mit Hilfe der Methode der Charakteristiken diskutiert. Die Grundidee dieses Verfahrens besteht darin, die partielle Differentialgleichung auf ein System gewöhnlicher Differentialgleichungen zurückzuführen. Dies wird möglich, indem man die abhängige Variable x entlang spezieller Kurven auswertet. Um diese Kurven zu bestimmen, definiert man zunächst eine neue Variable

$$\hat{x}(s;\zeta_0,\tau_0) = x(\zeta(s;\zeta_0,\tau_0), \tau(s;\zeta_0,\tau_0)), \tag{5.4}$$

die durch Auswerten der ursprünglichen Systemgröße x entlang einer zweiparametrigen Kurvenschar $s \mapsto (\zeta(s;\zeta_0,\tau_0), \tau(s;\zeta_0,\tau_0))$ resultiert. Die dabei auftretenden Parameter ζ_0 und τ_0 sind so definiert, dass

$$\zeta(0;\zeta_0,\tau_0) = \zeta_0 \quad \text{und} \quad \tau(0;\zeta_0,\tau_0) = \tau_0 \tag{5.5}$$

gilt. Um jene Kurven zu finden, entlang derer sich Gl. (5.3a) als gewöhnliche Differentialgleichung schreiben lässt, leitet man (5.4) nach dem Kurvenparameter s ab und erhält so

$$\frac{\mathrm{d}\hat{x}}{\mathrm{d}s}(s;\zeta_0,\tau_0) = \frac{\partial x}{\partial z}(\zeta(s;\zeta_0,\tau_0),\tau(s;\zeta_0,\tau_0))\frac{\mathrm{d}\zeta}{\mathrm{d}s}(s;\zeta_0,\tau_0) + \frac{\partial x}{\partial t}(\zeta(s;\zeta_0,\tau_0),\tau(s;\zeta_0,\tau_0))\frac{\mathrm{d}\tau}{\mathrm{d}s}(s;\zeta_0,\tau_0). \quad (5.6)$$

Wertet man Gl. (5.3a) für $z = \zeta(s;\zeta_0,\tau_0)$ sowie $t = \tau(s;\zeta_0,\tau_0)$ aus und vergleicht die linke Seite des resultierenden Ausdrucks mit der rechten Seite von (5.6), so wird deutlich, dass durch die Wahl von

$$\frac{\mathrm{d}\zeta}{\mathrm{d}s}(s;\zeta_0,\tau_0) = \chi(s;\zeta_0,\tau_0) \quad (5.7a)$$

und

$$\frac{\mathrm{d}\tau}{\mathrm{d}s}(s;\zeta_0,\tau_0) = \chi(s;\zeta_0,\tau_0)b(\zeta(s;\zeta_0,\tau_0),\hat{x}(s;\zeta_0,\tau_0)) \quad (5.7b)$$

die partielle Differentialgleichung (5.3a) als gewöhnliche Differentialgleichung

$$\frac{\mathrm{d}\hat{x}}{\mathrm{d}s}(s;\zeta_0,\tau_0) = \chi(s;\zeta_0,\tau_0)c(\zeta(s;\zeta_0,\tau_0),\hat{x}(s;\zeta_0,\tau_0)) \quad (5.7c)$$

erscheint, wobei χ eine beliebige, von der Nullfunktion verschiedene Funktion bezeichnet. Somit wurde die partielle Differentialgleichung (5.3a) auf das System gewöhnlicher Differentialgleichungen (5.7) zurückgeführt. Eliminiert man die Funktion χ aus den beiden Gleichungen (5.7a) und (5.7b), so erhält man die Beziehung

$$\frac{\mathrm{d}\tau}{\mathrm{d}s}(s;\zeta_0,\tau_0) - b(\zeta(s;\zeta_0,\tau_0),\hat{x}(s;\zeta_0,\tau_0))\frac{\mathrm{d}\zeta}{\mathrm{d}s}(s;\zeta_0,\tau_0) = 0.$$

Aus dieser Gleichung wird deutlich, dass die Kurven

$$s \mapsto (\zeta(s;\zeta_0,\tau_0),\tau(s;\zeta_0,\tau_0),\hat{x}(s;\zeta_0,\tau_0))$$

laut Definition 2.4 den charakteristischen Kurven der partiellen Differentialgleichung (5.3a) entsprechen, woraus sich die Bezeichnung *Methode der Charakteristiken* ableitet.

Die Lösung des Gleichungssystems (5.7) kann in der Regel nur numerisch berechnet werden. Für die Funktion ζ erhält man jedoch aus der Differentialgleichung (5.7a) in Verbindung mit (5.5) die explizite Lösung

$$\zeta(s;\zeta_0,\tau_0) = \zeta_0 + s, \quad (5.8)$$

wobei ohne Beschränkung der Allgemeinheit $\chi(s;\zeta_0,\tau_0) = 1$ gewählt wurde. Für die weiteren Untersuchungen bietet es sich an, die Lösungen der verbleibenden Funktionen, d. h. jener von $\hat{x}$ und τ, in Form von Integralgleichungen anzuschreiben. Aus (5.7b) erhält man dazu unter Berücksichtigung von (5.5) zunächst

$$\tau(s;\zeta_0,\tau_0) = \tau_0 + \int_0^s b(\zeta_0+\sigma,\hat{x}(\sigma;\zeta_0,\tau_0))\,\mathrm{d}\sigma. \quad (5.9a)$$

Analog folgt aus (5.7c) die gesuchte Lösung $\hat{x}$ in der Form

$$\hat{x}(s;\zeta_0,\tau_0) = x(\zeta_0,\tau_0) + \int_0^s c(\zeta_0+\sigma,\hat{x}(\sigma;\zeta_0,\tau_0))\,\mathrm{d}\sigma. \tag{5.9b}$$

Es sei darauf hingewiesen, dass die Integrationskonstante in dieser Darstellung mit Hilfe der Bedingungen (5.5) und der Definition der neuen Variablen $\hat{x}$ in den ursprünglichen Koordinaten x ausgedrückt wurde. Aus der Theorie gewöhnlicher Differentialgleichungen (siehe [39, S. 1]) ist bekannt, dass das Gleichungssystem (5.7) und somit auch das System von Integralgleichungen (5.9) eine eindeutige Lösung besitzen, falls die Funktionen b und c Lipschitz-stetig hinsichtlich ihrer Argumente sind. Das bedeutet, dass durch jeden Punkt $(\zeta_0,\tau_0,x(\zeta_0,\tau_0))$ im untersuchten Gebiet lediglich eine charakteristische Kurve verläuft (siehe [43, S. 9]). Mit anderen Worten, durch Vorgabe des Funktionswerts x in einem Punkt (ζ_0,τ_0) ist die Lösung entlang der charakteristischen Projektion $s\mapsto(\zeta(s;\zeta_0,\tau_0),\tau(s;\zeta_0,\tau_0))$ durch diesen Punkt eindeutig bestimmt. Diese Eigenschaft wird im Folgenden zur Lösung des Cauchy-Problems genutzt.

Bemerkung 5.1 (Separate Lösung der Gln. (5.9))**.** Aus Gl. (5.9b) wird deutlich, dass die Lösung der Systemgröße $\hat{x}$ unabhängig von τ ist. Es ist somit möglich, zunächst $\hat{x}$ und im Anschluss daraus τ zu berechnen. Im linearen und semilinearen Fall, in denen die Funktion b nicht von den Systemgrößen abhängt, können beide Funktionen getrennt voneinander berechnet werden. Es sei darauf hingewiesen, dass im zeitvarianten, quasilinearen Fall die Lösungen von $\hat{x}$ und τ gleichzeitig berechnet werden müssen.

Aus den vorangegangenen Untersuchungen zur Methode der Charakteristiken wird deutlich, dass durch jeden Punkt der gegebenen Kurve $r\mapsto(\nu(r),\mu(r),\varphi(r))$ genau eine charakteristische Kurve verläuft. Die gesuchte Lösung erhält man somit aus der Gesamtheit dieser Kurven (siehe [43, S. 12]). Um eine Parametrierung dieser Lösung zu erhalten, wertet man die Gln. (5.9) für $\zeta_0=\nu(r)$, $\tau_0=\mu(r)$ und $x(\nu(r),\mu(r))=\varphi(r)$ aus und erhält so für die verbleibende Komponente der charakteristischen Projektionen

$$\tau(s;\nu(r),\mu(r)) = \mu(r) + \int_0^s b(\nu(r)+\sigma,\hat{x}(\sigma;\nu(r),\mu(r)))\,\mathrm{d}\sigma \tag{5.10a}$$

sowie

$$\hat{x}(s;\nu(r),\mu(r)) = \varphi(r) + \int_0^s c(\nu(r)+\sigma,\hat{x}(\sigma;\nu(r),\mu(r)))\,\mathrm{d}\sigma. \tag{5.10b}$$

Diese Gleichungen können dahingehend interpretiert werden, dass mit dem Parameter r die charakteristische Kurve durch den Punkt $(\nu(r),\mu(r),\varphi(r))$ ausgewählt wird, während der Parameter s die Lösung entlang dieser Kurve parametriert. In Abb. 5.1 wird dieser Zusammenhang skizziert.

Eine wichtige Fragestellung die sich an die Lösungsdarstellung (5.10) anschließt, besteht darin zu diskutieren, ob die so parametrierte Lösung tatsächlich einer eindeutigen Funktion der Form $(z,t)\mapsto x(z,t)$ entspricht. Es muss also geprüft werden, ob die Abbildungen

$$z=\zeta(s;\nu(r),\mu(r)) \quad \text{und} \quad t=\tau(s;\nu(r),\mu(r)) \tag{5.11}$$

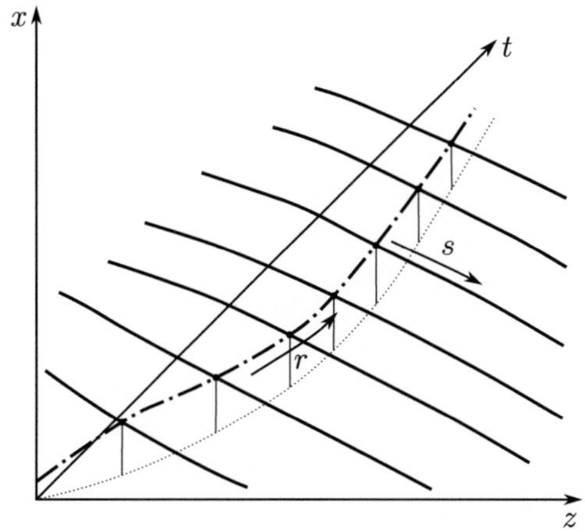

Abbildung 5.1 – Skizze zur Lösung des Cauchy-Problems mit Hilfe der Methode der Charakteristiken – Cauchy-Daten (strich-punktierte Linie), charakteristische Kurven (durchgezogene Linien)

umkehrbar in dem Sinne sind, dass eindeutige Funktionen

$$s = \sigma(z,t) \quad \text{und} \quad r = \rho(z,t) \tag{5.12}$$

existieren (siehe [43, S. 12]). Dies für den allgemeinen Fall global nachzuweisen ist in der Regel nicht bzw. nur mit Hilfe weiterer Annahmen an die Randtrajektorie möglich. Lokal erhält man jedoch in einer Umgebung der gegebenen Kurve, d. h. in einer Umgebung von $(s,r) = (0,r_0) = P$, ein interessantes Ergebnis im Hinblick auf die Kurve $r \mapsto (\nu(r), \mu(r))$. Mit Hilfe des Umkehrsatzes (siehe [37, S. 300]) folgt, dass die Funktionen (5.11) in einer Umgebung des Punktes P umkehrbar sind, sofern die Jacobi-Matrix

$$\begin{pmatrix} \frac{\mathrm{d}\zeta}{\mathrm{d}s} & \frac{\partial\zeta}{\partial\zeta_0}\frac{\mathrm{d}\nu}{\mathrm{d}r} + \frac{\partial\zeta}{\partial\tau_0}\frac{\mathrm{d}\mu}{\mathrm{d}r} \\ \frac{\mathrm{d}\tau}{\mathrm{d}s} & \frac{\partial\tau}{\partial\zeta_0}\frac{\mathrm{d}\nu}{\mathrm{d}r} + \frac{\partial\tau}{\partial\tau_0}\frac{\mathrm{d}\mu}{\mathrm{d}r} \end{pmatrix} \tag{5.13}$$

dort regulär ist. Während die partiellen Ableitungen von ζ aus Gl. (5.8) folgen, erhält man jene von τ aus Gl. (5.9a) sowie Gl. (5.10a). Die Matrix in (5.13) lautet somit im Punkt P

$$\begin{pmatrix} 1 & \frac{\mathrm{d}\nu}{\mathrm{d}r}(r_0) \\ b(\nu(r_0), \varphi(r_0)) & \frac{\mathrm{d}\mu}{\mathrm{d}r}(r_0) \end{pmatrix}.$$

Mit Hilfe ihrer Determinante kann gezeigt werden, dass diese Matrix für

$$\frac{\mathrm{d}\mu}{\mathrm{d}r}(r_0) - b(\nu(r_0), \varphi(r_0))\frac{\mathrm{d}\nu}{\mathrm{d}r}(r_0) = 0$$

singulär ist. Ein Vergleich mit (5.7a) und (5.7b) lässt erkennen, dass in diesem Fall die

Funktion φ entlang einer charakteristischen Projektion vorgegeben wird. Das Cauchy-Problem ist daher in diesem Falle lokal nicht mehr eindeutig lösbar[1]. Vielmehr existieren entweder unendlich viele Lösungen oder keine, je nachdem, ob die gegebene Kurve $r \mapsto (\nu(r), \mu(r), \varphi(r))$ charakteristisch ist oder nicht (siehe [43, S. 13]).

Bemerkung 5.2 (Geometrische Interpretation der Singularität der Jacobi-Matrix (5.13)). Für die Singularität der Matrix (5.13) gibt es eine anschauliche Erklärung mittels der charakteristischen Projektionen. Aus den vorangegangenen Betrachtungen ist deutlich geworden, dass sich die Lösung des Cauchy-Problems aus den charakteristischen Kurven ergibt, die durch die einzelnen Punkte der gegebenen Kurve $r \mapsto (\nu(r), \mu(r), \varphi(r))$ bestimmt sind. Damit wird klar, dass die so entstandene Lösung nur dann nach den Koordinaten z und t aufgelöst werden kann, wenn sich die charakteristischen Projektionen nicht schneiden. Wäre dies der Fall, so hätte die durch Gl. (5.10b) gegebene Lösung in diesem Schnittpunkt zwei Funktionswerte und könnte daher nicht in der Form $(z, t) \mapsto x(z, t)$ dargestellt werden.

Die gesuchte Lösung des durch (5.3) gegebenen Cauchy-Problems kann aus den Integralgleichungen (5.10) berechnet werden. Da es in der Regel nicht möglich ist für diese eine geschlossene Lösung anzugeben, müssen numerische Lösungsverfahren verwendet werden.

5.1.2 Der allgemeine Fall

Der im vorangegangenen Abschnitt vorgestellte Zugang zur Lösung des Cauchy-Problems für skalare quasilineare Gleichungen soll im Folgenden auf quasilineare hyperbolische Systeme der Form (5.1) übertragen werden. Die Grundidee besteht darin, neue Variablen[2]

$$\boldsymbol{v} = (v_1 \quad \cdots \quad v_n)^T = \boldsymbol{V}(\boldsymbol{x})$$

so einzuführen, dass das resultierende System hinsichtlich der Ableitungen entkoppelt ist, d. h. jede Systemgleichung nur Ableitungen einer Systemgröße enthält:

$$\frac{\partial v_i}{\partial z}(z, t) + b_i(\boldsymbol{v}) \frac{\partial v_i}{\partial t}(z, t) = g_i(\boldsymbol{v}), \quad i = 1, \ldots, n. \tag{5.14}$$

Eine derartige Systemdarstellung wird im Folgenden als *Diagonalform* bezeichnet. Diese Gleichungen können mit Hilfe der Methode der Charakteristiken, so wie sie im vorangegangenen Abschnitt vorgestellt wurde, gelöst werden. Es werden sich jedoch einige Aspekte ändern, da die Koeffizienten und die rechte Seite nicht nur von der jeweiligen abgeleiteten Größe, sondern im Allgemeinen auch von den restlichen Systemgrößen abhängen.

Im Folgenden wird zunächst die Lösung eines Gleichungssystems diskutiert, das in Diagonalform vorliegt. Anschließend werden zwei unterschiedliche Wege vorgestellt, die zur Transformation des ursprünglichen Gleichungssystems (5.1) in diese Darstellung

[1] Dasselbe Ergebnis wurde auf anderem Wege bereits in Kapitel 2 hergeleitet.

[2] Es sei darauf hingewiesen, dass die Anzahl n der neu eingeführten Systemgrößen $\boldsymbol{v}$ im Allgemeinen nicht mit der Anzahl m der ursprünglichen Systemgrößen $\boldsymbol{x}$ übereinstimmt.

genutzt werden können.

Aus den Untersuchungen in Abschnitt 5.1.1 folgt, dass die charakteristischen Kurven der Gln. (5.14) für $i = 1, \dots, n$ durch die gewöhnlichen Differentialgleichungen

$$\frac{\mathrm{d}\zeta_i}{\mathrm{d}s}(s; \zeta_0, \tau_0) = 1, \tag{5.15a}$$

$$\frac{\mathrm{d}\tau_i}{\mathrm{d}s}(s; \zeta_0, \tau_0) = b_i(\boldsymbol{v}(\zeta_i(s; \zeta_0, \tau_0), \tau_i(s; \zeta_0, \tau_0))), \tag{5.15b}$$

$$\frac{\mathrm{d}\hat{v}_i}{\mathrm{d}s}(s; \zeta_0, \tau_0) = g_i(\boldsymbol{v}(\zeta_i(s; \zeta_0, \tau_0), \tau_i(s; \zeta_0, \tau_0))), \tag{5.15c}$$

gegeben sind, wobei die neuen Koordinaten $\hat{v}_i(s; \zeta_0, \tau_0) = v_i(\zeta_i(s; \zeta_0, \tau_0), \tau_i(s; \zeta_0, \tau_0))$ den entlang der charakteristischen Projektionen ausgewerteten Systemgrößen entsprechen. Analog zum skalaren Fall sind die Parameter ζ_0 und τ_0 so definiert, dass

$$\zeta_i(0; \zeta_0, \tau_0) = \zeta_0 \quad \text{und} \quad \tau_i(0; \zeta_0, \tau_0) = \tau_0 \tag{5.16}$$

gilt. Die Lösungen der Differentialgleichung (5.15a) können somit explizit berechnet werden und lauten

$$\zeta_i(s; \zeta_0, \tau_0) = \zeta_0 + s.$$

Die restlichen Größen können in Form von Integralgleichungen angeschrieben werden. Für die verbleibenden Komponenten der charakteristischen Projektionen erhält man so

$$\tau_i(s; \zeta_0, \tau_0) = \tau_0 + \int_0^s b_i(\boldsymbol{v}(\zeta_0 + \sigma, \tau_i(\sigma; \zeta_0, \tau_0)))\,\mathrm{d}\sigma, \tag{5.17a}$$

während die Systemgrößen aus

$$\hat{v}_i(s; \zeta_0, \tau_0) = v_i(\zeta_0, \tau_0) + \int_0^s g_i(\boldsymbol{v}(\zeta_0 + \sigma, \tau_i(\sigma; \zeta_0, \tau_0)))\,\mathrm{d}\sigma \tag{5.17b}$$

folgen.

Bemerkung 5.3 (Unabhängige Berechnung der charakteristischen Projektionen und der Lösung)**.** Anders als im skalaren Fall ist es für quasilineare Systeme in der Regel auch im zeitinvarianten Fall nicht möglich die Lösung entlang der charakteristischen Projektionen unabhängig von diesen zu berechnen, da im Argument von (5.17b) sämtliche Systemgrößen $\boldsymbol{v}$, ausgewertet entlang der jeweiligen charakteristischen Projektion, auftreten. Es wäre zwar möglich neue Variablen

$$\hat{v}_{ij}(s; \zeta_0, \tau_0) = v_i(\zeta_j(s; \zeta_0, \tau_0), \tau_j(s; \zeta_0, \tau_0)) \quad \text{für} \quad i, j = 1, \dots, n$$

einzuführen, so dass τ_i nicht mehr explizit in (5.17b) auftritt. Diese Funktionen würden jedoch zur Lösung der $n(n-1)$ Gleichungen benötigt, durch die die Kopplungen der neuen Koordinaten $\hat{v}_{ij}$ untereinander berücksichtigt werden.

Das Cauchy-Problem kann mit Hilfe dieser Lösung analog zum skalaren Fall diskutiert werden, weshalb auf eine detaillierte Untersuchung verzichtet wird. Als Ergebnis erhält man

$$\hat{v}_i(s;\nu(r),\mu(r)) = \varphi_i(r) + \int_0^s g_i(\boldsymbol{v}(\nu(r)+\sigma,\tau_i(\sigma;\nu(r),\mu(r))))\,\mathrm{d}\sigma \tag{5.18a}$$

sowie

$$\tau_i(s;\nu(r),\mu(r)) = \mu(r) + \int_0^s b_i(\boldsymbol{v}(\nu(r)+\sigma,\tau_i(\sigma;\nu(r),\mu(r))))\,\mathrm{d}\sigma. \tag{5.18b}$$

Für die Rücktransformation der neuen Koordinaten $\hat{\boldsymbol{v}}$ in die ursprünglichen Koordinaten $\boldsymbol{v}$ müssen die zu

$$z = \zeta_i(s;\nu(r),\mu(r)) \quad \text{und} \quad t = \tau_i(s;\nu(r),\mu(r))$$

inversen Funktionen

$$s = \sigma_i(z,t) \quad \text{und} \quad r = \rho_i(z,t)$$

bestimmt werden. Eine notwendige Bedingung für deren Existenz besteht darin, dass die gegebene Kurve $r \mapsto (\nu(r),\mu(r),\boldsymbol{\varphi}(r))$ an keiner Stelle charakteristisch ist, d. h. es gilt

$$\frac{\mathrm{d}\mu}{\mathrm{d}r}(r) - b_i(\boldsymbol{\varphi}(r))\frac{\mathrm{d}\nu}{\mathrm{d}r}(r) \neq 0 \quad \text{für} \quad r \in \mathbb{R} \quad \text{und} \quad i = 1,\dots,n.$$

5.1.3 Transformation auf Diagonalform

Wie im vorangegangenen Abschnitt gezeigt, ist es für die Anwendung der Methode der Charakteristiken günstig, das gegebene Gleichungssystem (5.1) in Diagonalform (5.14) darzustellen. Dazu wird ausgenutzt, dass das System (5.1) hyperbolisch und die Matrix $B(\boldsymbol{x})$ somit diagonalisierbar ist. Aus dieser Eigenschaft folgt unmittelbar, dass eine Ähnlichkeitstransformation der Form

$$\Gamma(\boldsymbol{x})B(\boldsymbol{x}) = \Lambda(\boldsymbol{x})\Gamma(\boldsymbol{x}) \tag{5.19}$$

existiert, wobei

$$\Lambda(\boldsymbol{x}) = \mathrm{diag}(\lambda_1(\boldsymbol{x})I_{m_1},\dots,\lambda_h(\boldsymbol{x})I_{m_h}(\boldsymbol{x}))$$

eine Diagonalmatrix bezeichnet, auf deren Diagonale die Eigenwerte $\lambda_i(\boldsymbol{x})$, $i = 1,\dots,h$, der Matrix $B(\boldsymbol{x})$ mit den Vielfachheiten m_i stehen, für die $\sum_{i=0}^h m_i = m$ gilt. Die Matrix

$$\Gamma = \begin{pmatrix} \Gamma_1 \\ \vdots \\ \Gamma_h \end{pmatrix} \tag{5.20}$$

setzt sich wiederum aus den Matrizen

$$\Gamma_i(\boldsymbol{x}) = (\boldsymbol{\gamma}_{i,1}(\boldsymbol{x}) \ \cdots \ \boldsymbol{\gamma}_{i,m_i}(\boldsymbol{x}))^T$$

zusammen, in denen die zum Eigenwert λ_i gehörigen Links-Eigenvektoren $\boldsymbol{\gamma}_{i,j}(\boldsymbol{x})^T$, $j = 1,\dots,m_i$, enthalten sind.

Der erste Zugang zur Transformation auf Diagonalform basiert darauf, neue Koordinaten[3] $\boldsymbol{v} = \boldsymbol{T}(\boldsymbol{x})$ so einzuführen, dass für die zugehörige Jacobi-Matrix

$$\frac{\partial \boldsymbol{T}}{\partial \boldsymbol{x}}(\boldsymbol{x}) = W(\boldsymbol{x})\Gamma(\boldsymbol{x}) \tag{5.21}$$

gilt, wobei $W(\boldsymbol{x})$ eine reguläre Matrix[4] bezeichnet, die mit $\Lambda(\boldsymbol{x})$ kommutiert, d. h. $W(\boldsymbol{x})\Lambda(\boldsymbol{x}) = \Lambda(\boldsymbol{x})W(\boldsymbol{x})$. Für die Ableitungen dieser neuen Koordinaten erhält man somit die Beziehungen

$$\frac{\partial \boldsymbol{v}}{\partial z} = W(\boldsymbol{x})\Gamma(\boldsymbol{x})\frac{\partial \boldsymbol{x}}{\partial z} \quad \text{und} \quad \frac{\partial \boldsymbol{v}}{\partial t} = W(\boldsymbol{x})\Gamma(\boldsymbol{x})\frac{\partial \boldsymbol{x}}{\partial t}. \tag{5.22}$$

Multipliziert man Gl. (5.1) von links mit $W(\boldsymbol{x})\Gamma(\boldsymbol{x})$, so folgt unter Berücksichtigung von Gl. (5.19) zunächst

$$W(\boldsymbol{x})\Gamma(\boldsymbol{x})\frac{\partial \boldsymbol{x}}{\partial z}(z,t) + W(\boldsymbol{x})\Lambda(\boldsymbol{x})\Gamma(\boldsymbol{x})\frac{\partial \boldsymbol{x}}{\partial t}(z,t) = W(\boldsymbol{x})\Gamma(\boldsymbol{x})\boldsymbol{c}(\boldsymbol{x}).$$

Aus dieser Beziehung resultiert mit (5.22) sowie der Kommutativität der Matrizen $W(\boldsymbol{x})$ und $\Lambda(\boldsymbol{x})$ die gesuchte Systemdarstellung

$$\frac{\partial \boldsymbol{v}}{\partial z}(z,t) + \Lambda(\boldsymbol{x})\frac{\partial \boldsymbol{v}}{\partial t}(z,t) = W(\boldsymbol{x})\Gamma(\boldsymbol{x})\boldsymbol{c}(\boldsymbol{x}) \tag{5.23}$$

in Diagonalform, wobei die ursprünglichen Systemgrößen $\boldsymbol{x}$ mit Hilfe der inversen Transformation

$$\boldsymbol{x} = \boldsymbol{T}^{-1}(\boldsymbol{v})$$

durch die neu eingeführten Koordinaten $\boldsymbol{v}$ ausgedrückt werden können. Aus (5.23) können die Koeffizienten von (5.14) direkt abgelesen werden:

$$b_i(\boldsymbol{v}) = \lambda_i(\boldsymbol{T}^{-1}(\boldsymbol{v})) \quad \text{und} \quad g_i(\boldsymbol{v}) = (W\Gamma\boldsymbol{c})_i\,(\boldsymbol{T}^{-1}(\boldsymbol{v})) \quad \text{für} \quad i = 1, \ldots, m.$$

Die Anwendbarkeit dieses Zugangs hängt im Wesentlichen davon ab, ob ein integrierender Faktor W gefunden werden kann, so dass das Produkt $W(\boldsymbol{x})\Gamma(\boldsymbol{x})$ die Jacobi-Matrix einer Transformation $\boldsymbol{T}$ ist und somit die Bedingung (5.21) erfüllt wird. Während dies für lineare und semilineare Probleme sowie für $m \leq 2$ stets möglich ist, kann diese Frage im allgemeinen Fall mit Hilfe des Satz von Frobenius beantwortet werden, dessen Anwendung im Anhang B erläutert wird (siehe [81, S. 96] und [18, S. 206]). Stellt sich dabei heraus, dass keine Transformation existiert, muss ein anderer Zugang gewählt werden, der im Folgenden diskutiert wird.

Dazu leitet man zunächst Gl. (5.1) nach der Zeit ab und multipliziert den resultierenden

[3] Diese Koordinaten werden als *Riemann-Invarianten* bezeichnet (siehe [40, S. 81] und [18, S. 206]).

[4] Durch die Matrix $W(\boldsymbol{x})$ werden die Freiheitsgrade bei der Wahl der Eigenvektoren berücksichtigt. Darüber hinaus kann sie als matrixwertiger integrierender Faktor interpretiert werden.

Ausdruck von links mit Γ. Dies liefert die Gleichung[5]

$$\Gamma\frac{\partial \boldsymbol{x}}{\partial z \partial t} + \Lambda\Gamma\frac{\partial^2 \boldsymbol{x}}{\partial t^2} = \sum_{i=1}^{m}\Gamma\left(\frac{\partial \boldsymbol{c}}{\partial x_i} - \frac{\partial B}{\partial x_i}\frac{\partial \boldsymbol{x}}{\partial t}\right)\frac{\partial x_i}{\partial t},$$

die mit Hilfe der neuen Koordinate

$$\bar{\boldsymbol{x}} = \Gamma\frac{\partial \boldsymbol{x}}{\partial t}, \tag{5.24}$$

in der Form

$$\frac{\partial \bar{\boldsymbol{x}}}{\partial z} + \Lambda\frac{\partial \bar{\boldsymbol{x}}}{\partial t} = \sum_{i=1}^{m}\Gamma\left(\frac{\partial \boldsymbol{c}}{\partial x_i} - \frac{\partial B}{\partial x_i}\frac{\partial \boldsymbol{x}}{\partial t}\right)\frac{\partial x_i}{\partial t} + \left(I_m\frac{\partial x_i}{\partial z} + \Lambda\frac{\partial x_i}{\partial t}\right)\frac{\partial \Gamma}{\partial x_i}\frac{\partial \boldsymbol{x}}{\partial t} \tag{5.25}$$

angeschrieben werden kann. Aus den Gleichungen (5.1) und (5.24) erhält man die Beziehungen

$$\begin{aligned}\frac{\partial \boldsymbol{x}}{\partial z} &= \boldsymbol{c}(\boldsymbol{x}) - B(\boldsymbol{x})\Gamma^{-1}(\boldsymbol{x})\bar{\boldsymbol{x}},\\ \frac{\partial \boldsymbol{x}}{\partial t} &= \Gamma^{-1}(\boldsymbol{x})\bar{\boldsymbol{x}},\end{aligned} \tag{5.26}$$

für die Orts- und Zeitableitung des Systemgrößenvektors $\boldsymbol{x}$. Mit deren Hilfe kann die rechte Seite der Gl. (5.25) als Funktion $\boldsymbol{p}$ aufgefasst werden, die nur von

$$\boldsymbol{v} = \begin{pmatrix}\boldsymbol{x}\\ \bar{\boldsymbol{x}}\end{pmatrix} \tag{5.27}$$

abhängt und somit auf

$$\frac{\partial \bar{\boldsymbol{x}}}{\partial z} + \Lambda\frac{\partial \bar{\boldsymbol{x}}}{\partial t} = \boldsymbol{p}(\boldsymbol{v})$$

führt. Diese partielle Differentialgleichung bildet zusammen mit dem System gewöhnlicher Differentialgleichungen (5.26) das gesuchte Gleichungssystem in der Form (5.14), woraus deutlich wird, dass der Systemgrößenvektor $\boldsymbol{v}$ im Gegensatz zum ursprünglichen Vektor $\boldsymbol{x}$ die doppelte Anzahl Komponenten umfasst. Die entsprechenden Koeffizienten lauten

$$b_i(\boldsymbol{v}) = 0 \quad \text{und} \quad g_i(\boldsymbol{v}) = (\boldsymbol{q}(\boldsymbol{v}))_i \quad \text{für} \quad i = 1, \ldots, m,$$

sowie

$$b_i(\boldsymbol{v}) = \lambda_i(\boldsymbol{x}) \quad \text{und} \quad g_i(\boldsymbol{v}) = (\boldsymbol{p}(\boldsymbol{v}))_{i-m} \quad \text{für} \quad i = m+1, \ldots, 2m,$$

wobei

$$\boldsymbol{q}(\boldsymbol{v}) = \boldsymbol{c}(\boldsymbol{x}) - B(\boldsymbol{x})\Gamma^{-1}(\boldsymbol{x})\bar{\boldsymbol{x}}$$

[5] Auf das Mitführen des Arguments $\boldsymbol{x}$ wird im Folgenden zugunsten der Übersichtlichkeit verzichtet.

die rechte Seite von Gl. (5.26) bezeichnet.

Beispiel 5.1 (Transformation der Wellengleichung auf Diagonalform)**.** Für die in Abschnitt 4.2.2 untersuchte Wellengleichung (4.18a) soll eine Darstellung in Diagonalform (5.14) hergeleitet werden. Dazu wird sie zunächst mit Hilfe des Systemgrößenvektors $\boldsymbol{x} = (x_1 \; x_2 \; x_3)^T = (w \; \frac{\partial w}{\partial t} \; \frac{\partial w}{\partial z})^T$ als System erster Ordnung der Form (5.1) mit

$$B = \begin{pmatrix} 0 & 0 & 0 \\ 0 & 0 & -1 \\ 0 & -\frac{\rho}{EA} & 0 \end{pmatrix} \quad \text{und} \quad \boldsymbol{c}(\boldsymbol{x}(z,t)) = \begin{pmatrix} x_3(z,t) \\ 0 \\ 0 \end{pmatrix}$$

angeschrieben. Zur Überführung dieses Systems in Diagonalform ist es notwendig, die Eigenwerte und die dazugehörigen Links-Eigenvektoren zu bestimmen. Diese lauten $\lambda_1 = 0$, $\lambda_2 = \sqrt{\frac{\rho}{EA}}$ und $\lambda_3 = -\sqrt{\frac{\rho}{EA}}$ sowie

$$\gamma_{1,1}^T = \begin{pmatrix} 1 & 0 & 0 \end{pmatrix}, \; \gamma_{2,1}^T = \begin{pmatrix} 0 & \sqrt{EA} & -\sqrt{\rho} \end{pmatrix} \quad \text{und} \quad \gamma_{3,1}^T = \begin{pmatrix} 0 & \sqrt{EA} & \sqrt{\rho} \end{pmatrix}.$$

Da es sich um ein lineares Problem handelt und deshalb die aus den Eigenvektoren resultierende Matrix

$$\Gamma = \begin{pmatrix} 1 & 0 & 0 \\ 0 & \sqrt{EA} & -\sqrt{\rho} \\ 0 & \sqrt{EA} & \sqrt{\rho} \end{pmatrix}$$

nicht von den ursprünglichen Koordinaten $\boldsymbol{x}$ abhängt, kann das System mit Hilfe der neuen Koordinaten $\boldsymbol{v} = (v_1 \; v_2 \; v_3)^T = \Gamma \boldsymbol{x}$ in die Diagonalform

$$\frac{\partial \boldsymbol{v}}{\partial z}(z,t) + \begin{pmatrix} 0 & 0 & 0 \\ 0 & \sqrt{\frac{\rho}{EA}} & 0 \\ 0 & 0 & -\sqrt{\frac{\rho}{EA}} \end{pmatrix} \frac{\partial \boldsymbol{v}}{\partial t}(z,t) = \begin{pmatrix} \frac{v_3(z,t)-v_2(z,t)}{2\sqrt{\rho}} \\ 0 \\ 0 \end{pmatrix}$$

überführt werden.

Die Anwendung der Methode der Charakteristiken ist, wie bereits oben angedeutet, im Allgemeinen nur für den hyperbolischen Fall sinnvoll, da nur dann das System (5.1) in Diagonalform angeschrieben werden kann. In speziellen Fällen ist die Anwendung jedoch auch auf Systeme möglich, die nach Definition 2.5 als parabolisch eingestuft wurden. Dies soll mit Hilfe des folgenden Beispiels deutlich gemacht werden.

Beispiel 5.2 (Anwendung der Methode der Charakteristiken auf Systeme die nicht in Diagonalform transformiert werden können [86, S. 121])**.** Für das durch die Gleichungen

$$\frac{\partial x_1}{\partial z}(z,t) + \frac{\partial x_1}{\partial t}(z,t) + \frac{\partial x_2}{\partial t}(z,t) = 0 \quad \text{und} \quad \frac{\partial x_2}{\partial z}(z,t) + \frac{\partial x_2}{\partial t}(z,t) = 0$$

gegebene System soll jene Lösung bestimmt werden, die den Bedingungen

$$x_1(0,t) = \varphi_1(t) \quad \text{und} \quad x_2(0,t) = \varphi_2(t)$$

genügt. Mit dem Systemgrößenvektor $\boldsymbol{x} = (x_1 \; x_2)^T$ kann dieses System in der Form

$$\frac{\partial \boldsymbol{x}}{\partial z} + \begin{pmatrix} 1 & 1 \\ 0 & 1 \end{pmatrix} \frac{\partial \boldsymbol{x}}{\partial t} = \mathbf{0}$$

angeschrieben werden. Es ist offensichtlich, dass die Matrix

$$B = \begin{pmatrix} 1 & 1 \\ 0 & 1 \end{pmatrix}$$

nicht diagonalisierbar ist und reelle Eigenwerte besitzt, da sie bereits in Jordan-Form vorliegt. Nach Definition 2.5 ist das System somit parabolisch. Dennoch ist es möglich die Methode der Charakteristiken zur Lösung zu verwenden, da die zweite Gleichung unabhängig von der ersten gelöst werden kann. So erhält man zunächst für x_2 die Beziehung

$$x_2(z,t) = \varphi_2(t-z).$$

Setzt man diese Lösung in die erste Gleichung ein, bekommt man eine partielle Differentialgleichung erster Ordnung für die verbleibende Systemgröße x_1:

$$\frac{\partial x_1}{\partial z}(z,t) + \frac{\partial x_1}{\partial t}(z,t) = -\frac{\mathrm{d}\varphi_2}{\mathrm{d}t}(t-z).$$

Deren Lösung kann problemlos mit Hilfe der Methode der Charakteristiken berechnet werden und lautet

$$x_1(z,t) = \varphi_1(t-z) - z\frac{\mathrm{d}\varphi_2}{\mathrm{d}t}(t-z).$$

Dass die Methode der Charakteristiken zur Lösung des vorliegenden Beispiels genutzt werden kann, ist auf die Entkopplung der Gleichungen zurückzuführen. Dadurch ist es möglich die Gleichungen nacheinander zu lösen.

5.2 Trajektorienplanung

Mit Hilfe der im vorangegangenen Abschnitt vorgestellten Methode der Charakteristiken ist es möglich, das mit dem quasilinearen hyperbolischen System (5.1) assoziierte Cauchy-Problem zu lösen. Damit wurde ein wesentlicher Aspekt des im Abschnitt 4.3 vorgestellten Zugangs zum Steuerungsentwurf für diese Systemklasse diskutiert. Es verbleibt zu untersuchen, wie die Trajektorien der Randwerte gewählt werden müssen, damit die dadurch parametrierte Lösung der Steuerungsaufgabe genügt. Für die weiteren Untersuchungen wird angenommen, dass diese Aufgabe darin besteht, innerhalb eines Zeitintervalls $t \in [t_\mathrm{a}, t_\mathrm{e}]$ einen Übergang zwischen zwei stationären Regimes $z \mapsto \boldsymbol{x}_\mathrm{a}(z)$ und $z \mapsto \boldsymbol{x}_\mathrm{e}(z)$ zu realisieren. Diese Regimes ergeben sich dabei gemäß (5.1) als Lösungen der gewöhnlichen Differentialgleichung

$$\frac{\mathrm{d}\boldsymbol{x}_\mathrm{r}}{\mathrm{d}z}(z) = \boldsymbol{c}(\boldsymbol{x}_\mathrm{r}(z)) \tag{5.28}$$

und sind somit eindeutig durch ihre Randwerte $\boldsymbol{x}_\mathrm{a}(0)$ bzw. $\boldsymbol{x}_\mathrm{e}(0)$ charakterisiert. Es muss also eine Trajektorie für den flachen Ausgang $t \mapsto \boldsymbol{y}(t)$ so geplant werden, dass die dadurch parametrierte Lösung $(z,t) \mapsto \boldsymbol{x}(z,t)$ den folgenden Bedingungen genügt:

$$\boldsymbol{x}(z,t) = \begin{cases} \boldsymbol{x}_\mathrm{a}(z), & \text{für } t \leq t_\mathrm{a} \\ \boldsymbol{x}_\mathrm{e}(z), & \text{für } t \geq t_\mathrm{e}. \end{cases}$$

Die Grundidee zur Trajektorienplanung ist in folgendem Satz festgehalten:

Satz 5.1 (Trajektorienplanung für quasilineare hyperbolische Systeme (siehe [47])). Seien $(z,t) \mapsto \boldsymbol{x}_\mathrm{a}(z)$ und $(z,t) \mapsto \boldsymbol{x}_\mathrm{e}(z)$ zwei stationäre Lösungen des durch die partiellen Differentialgleichungen (5.1) sowie die Randbedingungen (4.28b) und (4.28c) gegebenen Systems. Seien ferner t_a und t_e zwei positive reelle Zahlen, für die $t_\mathrm{e} - t_\mathrm{a} > \Delta T_\mathrm{a} + \Delta T_\mathrm{e}$ mit

$$\Delta T_\mathrm{a} = -\min_{z\in[0,\ell]} \int_0^z \min_\kappa \lambda_\kappa(\boldsymbol{x}_\mathrm{a}(\zeta))\,\mathrm{d}\zeta \tag{5.29a}$$

und

$$\Delta T_\mathrm{e} = \max_{z\in[0,\ell]} \int_0^z \max_\kappa \lambda_\kappa(\boldsymbol{x}_\mathrm{e}(\zeta))\,\mathrm{d}\zeta \tag{5.29b}$$

gilt, wobei $\lambda_i(\boldsymbol{x})$, $i = 1, \ldots, h$, die Eigenwerte der Matrix $B(\boldsymbol{x})$ bezeichnen. Sei letztendlich $t \mapsto \boldsymbol{y}(t)$ eine Trajektorie des flachen Ausgangs, für die

$$\boldsymbol{y}(t) = \begin{cases} \boldsymbol{y}_\mathrm{a}, & \text{für} \quad t \leq t_\mathrm{a} + \Delta T_\mathrm{a} \\ \boldsymbol{y}_\mathrm{e}, & \text{für} \quad t \geq t_\mathrm{e} - \Delta T_\mathrm{e} \end{cases} \tag{5.30}$$

gilt, wobei die konstanten Werte $\boldsymbol{y}_\mathrm{a}$ und $\boldsymbol{y}_\mathrm{e}$ aus den Gleichungen

$$\boldsymbol{x}_\mathrm{a}(0) = \boldsymbol{\psi}(\boldsymbol{y}_\mathrm{a}, \boldsymbol{0}, \ldots) \quad \text{und} \quad \boldsymbol{x}_\mathrm{e}(0) = \boldsymbol{\psi}(\boldsymbol{y}_\mathrm{e}, \boldsymbol{0}, \ldots)$$

folgen.

Sofern das mit dem quasilinearen hyperbolischen System (5.1) assoziierte Cauchy-Problem, dessen Randwerte $t \mapsto \boldsymbol{x}(0,t)$ mittels (4.29a) aus der gewählten Trajektorie des flachen Ausgangs folgen, eine klassische Lösung $(z,t) \mapsto \boldsymbol{x}(z,t)$ auf dem Intervall $[0,\ell] \times \mathbb{R}$ besitzt, hat diese die Eigenschaft

$$\boldsymbol{x}(z,t) = \begin{cases} \boldsymbol{x}_\mathrm{a}(z), & \text{für} \quad t \leq t_\mathrm{a} \\ \boldsymbol{x}_\mathrm{e}(z), & \text{für} \quad t \geq t_\mathrm{e} \end{cases} \tag{5.31}$$

und ist somit für $t \leq t_\mathrm{a}$ und $t \geq t_\mathrm{e}$ stationär.

Bemerkung 5.4 (Übergangsdauer). Durch $\Delta T_\mathrm{a} + \Delta T_\mathrm{e}$ ist eine untere Grenze für die zur Realisierung des Übergangs benötigte Zeit gegeben. Wird diese als Übergangsdauer $t_\mathrm{e} - t_\mathrm{a}$ gewählt, so entspricht die zugehörige Trajektorie $t \mapsto \boldsymbol{y}(t)$ laut (5.30) einer Treppenfunktion. Die dadurch mittels Gl. (4.29a) resultierende Trajektorie der Randwerte $t \mapsto \boldsymbol{x}(0,t)$ ist somit in der Regel ebenfalls unstetig und die parametrierte Lösung nicht mehr klassisch. Für die Parametrierung einer klassischen Lösung muss daher $t_\mathrm{e} - t_\mathrm{a} > \Delta T_\mathrm{a} + \Delta T_\mathrm{e}$ gewählt werden.

Bemerkung 5.5 (Parametrierung einer klassischen Lösung). Bei der Anwendung des Satzes 5.1 muss die Trajektorie des flachen Ausgangs so gewählt werden, dass das daraus resultierende Cauchy-Problem mit gegebenen Werten bei $z = 0$ eine klassische Lösung auf dem Gebiet $[0, \ell] \times \mathbb{R}$ besitzt. Aus dieser Forderung resultiert in der Regel eine obere Schranke für die erste Ableitung der Randwerte $t \mapsto \boldsymbol{x}(0, t)$. Die Abschätzung dieser Schranke stellt ein sehr anspruchsvolles Problem dar, das nicht im Fokus der vorliegenden Arbeit liegt (siehe [39, S. 56]). Es kann jedoch gezeigt werden, dass zumindest eine lokale Lösung, d. h. eine Lösung auf dem Intervall $[0, \delta] \times \mathbb{R}$ mit $\delta \leq \ell$, existiert, falls die erste Ableitung der Randwerte $t \mapsto \boldsymbol{x}(0, t)$ Lipschitz-stetig ist (siehe [40, S. 71]). Da diese Bedingung keine wesentliche Einschränkung darstellt, wird sie bei der Planung der Trajektorien für die Beispiele in Kapitel 6 berücksichtigt.

Im weiteren Verlauf werden zunächst einige Hilfsergebnisse diskutiert, die anschließend für den Beweis dieses Satzes in Abschnitt 5.2.3 verwendet werden. Dazu wird die Art und Weise untersucht, in der die Lösung eines Cauchy-Problems von seinen Cauchy-Daten abhängt. Ein wichtiger Begriff der damit im Zusammenhang steht ist der des *Bestimmtheitsgebiets.*

Definition 5.1 (Bestimmtheitsgebiet [14, S. 307]). Das *Bestimmheitsgebiet* $B(r_A, r_B)$ (auch *Fortsetzungsgebiet*, engl. *domain of determinacy*) umfasst jene Punkte (z, t) in denen zur Berechnung der Lösung $(z, t) \mapsto \boldsymbol{x}(z, t)$ eines Cauchy-Problems nur die entlang einer Restriktion $[r_A, r_B] \mapsto (\nu(r), \mu(r), \boldsymbol{\varphi}(r))$ gegebenen Cauchy-Daten benötigt werden.

Eine unmittelbare Konsequenz aus dieser Definition besteht darin, dass die Lösungen zweier Cauchy-Probleme zur selben partiellen Differentialgleichung auf dem Gebiet $B(r_A, r_B)$ übereinstimmen, insofern ihre Cauchy-Daten auf dem Intervall $[r_A, r_B]$ identisch sind. Im Folgenden wird das Bestimmtheitsgebiet zunächst für den skalaren und im Anschluss für den allgemeinen Fall diskutiert.

5.2.1 Bestimmtheitsgebiet für skalare Gleichungen

Den Ausgangspunkt der Diskussion bildet die durch Gl. (5.10) parametrierte Lösung des skalaren Cauchy-Problems. Die zentrale Idee bei der Herleitung dieser Parametrierung bestand darin, die Lösung aus den charakteristischen Kurven durch die einzelnen Punkte der gegebenen Kurve $r \mapsto (\nu(r), \mu(r), \varphi(r))$ zusammen zu setzen. Bei genauerer Betrachtung der den charakteristischen Kurven zugrundeliegenden gewöhnlichen Differentialgleichungen wird deutlich, dass sie eindeutig durch einen einzelnen Punkt $(\nu(r), \mu(r), \varphi(r))$ bestimmt sind. Das heißt, für die Berechnung der charakteristischen Kurve durch diesen Punkt spielen die restlichen Randwerte keine Rolle. Am deutlichsten erkennt man dies anhand der Integralgleichungen (5.9), deren Lösungen durch Vorgabe von ζ_0 und τ_0 sowie des Funktionswerts $x(\zeta_0, \tau_0)$ eindeutig bestimmt sind. Es wird somit klar, dass durch jeden Punkt der Restriktion $[r_A, r_B] \mapsto (\nu(r), \mu(r), \varphi(r))$ eine charakteristische Kurve eindeutig bestimmt ist. Somit ergibt sich das Bestimmtheitsgebiet in diesem Fall aus den entsprechenden charakteristischen Projektionen zu

$$B(r_A, r_B) = \{(\zeta(s; \nu(r), \mu(r)), \tau(s; \nu(r), \mu(r)))|s \in \mathbb{R}, r \in [r_A, r_B]\}.$$

Wird vorausgesetzt, dass sich die charakteristischen Projektionen nicht schneiden, so stellt man fest, dass $B(r_A, r_B)$ durch die beiden Kurven

$$s \mapsto (\zeta(s; \nu(r_A), \mu(r_A)), \tau(s; \nu(r_A), \mu(r_A)))$$

und

$$s \mapsto (\zeta(s; \nu(r_B), \mu(r_B)), \tau(s; \nu(r_B), \mu(r_B)))$$

begrenzt wird (siehe Abb. 5.2). Für den Spezialfall $\nu(r) = 0$ und unter Berücksichtigung der expliziten Lösung (5.8) der Funktion ζ erhält man so

$$B(r_A, r_B) = \{(z, t)|t \in [\tau_A(z), \tau_B(z)]\}$$

mit

$$\tau_A(s) = \tau(s; 0, \mu(r_A)) \quad \text{und} \quad \tau_B(s) = \tau(s; 0, \mu(r_B)).$$

Um die gewonnenen Erkenntnisse zu illustrieren, wurden in Abb. 5.2 die Kurve $r \mapsto (\nu(r), \mu(r))$, entlang der die Cauchy-Daten vorgegeben werden, sowie einige charakteristische Projektionen in der z-t-Ebene skizziert. Es wird deutlich, dass die charakteristischen Projektionen durch die Punkte $(\nu(r_A), \mu(r_A))$ und $(\nu(r_B), \mu(r_B))$ das grau dargestellte Bestimmtheitsgebiet $B(r_A, r_B)$ begrenzen.

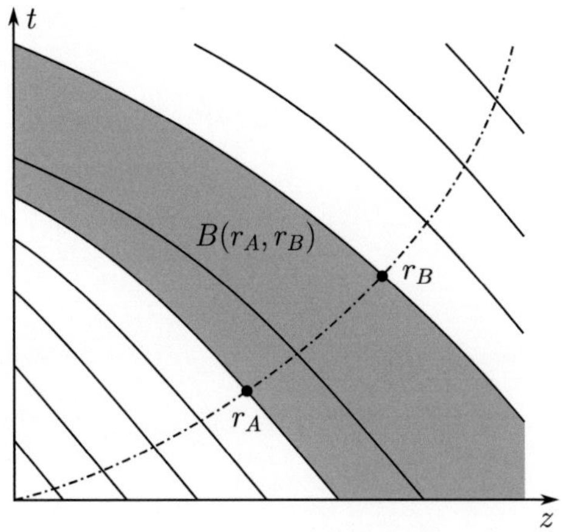

Abbildung 5.2 – Skizze zum Bestimmtheitsgebiet – Kurve $r \mapsto (\nu(r), \mu(r))$ (strich-punktierte Linie) und einige charakteristische Projektionen (durchgezogene Linien)

5.2.2 Bestimmtheitsgebiet für den allgemeinen Fall

Wie im skalaren Fall kann auch für Systeme quasilinearer Gleichungen das Bestimmtheitsgebiet $B(r_A, r_B)$ angegeben werden. Die Diskussion wird allerdings durch die Tatsache erschwert, dass bei der Berechnung der charakteristischen Kurven einer bestimmten Familie im Allgemeinen sämtliche Systemgrößen benötigt werden. Eine charakteristische Kurve wird daher nicht mehr eindeutig durch einen einzelnen Punkt $(\nu(r), \mu(r), \boldsymbol{\varphi}(r))$ bestimmt. Dies wird aus den Integralgleichungen (5.17) deutlich, deren Integranden vom Systemgrößenvektor $\boldsymbol{v}$ abhängen. Für eine Angabe des Abhängigkeitsgebiets wird aus Gründen der Übersichtlichkeit im Folgenden nur der für den Steuerungsentwurf relevante Spezialfall $\nu(r) = 0$ berücksichtigt. Für diesen ist das Bestimmtheitsgebiet durch

$$B(r_A, r_B) = \{(z,t) | z \in [0, \bar{z}], \tau_A(z) \le t \le \tau_B(z)\}$$

mit

$$\tau_A(z) = \mu(r_A) + \int_0^z \max_\kappa \lambda_\kappa(\boldsymbol{x}(\zeta, \tau_A(\zeta)))\, \mathrm{d}\zeta$$

und

$$\tau_B(z) = \mu(r_B) + \int_0^z \min_\kappa \lambda_\kappa(\boldsymbol{x}(\zeta, \tau_B(\zeta)))\, \mathrm{d}\zeta$$

gegeben. Der Parameter $\bar{z}$ bezeichnet die Stelle an der sich die beiden Funktionen τ_A und τ_B schneiden. Existiert kein Schnittpunkt innerhalb des Lösungsgebiets $[0, \ell]$, so gilt $\bar{z} = \ell$.

Zur Illustration dieses Ergebnisses sind in Abb. 5.3 die Bestimmtheitsgebiete für zwei verschiedene Konfigurationen charakteristischer Projektionen gegeben. Das Bestimmtheitsgebiet ist dabei grau markiert, die beiden Familien charakteristischer Projektionen mit gestrichelten bzw. strich-punktierten Linien.

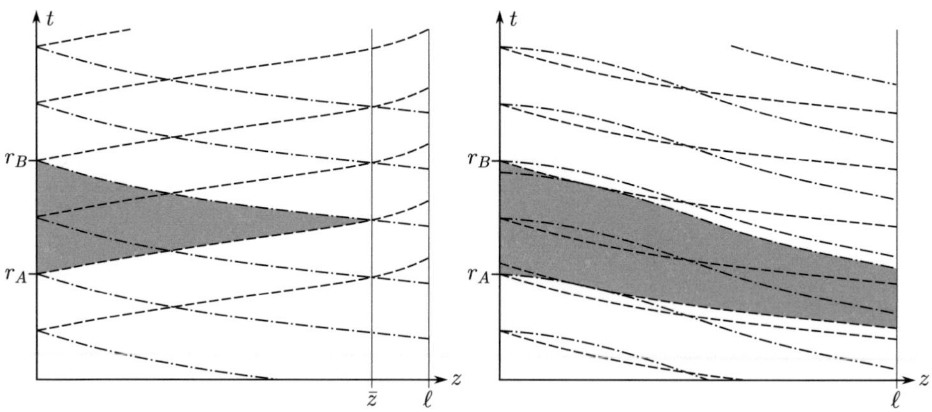

Abbildung 5.3 – Beispiele für Bestimmtheitsgebiete (graue Bereiche) – charakteristische Projektionen (gestrichelte und strich-punktierte Linien)

5.2.3 Beweis des Satzes zur Trajektorienplanung

In Vorbereitung auf den Beweis des Satzes 5.1 wird zunächst folgendes Lemma diskutiert:

Lemma 5.1. Die Cauchy-Daten $t \mapsto \boldsymbol{x}(0,t)$ des mit der partiellen Differentialgleichung (5.1) assoziierten Cauchy-Problems seien so gewählt, dass durch sie eine klassische Lösung parametriert wird. Darüber hinaus werde angenommen, dass diese Cauchy-Daten auf dem Intervall $[a,b]$ konstant sind, d. h. $\boldsymbol{x}(0,t) = \boldsymbol{x}_0$ für $t \in [a,b]$ mit $\boldsymbol{x}_0 \in \mathbb{R}^m$.

Unter diesen Voraussetzungen ist die Lösung des Cauchy-Problems stationär im Bestimmtheitsgebiet $B(a,b)$, d. h. es gilt $\boldsymbol{x}(z,t) = \boldsymbol{x}_\mathrm{r}(z)$ für $(z,t) \in B(a,b)$, wobei $\boldsymbol{x}_\mathrm{r}$ die stationäre Lösung bezeichnet, die durch die Differentialgleichung (5.28) und die Randbedingung $\boldsymbol{x}_\mathrm{r}(0) = \boldsymbol{x}_0$ definiert ist.

Beweis. Es ist offensichtlich, dass $(z,t) \mapsto \boldsymbol{x}_\mathrm{r}(z)$ eine Lösung der partiellen Differentialgleichung (5.1) ist. Die Behauptung folgt somit aus der Eindeutigkeit der Lösung dieser partiellen Differentialgleichung auf dem Bestimmtheitsgebiet $B(a,b)$, vorausgesetzt die stationäre Lösung existiert auf dem gesamten Intervall $[0,\ell]$. Ist dies nicht der Fall, d. h. hat die Lösung eine endliche Fluchtzeit, dann existiert zu jedem $\delta > 0$ ein $\hat{z} \in [0,\ell]$, so dass $|\boldsymbol{x}_\mathrm{r}(z)| > \delta$ für $z > \hat{z}$. Dies stellt jedoch einen Widerspruch zur Annahme einer klassischen, und damit beschränkten, Lösung dar. □

Beweis des Satzes 5.1. Aus Gl. (4.29a) und den vorausgesetzten Eigenschaften der Trajektorie des flachen Ausgangs folgt für die Randwerte der parametrierten Lösung

$$\boldsymbol{x}(0,t) = \begin{cases} \boldsymbol{x}_\mathrm{a}(0), & \text{für} \quad t \leq t_\mathrm{a} + \Delta T_\mathrm{a} \\ \boldsymbol{x}_\mathrm{e}(0), & \text{für} \quad t \geq t_\mathrm{e} - \Delta T_\mathrm{e}. \end{cases}$$

Die Lösung ergibt sich somit aus einem Cauchy-Problem dessen Daten außerhalb des Intervalls $[t_\mathrm{a} + \Delta T_\mathrm{a}, t_\mathrm{e} - \Delta T_\mathrm{e}]$ konstant sind. Es folgt somit aus dem Lemma 5.1, dass die Lösung in den Bestimmtheitsgebieten $B(-\infty, t_\mathrm{a} + \Delta T_\mathrm{a})$ und $B(t_\mathrm{e} - \Delta T_\mathrm{e}, \infty)$ stationär ist, d. h.

$$\boldsymbol{x}(z,t) = \begin{cases} \boldsymbol{x}_\mathrm{a}(z), & \text{für} \quad (z,t) \in B(-\infty, t_\mathrm{a} + \Delta T_\mathrm{a}) \\ \boldsymbol{x}_\mathrm{e}(z), & \text{für} \quad (z,t) \in B(t_\mathrm{e} - \Delta T_\mathrm{e}, \infty). \end{cases}$$

Die dabei auftretenden Bestimmtheitsgebiete sind gemäß den Untersuchungen im Abschnitt 5.2.2 durch

$$B(-\infty, t_\mathrm{a} + \Delta T_\mathrm{a}) = \{(z,t) | z \in [0,\ell], t \leq \tau_\mathrm{a}(z)\}$$

bzw.

$$B(t_\mathrm{e} - \Delta T_\mathrm{e}, \infty) = \{(z,t) | z \in [0,\ell], t \geq \tau_\mathrm{e}(z)\}$$

mit

$$\tau_\mathrm{a}(z) = t_\mathrm{a} + \Delta T_\mathrm{a} + \int_0^z \min_\kappa \lambda_\kappa(\boldsymbol{x}_\mathrm{a}(\zeta))\,\mathrm{d}\zeta \tag{5.32a}$$

und

$$\tau_\mathrm{e}(z) = t_\mathrm{e} - \Delta T_\mathrm{e} + \int_0^z \max_\kappa \lambda_\kappa(\boldsymbol{x}_\mathrm{e}(\zeta))\,\mathrm{d}\zeta \tag{5.32b}$$

gegeben. Diese Bestimmtheitsgebiete können dahingehend interpretiert werden, dass die Lösung $(z,t) \mapsto \boldsymbol{x}(z,t)$ für $t \leq \min_{z\in[0,\ell]} \tau_\mathrm{a}(z)$ bzw. $t \geq \max_{z\in[0,\ell]} \tau_\mathrm{e}(z)$ auf dem gesamten Intervall $[0,\ell]$ nur von den konstanten Randwerten $\boldsymbol{x}_\mathrm{a}(0)$ bzw. $\boldsymbol{x}_\mathrm{e}(0)$ abhängt und so mit der entsprechenden stationären Lösung übereinstimmt. Die in Gl. (5.31) gemachte Behauptung folgt dann aus den durch die Gln. (5.29) gegebenen Parametern ΔT_a und ΔT_e in Verbindung mit den Gln. (5.32), da

$$\min_{z\in[0,\ell]} \tau_\mathrm{a}(z) = t_\mathrm{a} \quad \text{und} \quad \max_{z\in[0,\ell]} \tau_\mathrm{e}(z) = t_\mathrm{e}$$

gilt. Abbildung 5.4 illustriert die vorangegangenen Beweisschritte. Darin wurden die Bestimmtheitsgebiete grau markiert, die mit den Intervallen korrespondieren, auf denen konstante Randwerte vorgegeben wurden. □

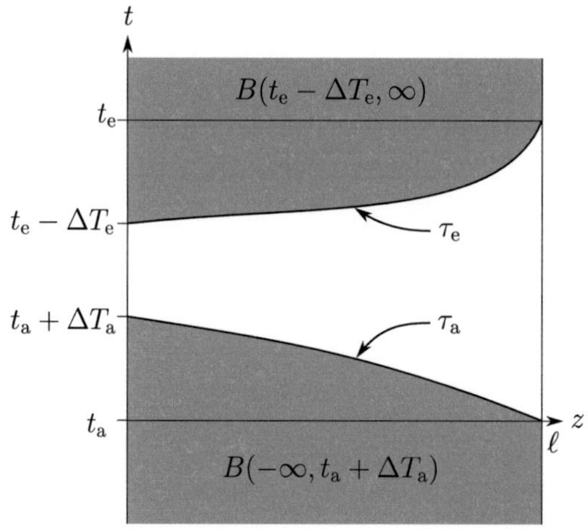

Abbildung 5.4 – Skizze zum Beweis des Satzes 5.1

5.3 Numerische Lösung des Cauchy-Problems

In den vorangegangenen Abschnitten wurde zum einen die Lösung des mit dem System partieller Differentialgleichungen (5.1) assoziierten Cauchy-Problems und zum anderen die Planung geeigneter Trajektorien für den flachen Ausgang $\boldsymbol{y}$ und damit die Randwerte $\boldsymbol{x}(0,\cdot)$ diskutiert. Für die praktische Berechnung der Steuerung ist es im Allgemeinen notwendig die Lösung des so gestellten Cauchy-Problems mit Hilfe numerischer Methoden zu berechnen. Konkret ist es notwendig die Integralgleichungen (5.18) zu lösen. In [15] werden dazu zwei Verfahren vorgeschlagen, die ein krummliniges bzw. rechteckiges Gitter verwenden, wobei für letzteres die partiellen Differentialgleichungen mit Hilfe finiter

Differenzen approximiert werden. Es wird an dieser Stelle ein weiterer Zugang vorgestellt, der auf einem Gitter basiert, das durch die Punktmenge

$$\mathfrak{G} = \Big\{(n\delta_z, (2m+n)\delta_t)\Big| n \in 0, \dots, N, m \in \mathbb{Z}\Big\}$$

gegeben ist, wobei $N+1$ die Anzahl der Ortspunkte bezeichnet (siehe [47]). Die Abstände der Gitterpunkte in Zeit- und Ortsrichtung sind durch δ_t bzw. $\delta_z = \frac{\ell}{N}$ gegeben (siehe Abb. 5.5).

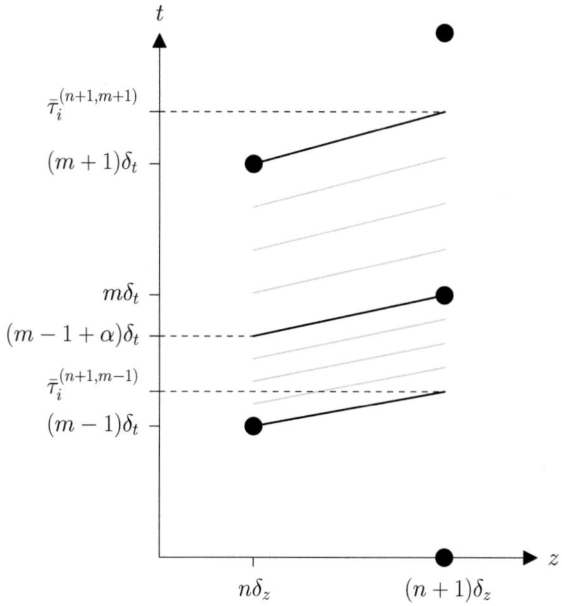

Abbildung 5.5 – Skizze zur numerischen Lösung des Cauchy-Problems

Die Grundidee des numerischen Verfahrens besteht darin, die Lösung der Integralgleichungen zunächst mit Hilfe des expliziten Euler-Verfahrens näherungsweise zu berechnen. Dabei stellt man fest, dass die so berechnete Zwischenlösung nicht direkt einem Gitterpunkt am nächsten Ortspunkt zugewiesen werden kann, da sich die Lösung gemäß Gl. (5.18a) entlang der charakteristischen Projektionen ausbreitet. Deshalb wird anschließend die numerische Lösung in den Gitterpunkten mit Hilfe einer linearen Interpolation aus diesen Zwischenwerten berechnet (siehe Abb. 5.5).

Im Folgenden wird erläutert, wie so die Näherungslösung $\boldsymbol{\zeta}^{(n+1,m)} \approx \boldsymbol{v}((n+1)\delta_z, m\delta_t)$ im Punkt $((n+1)\delta_z, m\delta_t)$ berechnet werden kann. Dazu berechnet man zunächst die Zwischenwerte $\bar{\zeta}_i$ und $\bar{\tau}_i$, für die sich durch Anwenden des expliziten Euler-Verfahrens auf die zu lösenden Integralgleichungen (5.18) die Beziehungen

$$\bar{\tau}_i^{(n+1,m)} = m\delta_t + \delta_z \lambda_i \left(\boldsymbol{\zeta}^{(n,m)}\right) \quad \text{und} \quad \bar{\zeta}_i^{(n+1,m)} = \zeta_i^{(n,m)} + \delta_z g_i \left(\boldsymbol{\zeta}^{(n,m)}\right)$$

ergeben. Die eigentliche Näherungslösung folgt aus diesen Zwischenwerten indem man zwischen benachbarten Werten interpoliert:

$$\zeta_i^{(n+1,m)} = \alpha \bar{\zeta}_i^{(n+1,m+1)} + (1-\alpha)\bar{\zeta}_i^{(n+1,m-1)}.$$

Der dazu benötigte Interpolationsfaktor α ergibt sich aus der Gleichung

$$m\delta_t = \alpha \bar{\tau}_i^{(n+1,m+1)} + (1-\alpha)\bar{\tau}_i^{(n+1,m-1)},$$

die aus der Forderung resultiert, dass die interpolierten charakteristischen Projektionen den Punkt $((n+1)\delta_z, m\delta_t)$ durchlaufen. Um sicherzustellen, dass die gesuchte Näherungslösung tatsächlich aus der Interpolation benachbarter Werte resultiert, wird gefordert, dass die Courant-Friedrichs-Lewy-Bedingung

$$\delta_t \geq \delta_z \sup_{(z,t)\in\Omega} |\lambda_i(\boldsymbol{x}(z,t))|, \quad \Omega = [0,\ell] \times \mathbb{R},$$

erfüllt wird (siehe [13]). Ein Beweis der Konvergenz dieses Verfahrens unter den folgenden Voraussetzungen ist in [47] angegeben.

Bemerkung 5.6 (Zur Konvergenz des Verfahrens)**.** Die Konvergenz des vorgestellten Verfahrens wurde in [47] unter den Voraussetzungen nachgewiesen, dass die Funktionen λ_i und g_i Lipschitz-stetig sind und die tatsächliche Lösung $(z,t) \mapsto \boldsymbol{v}(z,t)$ stetige Ableitungen bis zur zweiten Ordnung besitzt.

Bemerkung 5.7. Ob die vorgeschlagene Methode Vorteile gegenüber dem in [15] gegebenen Verfahren hat, das auf der Verwendung finiter Differenzen basiert, ist noch offen. Es wurde jedoch in [65] gezeigt, dass sich das verbreitete *Upwind*-Verfahren für die numerische Lösung linearer hyperbolischer partieller Differentialgleichungen auf dem oben gezeigten Wege, d. h. durch eine Kombination von explizitem Euler-Verfahren und Interpolation, herleiten lässt. Der vorgeschlagene Zugang kann somit als Verallgemeinerung dieser Idee auf den quasilinearen Fall interpretiert werden.

5.4 Alternative Zugänge

Im Folgenden werden zwei in der Literatur vorgeschlagene Methoden zum Entwurf von Steuerungen für quasilineare hyperbolische Systeme kurz vorgestellt, die mit dem in dieser Arbeit vorgestellten Zugang verwandt sind. Beide verwenden in unterschiedlichem Umfang die Methode der Charakteristiken, wodurch die Bedeutung dieses Konzepts unterstrichen wird.

Der in [84, 85] für die Burgers- und die Wellengleichung vorgeschlagene Zugang ist eng verwandt mit dem in dieser Arbeit vorgestellten. Auch dort wird die Lösung mit

Hilfe eines flachen Ausgangs parametriert. Der wesentliche Unterschied besteht in der Berechnung der Lösung des resultierenden Cauchy-Problems. Dazu wird zunächst das Lösungsgebiet in disjunkte Bereiche zerlegt, die durch charakteristische Projektionen begrenzt werden. Anschließend wird in jedem dieser Bereiche die Lösung mit Hilfe eines Potenzreihenansatzes berechnet. Der Vorteil dieses Ansatzes besteht darin, dass die numerische Lösung unter Umständen recht einfach berechnet werden kann. Nachteilig ist, dass die Erweiterung auf verkoppelte quasilineare Systeme nicht offensichtlich ist. Außerdem setzt die Methode gewisse Anforderungen an die Analytizität der Modellgleichungen und Trajektorien voraus, die im oben vorgestellten Zugang nicht erforderlich sind.

Ein weiterer Ansatz wird in [34, 35] zur Untersuchung der Steuerbarkeit der Flachwassergleichungen verwendet. Dabei wird statt des Anfangs-Randwertproblems auf dem Intervall $(z,t) \in [0,\ell] \times [0,\infty)$ das Anfangswertproblem auf der Halbebene $t \geq 0$ untersucht. Durch geeignete Vorgabe der Anfangswerte bei $t = 0$ wird der gewünschte Übergang zwischen stationären Lösungen auf dem eigentlich relevanten Gebiet $(z,t) \in [0,\ell] \times [0,\infty)$ parametriert. Um sicherzustellen, dass die so parametrierte Lösung den Randbedingungen bei $z = 0$ und $z = \ell$ genügt, müssen geeignete Trajektorien für die Stellgrößen gewählt werden. Ein Vorteil dieses Ansatzes besteht darin, dass das Steuerungsproblem auf die Lösung eines in der Literatur häufig diskutierten Anfangswertproblems zurückgeführt wird. Eine Einschränkung gegenüber dem in dieser Arbeit vorgestellten Zugang besteht darin, dass es notwendig ist sämtliche Randbedingungen, also sowohl jene bei $z = 0$ als auch jene bei $z = \ell$, als Definitionsgleichungen für die jeweiligen Stellgrößen interpretieren zu können.

Kapitel 6

Beispiele

Der im vorangegangenen Kapitel diskutierte Zugang zum Steuerungsentwurf wird im Folgenden anhand von vier Beispielen demonstriert. Als erstes Beispiel wird dazu die Burgers-Gleichung, eine skalare partielle Differentialgleichung erster Ordnung, herangezogen. Im Anschluss wird der Steuerungsentwurf für die in den Abschnitten 3.3 und 3.4 hergeleiteten Modelle eines offenen Kanals und eines schweren Seils diskutiert. Bei letzterem werden sowohl der elastische, als auch der inelastische Fall untersucht, da sich vor allem bei der Lösung des Cauchy-Problems wesentliche Unterschiede ergeben. Als zu lösende Steuerungsaufgabe wird in jedem Fall die Überführung zwischen zwei stationären Regimes untersucht.

Für jedes der Beispiele wird zunächst nachgewiesen, dass der in Kapitel 5 vorgestellte Zugang tatsächlich für das jeweilige Modell anwendbar ist, d. h. dass die Modellgleichungen in die durch Definition 4.2 gegebene Modellklasse $\mathcal{K}$ fallen. Anschließend werden die stationären Lösungen berechnet und daraus resultierende Einschränkungen diskutiert. In den darauffolgenden Abschnitten wird die für die Anwendung des flachheitsbasierten Steuerungsentwurfs nach Kapitel 5 benötigte Lösung des mit den Modellgleichungen assoziierten Cauchy-Problems erläutert. Dazu wird die Transformation der Modellgleichungen in Diagonalform nach Abschnitt 5.1.3 demonstriert. Als letzter Aspekt wird die Trajektorienplanung auf Basis des Satzes 5.1 erläutert. Dabei werden die erforderlichen Differenzierbarkeitseigenschaften der Trajektorie des flachen Ausgangs sowie die Berechnung der Parameter ΔT_a und ΔT_e aus den Gln. (5.29) diskutiert.

Für jedes der Beispiele wird die Eignung der entworfenen Steuerungen anhand einer Simulationsstudie illustriert. Dazu wird das durch die Modellgleichungen, die Anfangsbedingungen sowie die berechneten Trajektorien der Stellgrößen gegebene Anfangs-Randwert-Problem mit Hilfe numerischer Methoden simuliert.

Bemerkung 6.1 (Zu den Simulationsstudien)**.** Die im Folgenden gezeigten Simulationsstudien dienen der Verifizierung der entworfenen Steuerungen und zur Illustration der parametrierten Lösungen. Sie wurden teilweise mit Hilfe sehr hoher Auflösungen der numerischen Verfahren realisiert. Dadurch soll keinesfalls suggeriert werden, dass die Verwendung eines Reglers für praktische Anwendungen überflüssig ist. Besonders Abweichungen in den Totzeiten, die aufgrund von Parameterunbestimmtheiten und äußeren Störungen unvermeidlich sind, machen sich sehr stark bemerkbar und können rasch zu einem unbrauchbaren Steuerungsergebnis führen.

6.1 Steuerungsentwurf für eine inhomogene Burgers-Gleichung

In diesem Abschnitt wird der Steuerungsentwurf für ein System diskutiert, das durch eine unviskose, inhomogene Burgers-Gleichung

$$\frac{\partial x}{\partial z}(z,t) + [x(z,t)]^{-1}\frac{\partial x}{\partial t}(z,t) = [x(z,t)]^2 \tag{6.1a}$$

und die Randbedingung

$$x(0,t) = u(t) \tag{6.1b}$$

modelliert wird (siehe [86, S. 96] und [84]). Dabei bezeichnen x die verteilte Systemgröße und u die (konzentrierte) Stellgröße. Zur Vermeidung der Singularität wird $x(z,t) > 0$ vorausgesetzt. Trotz seiner einfachen Struktur können mit Hilfe dieses Systems wichtige Phänomene, die im Zusammenhang mit quasilinearen partiellen Differentialgleichungen auftreten, untersucht werden. Der Entwurf von Steuerungen für verschiedene Varianten dieser Gleichung wurde bereits an verschiedenen Stellen diskutiert (siehe [66, 84]). Das Steuerungsziel besteht darin, im Zeitintervall $[t_\mathrm{a}, t_\mathrm{e}]$ einen Übergang zwischen den beiden stationären Regimes $z \mapsto x_\mathrm{a}(z)$ und $z \mapsto x_\mathrm{e}(z)$ zu realisieren.

6.1.1 Anwendbarkeit des flachheitsbasierten Steuerungsentwurfs

Zur Anwendung des in Abschnitt 4.3 vorgestellten Zugangs zum Steuerungsentwurf auf das vorliegende Modell (6.1), muss zunächst geprüft werden, ob dieses in die durch Definition 4.2 gegebene Modellklasse $\mathcal{K}$ fällt. Dass die partielle Differentialgleichung bereits in der entsprechenden Form vorliegt ist offensichtlich, es müssen also lediglich die Flachheitseigenschaften der Randsysteme geprüft werden.

Dazu stellt man zunächst fest, dass das Randsystem bei $z = 0$ die Gl. (6.1b) sowie die Systemgrößen $x(0, \cdot)$ und u umfasst. Es ist unmittelbar klar, dass ein möglicher flacher Ausgang durch $y_0 = x(0, \cdot)$ gegeben ist. Da bei $z = \ell$ keine Randbedingung gestellt wurde, umfasst das entsprechende Randsystem somit keine Gleichung und nur die Systemgröße $x(\ell, \cdot)$. Ein flacher Ausgang dieses Systems, der den in Definition 4.2 gestellten Anforderungen entspricht, lautet $y_\ell = x(\ell, \cdot)$. Es wurde somit gezeigt, dass das vorliegende Modell in die Klasse $\mathcal{K}$ fällt. Ein flacher Ausgang dieses Systems ist entsprechend der Argumentation in Abschnitt 4.3 durch $y = x(0, \cdot)$ gegeben (siehe Gl. (4.31)).

6.1.2 Stationäre Lösungen

Die stationären Lösungen der Burgers-Gleichung ergeben sich gemäß (6.1a) als Lösungen der gewöhnlichen Differentialgleichung

$$\frac{\mathrm{d}x_{\mathrm{r}}}{\mathrm{d}z}(z) = [x_{\mathrm{r}}(z)]^2$$

und lauten somit

$$x_{\mathrm{r}}(z) = \frac{x_{\mathrm{r}}(0)}{1 - z x_{\mathrm{r}}(0)}. \tag{6.2}$$

Aus dieser Darstellung wird deutlich, dass die stationären Lösungen eine endliche Fluchtzeit besitzen und nur für $z < x_{\mathrm{r}}(0)^{-1}$ existieren. Um sicherzustellen, dass die gewählten stationären Regimes auf dem gesamten Intervall $[0, \ell]$ existieren, wird

$$x_{\mathrm{a}}(0), x_{\mathrm{e}}(0) < \ell^{-1} \tag{6.3}$$

gefordert.

6.1.3 Lösung des Cauchy-Problems

Die Lösung des mit der Burgers-Gleichung assoziierten Cauchy-Problems wird mit Hilfe der Methode der Charakteristiken berechnet (siehe Abschnitt 5.1.1). Die Cauchy-Daten entsprechen dabei der Trajektorie des flachen Ausgangs und werden bei $z = 0$ vorgegeben. Es gilt somit $\nu(r) = 0$, $\mu(r) = r$ und

$$x(0, r) = y(r). \tag{6.4}$$

Die charakteristischen Kurven der Gl. (6.1a) genügen entsprechend (5.7) den gewöhnlichen Differentialgleichungen

$$\begin{aligned}
\frac{\mathrm{d}\zeta}{\mathrm{d}s}(s; \zeta_0, \tau_0) &= 1, \\
\frac{\mathrm{d}\tau}{\mathrm{d}s}(s; \zeta_0, \tau_0) &= [\hat{x}(s; \zeta_0, \tau_0)]^{-1}, \\
\frac{\mathrm{d}\hat{x}}{\mathrm{d}s}(s; \zeta_0, \tau_0) &= [\hat{x}(s; \zeta_0, \tau_0)]^2,
\end{aligned}$$

mit $\hat{x}(s; \zeta_0, \tau_0) = x(\zeta(s; \zeta_0, \tau_0), \tau(s; \zeta_0, \tau_0))$. Deren Lösungen lauten für $(\zeta_0, \tau_0) = (0, r)$ unter Beachtung der Bedingungen $\zeta(0; \zeta_0, \tau_0) = \zeta_0$ und $\tau(0; \zeta_0, \tau_0) = \tau_0$ sowie Gl. (6.4)

$$\zeta(s; 0, r) = s, \;\; \tau(s; 0, r) = r + \frac{s}{y(r)} - \frac{s^2}{2} \quad \text{und} \quad \hat{x}(s; 0, r) = \frac{y(r)}{1 - s y(r)}.$$

In den ursprünglichen Koordinaten erhält man somit

$$x\left(s, r+\frac{s}{y(r)}-\frac{s^2}{2}\right)=\frac{y(r)}{1-sy(r)} \quad \text{bzw.} \quad x(z,t)=\frac{y(\rho(z,t))}{1-zy(\rho(z,t))}, \tag{6.5}$$

wobei ρ die Inverse der Funktion

$$t=r+\frac{z}{y(r)}-\frac{z^2}{2} \tag{6.6}$$

bezüglich r bezeichnet.

6.1.4 Trajektorienplanung

Zur Lösung des Steuerungsproblems ist es notwendig, eine geeignete Trajektorie für den flachen Ausgang y zu planen, wozu im vorliegenden Fall auf Satz 5.1 zurückgegriffen wird. In diesem Satz wird gefordert, dass die durch den flachen Ausgang y parametrierten Randwerte $x(0,\cdot)$ eine Lösung des zugehörigen Cauchy-Problems auf dem gesamten Intervall $[0,\ell]$ ermöglichen. Die aus dieser Forderung resultierenden Bedingungen an die Trajektorie des flachen Ausgangs können direkt angegeben werden, da die Lösung (6.5) der untersuchten Burgers-Gleichung im Gegensatz zu den folgenden Beispielen explizit angeschrieben werden kann. Bevor dieser Aspekt diskutiert wird, werden zunächst die für die Anwendung des Satzes (5.1) benötigten stationären Werte y_{a} und y_{e} des flachen Ausgangs sowie die Parameter ΔT_{a} und ΔT_{e} bestimmt.

Erstere können gemäß der Definition des flachen Ausgangs $y=x(0,\cdot)$ aus den gegebenen stationären Lösungen $z\mapsto x_{\mathrm{a}}(z)$ und $z\mapsto x_{\mathrm{e}}(z)$ abgelesen werden und lauten

$$y_{\mathrm{a}}=x_{\mathrm{a}}(0) \quad \text{sowie} \quad y_{\mathrm{e}}=x_{\mathrm{e}}(0).$$

Da im vorliegenden, skalaren Fall die Systemmatrix $B(x)=x^{-1}$ offensichtlich nur einen Eigenwert

$$\lambda(x)=x^{-1}$$

besitzt, erhält man aus (5.29) und (6.2) unter Beachtung von (6.3) die beiden Ausdrücke

$$\Delta T_{\mathrm{a}}=-\min_{z\in[0,\ell]}\int_0^z\frac{1-\zeta x_{\mathrm{a}}(0)}{x_{\mathrm{a}}(0)}\,\mathrm{d}\zeta=-\min_{z\in[0,\ell]}\left(\frac{z}{x_{\mathrm{a}}(0)}-\frac{z^2}{2}\right)=0$$

und

$$\Delta T_{\mathrm{e}}=\max_{z\in[0,\ell]}\int_0^z\frac{1-\zeta x_{\mathrm{e}}(0)}{x_{\mathrm{e}}(0)}\,\mathrm{d}\zeta=\max_{z\in[0,\ell]}\left(\frac{z}{x_{\mathrm{e}}(0)}-\frac{z^2}{2}\right)=\frac{\ell}{x_{\mathrm{e}}(0)}-\frac{\ell^2}{2}$$

für die verbleibenden Parameter. Durch diese Werte und Gl. (5.30) ist die Trajektorie $t\mapsto y(t)$ des flachen Ausgangs auf den Intervallen $t\leq t_{\mathrm{a}}$ und $t\geq t_{\mathrm{e}}-\Delta T_{\mathrm{e}}$ festgelegt. Auf dem verbleibenden Intervall muss die Trajektorie so vervollständigt werden, dass durch sie eine (Lipschitz-)stetig Randtrajektorie $t\mapsto x(0,t)$ parametriert wird. Im vorliegenden

Fall genügt es somit, eine stetig differenzierbare Trajektorie für den flachen Ausgang zu wählen, da keine weiteren Ableitungen zur Berechnung der Randwerte benötigt werden. Dazu wird

$$y(t) = \begin{cases} y_\mathrm{a}, & \text{für } t \leq t_\mathrm{a} \\ y_\mathrm{a} + (y_\mathrm{e} - y_\mathrm{a})\varphi_1\left(\frac{t-t_\mathrm{a}}{t_\mathrm{e}-t_\mathrm{a}-\Delta T_\mathrm{e}}\right), & \text{für } t \in (t_\mathrm{a}, t_\mathrm{e} - \Delta T_\mathrm{e}) \\ y_\mathrm{e}, & \text{für } t \geq t_\mathrm{e} - \Delta T_\mathrm{e} \end{cases} \tag{6.7}$$

mit $\varphi_1(\tau) = (3 - 2\tau)\tau^2$ gewählt (siehe Anhang A.1).

Es verbleibt zu überprüfen, ob die so geplante Trajektorie tatsächlich eine klassische Lösung auf dem gesamten Intervall $[0, \ell] \times \mathbb{R}$ parametriert. Aus (6.5) wird deutlich, dass die Lösung für $1 - zy(\rho(z,t)) = 0$ eine Singularität besitzt. Um diese zu vermeiden, muss die Bedingung

$$y(t) < \ell^{-1} \tag{6.8}$$

berücksichtigt werden. Darüber hinaus wurde bei der Lösungsdarstellung (6.5) vorausgesetzt, dass die Funktion ρ existiert. Dass dies nicht für sämtliche Cauchy-Probleme gewährleistet ist, wurde bereits in Abschnitt 5.1.1 diskutiert. Für den vorliegenden Fall ist es möglich, eine Bedingung an die Trajektorie des flachen Ausgangs zu formulieren, um die Existenz zu sichern. Dazu stellt man zunächst mit Hilfe des Umkehrsatzes fest, dass Gl. (6.6) nach r aufgelöst werden kann, sofern die entsprechende partielle Ableitung

$$1 - \frac{z}{[y(r)]^2}\frac{\mathrm{d}y}{\mathrm{d}t}(r) \tag{6.9}$$

von Null verschieden ist. Aus dieser Forderung folgt, dass die inverse Funktion ρ auf dem gesamten Intervall $z \in [0, \ell]$ existiert, falls die Trajektorie des flachen Ausgangs der Bedingung

$$\ell\frac{\mathrm{d}y}{\mathrm{d}t}(r) < [y(r)]^2 \tag{6.10}$$

genügt.

Die vorangegangenen Betrachtungen haben gezeigt, dass die beiden Bedingungen (6.8) und (6.10) erfüllt sein müssen, damit die durch Gl. (6.5) gegebene Lösung auf dem Intervall $z \in [0, \ell]$ existiert und eindeutig ist. Diese beiden Bedingungen resultieren dabei aus unterschiedlichen Phänomenen, die unabhängig voneinander auftreten können (siehe [2]). Während (6.8) aus der endlichen Fluchtzeit einer gewöhnlichen Differentialgleichung resultiert, folgt (6.10) aus dem Phänomen sich schneidender charakteristischer Projektionen und ermöglicht somit keine Analogie zur Theorie gewöhnlicher Differentialgleichungen (siehe Bemerkung 5.2).

Die durch (6.7) gegebene Trajektorie des flachen Ausgangs genügt bereits der Bedingung (6.8), da sie monoton ist und die beiden konstanten Werte $y_\mathrm{a} = x_\mathrm{a}(0)$ und $y_\mathrm{e} = x_\mathrm{e}(0)$, zwischen denen der Übergang parametriert wurde, der Bedingung (6.3) genügen. Des Weiteren ist es offensichtlich, dass die durch (6.7) gegebene Trajektorie die Bedingung (6.10) für $t \leq t_\mathrm{a}$ und $t \geq t_\mathrm{e} - \Delta T_\mathrm{e}$ erfüllt. Auf dem verbleibenden Intervall erhält man die Forderung

$$\ell \frac{y_\mathrm{e} - y_\mathrm{a}}{t_\mathrm{e} - t_\mathrm{a} - \Delta T_\mathrm{e}} \frac{\mathrm{d}\varphi_1}{\mathrm{d}\tau}(\tau) < [y_\mathrm{a} + (y_\mathrm{e} - y_\mathrm{a})\varphi(\tau)]^2 \quad \text{für} \quad \tau \in (0,1),$$

aus der die untere Schranke

$$T = t_\mathrm{e} - t_\mathrm{a} > \Delta T_\mathrm{e} + \ell \sup_{\tau \in (0,1)} \frac{y_\mathrm{e} - y_\mathrm{a}}{(y_\mathrm{a} + (y_\mathrm{e} - y_\mathrm{a})\varphi_1(\tau))^2} \frac{\mathrm{d}\varphi_1}{\mathrm{d}\tau}(\tau)$$

für die Übergangsdauer T resultiert. In Abb. 6.1a wurde diese minimale Übergangsdauer für verschiedene Werte von y_a und y_e dargestellt. Zur besseren Interpretation der Ergebnisse ist in Abb. 6.1b der Wert

$$T_y = T - \Delta T_\mathrm{e}$$

abgebildet. Gemäß Gl. (6.7) entspricht dieser der Länge des bei der Parametrierung des flachen Ausgangs gewählten Übergangsbereichs. Es wird deutlich, dass für $y_\mathrm{e} - y_\mathrm{a} < 0$ ein beliebig schneller Übergang für die Trajektorie des flachen Ausgangs parametriert werden kann. Ist das Vorzeichen dieser Differenz jedoch positiv, so muss mit zunehmendem Betrag auch eine größere Übergangsdauer gewählt werden.

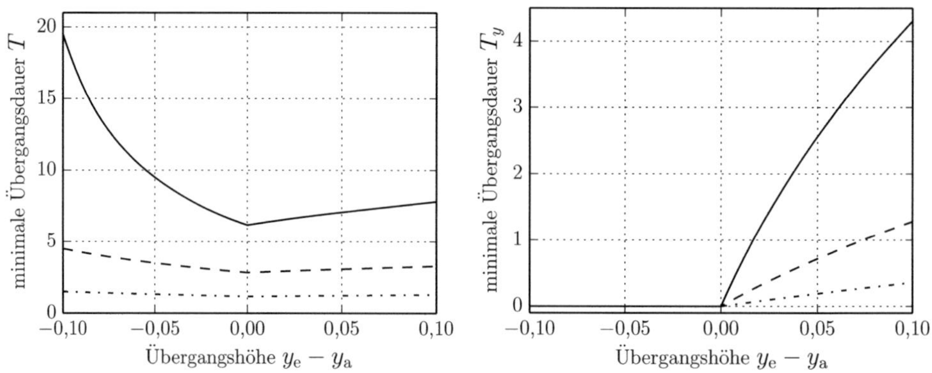

a) minimale Übergangsdauer T b) minimale Übergangsdauer T_y

Abbildung 6.1 – Minimale Übergangsdauern T und T_y in Abhängigkeit der Übergangshöhe für $\ell = 1$ sowie $y_\mathrm{a} = 0{,}15$ (durchgezogene Linie), $y_\mathrm{a} = 0{,}3$ (gestrichelte Linie) und $y_\mathrm{a} = 0{,}6$ (strich-punktierte Linie)

6.1.5 Simulationsergebnisse

In Abb. 6.2 wurden für $t_\mathrm{a} = 0$ sowie verschiedene Werte t_e die Trajektorien des flachen Ausgangs y bzw. der Stellgröße u zur Realisierung eines Übergangs zwischen $y_\mathrm{a} = 0{,}15$

und $y_e = 0{,}25$ gemeinsam mit den daraus berechneten Randwerten $x(\ell, \cdot)$ dargestellt. Es wird deutlich, dass für $t_e = 10$ und $t_e = 8$ zulässige Lösungen existieren. Für $t_e = 5$ erhält man hingegen eine mehrdeutige und damit in der Regel nicht mehr physikalisch interpretierbare Lösung. Diese Ergebnisse stimmen mit den Grenzen überein, die aus Abb. 6.1 abgelesen werden können.

Für den Fall $t_a = 0$, $t_e = 8$, $x_a(0) = 0{,}15$ und $x_e(0) = 0{,}25$ wurde die Burgers-Gleichung auf einem Intervall der Länge $\ell = 1$ mit der entsprechenden Steuerung simuliert (siehe Abb. 6.2b). Dazu wurde das durch (6.1) und die Anfangsbedingungen $x(z, 0) = x_a(z)$ gegebene Anfangs-Randwert-Problem mit Hilfe der Linienmethode gelöst. Dabei werden die in der partiellen Differentialgleichung enthaltenen Ortsableitungen durch Differenzenquotienten ersetzt und die resultierenden gewöhnlichen Differentialgleichungen mit einem numerischen Löser gelöst (siehe [93, S. 775]). Die Ergebnisse dieser Simulation sind in Abb. 6.3 dargestellt und verdeutlichen, dass das Steuerungsziel erreicht wird.

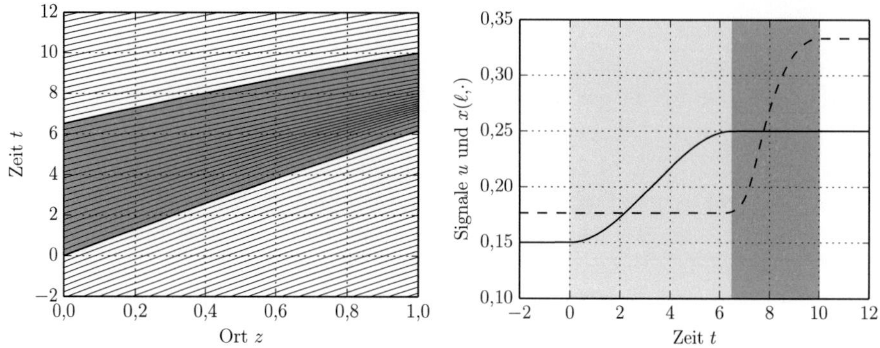

a) $t_{\mathrm{e}} = 10$

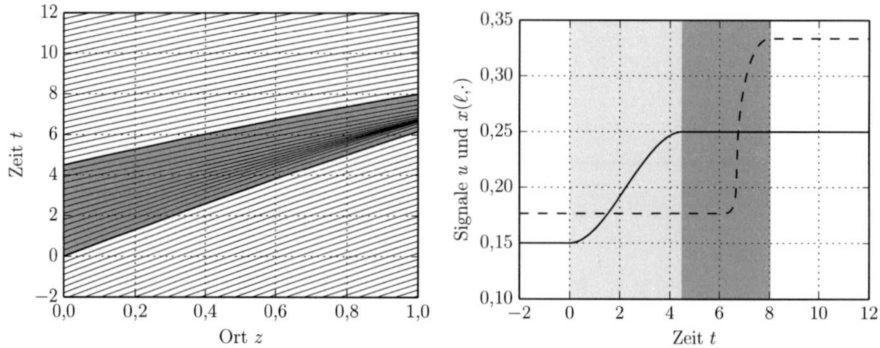

b) $t_{\mathrm{e}} = 8$

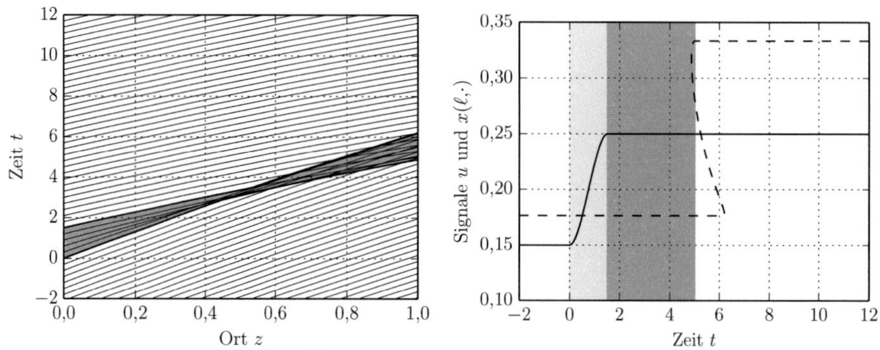

c) $t_{\mathrm{e}} = 5$

Abbildung 6.2 – Charakteristische Projektionen und Signale (Stellgröße u (durchgezogen) und $x(\ell,\cdot)$ (gestrichelt)) für verschiedene Zeiten t_{e} und die Werte $y_{\mathrm{a}} = 0{,}15$ und $y_{\mathrm{e}} = 0{,}25$

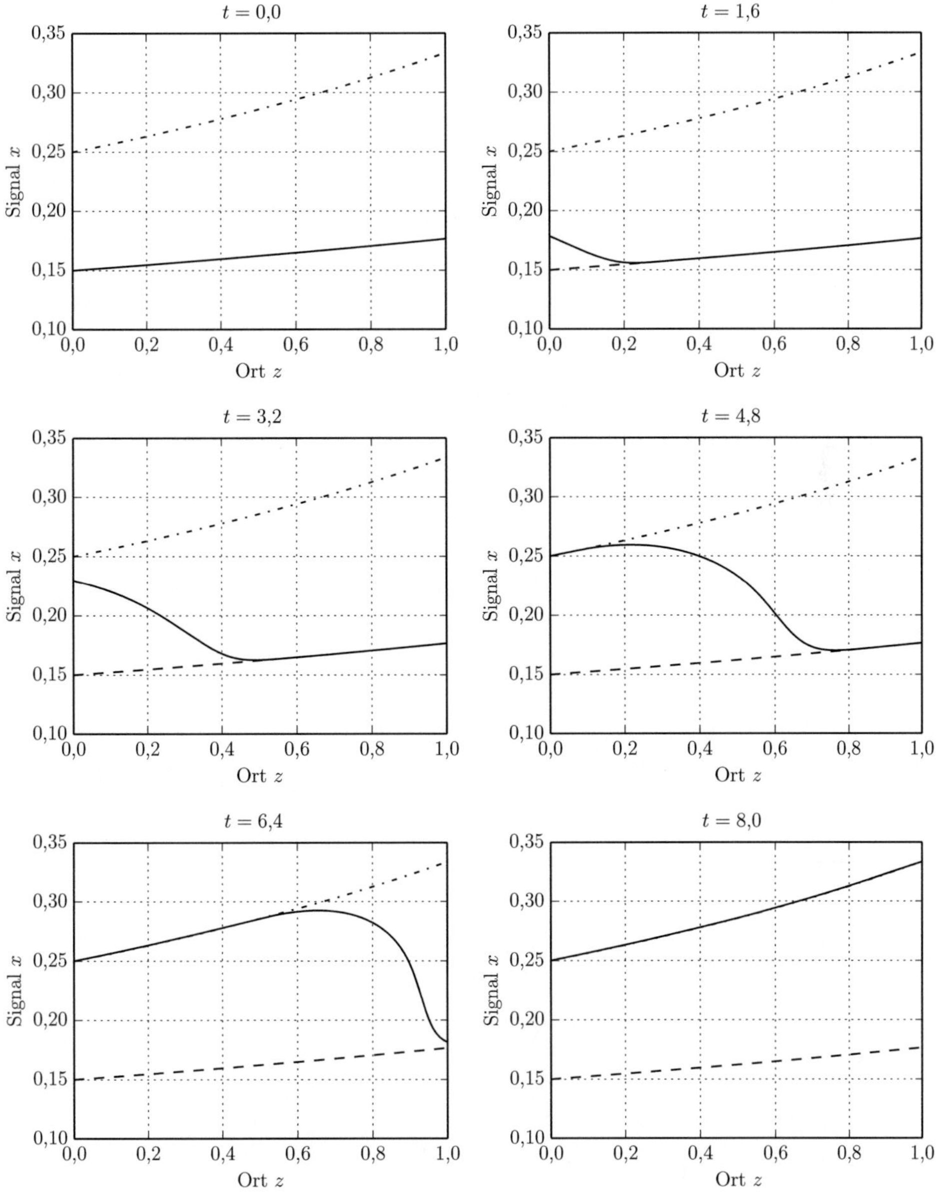

Abbildung 6.3 – Profil der Systemgröße u zu verschiedenen Zeitpunkten des Übergangs (durchgezogene Linien), Profil der Ausgangsruhelage (gestrichelte Linien), Profil der Zielruhelage (strich-punktierte Linien)

6.2 Steuerungsentwurf für die Flachwassergleichungen

Für das in Abschnitt 3.3 hergeleitete Modell eines offenen Kanals soll eine Steuerung entworfen werden (siehe [48]). Dieses Modell ist durch die Flachwassergleichungen

$$\frac{\partial h}{\partial t}(z,t) + v(z,t)\frac{\partial h}{\partial z}(z,t) + \frac{A(h(z,t))}{b(h(z,t))}\frac{\partial v}{\partial z}(z,t) = 0 \tag{6.11a}$$

und

$$\frac{\partial v}{\partial t}(z,t) + v(z,t)\frac{\partial v}{\partial z}(z,t) + g\frac{\partial h}{\partial z}(z,t) = -g\frac{\mathrm{d}k}{\mathrm{d}z}(z) \tag{6.11b}$$

gegeben, wobei zur Vereinfachung der Notation die Tilden und Indizes der Systemgrößen, Funktionen und Koordinaten weggelassen wurden (siehe Gln. (3.37)). Die zugehörigen Randbedingungen sind durch die Gln. (3.39) gegeben und lauten

$$h(0,t)v(0,t) = Cu_0\sqrt{H_\mathrm{o} - h(0,t)} \quad \text{und} \quad h(\ell,t)v(\ell,t) = Cu_\ell(t)\sqrt{h(\ell,t) - H_\mathrm{u}}. \tag{6.12}$$

Zur Vereinfachung der folgenden Untersuchungen wird stets angenommen, dass der Kanal nicht trocken fällt und somit die Flüssigkeitshöhe h als positiv vorausgesetzt. Das Steuerungsziel besteht darin, einen Übergang zwischen zwei stationären Regimes $z \mapsto (h_\mathrm{a}(z), v_\mathrm{a}(z))$ und $z \mapsto (h_\mathrm{e}(z), v_\mathrm{e}(z))$ im Intervall $t \in [t_\mathrm{a}, t_\mathrm{e}]$ zu realisieren.

Zum Entwurf von Steuerungen für die Flachwassergleichungen existieren verschiedene Ansätze, die meist auf linearisierten Modellen basieren. So wird beispielsweise in [70] eine flachheitsbasierte Steuerung für das aus den Flachwassergleichungen abgeleitete (parabolische) Hayami-Modell hergeleitet. In [23, 68] wird der flachheitsbasierte Entwurf einer Steuerung für einen flüssigkeitsgefüllten Tank auf Basis der linearisierten Flachwassergleichungen diskutiert. Eine Ausnahme stellt die Veröffentlichung [34] dar, in der die Steuerbarkeit für die Flachwassergleichungen diskutiert wird, wobei die dazu verwendeten Methoden auch zum Entwurf von Steuerungen verwendet werden können (siehe Abschnitt 5.4).

6.2.1 Anwendbarkeit des flachheitsbasierten Steuerungsentwurfs

Für die Anwendung des in Abschnitt 4.3 vorgestellten Zugangs zum Steuerungsentwurf muss zunächst nachgewiesen werden, dass das Modell des flachen Kanals in die Klasse $\mathcal{K}$ fällt. Dazu wird zunächst gezeigt, wie sich die Modellgleichungen in der Form (4.28a) anschreiben lassen. Anschließend wird die Flachheit der Randsysteme im Sinne von Definition 4.2 diskutiert.

Die Flachwassergleichungen (6.11) können mit Hilfe des Systemgrößenvektors $\boldsymbol{x} =$

$(h\ v)^T$ in Matrixform angeschrieben werden:

$$\frac{\partial \boldsymbol{x}}{\partial t}(z,t) + \begin{pmatrix} v(z,t) & \frac{A(h(z,t))}{b(h(z,t))} \\ g & v(z,t) \end{pmatrix} \frac{\partial \boldsymbol{x}}{\partial z}(z,t) = \begin{pmatrix} 0 \\ -g\frac{\mathrm{d}k}{\mathrm{d}z}(z) \end{pmatrix}.$$

Durch Auflösen dieser Gleichung nach der Ortsableitung von $\boldsymbol{x}$ erhält man

$$\frac{\partial \boldsymbol{x}}{\partial z}(z,t) + B(\boldsymbol{x}(z,t))\frac{\partial \boldsymbol{x}}{\partial t}(z,t) = -\frac{g}{D(\boldsymbol{x}(z,t))} \begin{pmatrix} -\frac{A(h(z,t))}{b(h(z,t))} \\ v(z,t) \end{pmatrix} \frac{\mathrm{d}k}{\mathrm{d}z}(z)$$

mit

$$D(\boldsymbol{x}) = v^2 - g\frac{A(h)}{b(h)} \quad \text{und} \quad B(\boldsymbol{x}) = \frac{1}{D(\boldsymbol{x}(z,t))} \begin{pmatrix} v & -\frac{A(h)}{b(h)} \\ -g & v \end{pmatrix}.$$

Dadurch wurde gezeigt, dass sich die Flachwassergleichungen in der Form (4.28a) anschreiben lassen.

Es wird zunächst die Flachheit des Randsystems bei $z = 0$ diskutiert. Dieses besteht aus der entsprechenden Randbedingung (6.12) sowie den Systemgrößen $\boldsymbol{x}(0,\cdot)$. Es ist offensichtlich, dass sowohl die Geschwindigkeit als auch die Flüssigkeitshöhe bei $z = 0$ als flache Ausgänge dieses Randsystems in Frage kommen, da mit Hilfe der Randbedingung jede dieser beiden Größen durch die jeweils andere ausgedrückt werden kann. Für die weiteren Untersuchungen wird die Höhe als flacher Ausgang gewählt, d. h. es gilt $y_0 = h(0,\cdot)$. Damit ergibt sich die Parametrierung

$$v(0,t) = Cu_0\frac{\sqrt{H_\mathrm{o} - y_0(t)}}{y_0(t)}$$

der verbleibenden Systemgröße durch Umstellen der Randbedingung.

Das Randsystem bei $z = \ell$ ist analog zu jenem bei $z = 0$ durch die entsprechende Randbedingung (6.12) gegeben, umfasst jedoch neben den Randwerten der verteilten Systemgrößen $\boldsymbol{x}(\ell,\cdot)$ auch die Stellgröße u_ℓ. Als Kandidat für einen flachen Ausgang, der den in Definition 4.2 gemachten Annahmen entspricht, wird $\boldsymbol{y}_\ell = \boldsymbol{x}(\ell,\cdot)$ gewählt. Um zu zeigen, dass dies tatsächlich ein gültiger flacher Ausgang ist, muss nachgewiesen werden, dass sämtliche Systemgrößen durch ihn parametriert werden können. Es verbleibt also, eine Parametrierung der Stellgröße u_ℓ zu finden. Diese erhält man durch Umstellen der Randbedingung bei $z = \ell$:

$$u_\ell(t) = \frac{h(\ell,t)v(\ell,t)}{C\sqrt{h(\ell,t) - H_\mathrm{u}}}.$$

Es wurde somit gezeigt, dass das untersuchte Modell laut (4.2) in die Klasse $\mathcal{K}$ fällt. Ein flacher Ausgang des Gesamtsystems ist somit gemäß den Untersuchungen in Abschnitt 4.3 durch $y = h(0,\cdot)$ gegeben (siehe Gl. (4.31)).

6.2.2 Stationäre Lösungen

Die stationären Lösungen $z \mapsto (h_\mathrm{r}(z), v_\mathrm{r}(z))$ der Flachwassergleichungen ergeben sich gemäß (6.11) aus den gewöhnlichen Differentialgleichungen

$$v_\mathrm{r}(z)\frac{\mathrm{d}h_\mathrm{r}}{\mathrm{d}z}(z) + \frac{A(h_\mathrm{r}(z))}{b(h_\mathrm{r}(z))}\frac{\mathrm{d}v_\mathrm{r}}{\mathrm{d}z}(z) = 0 \tag{6.13a}$$

und

$$v_\mathrm{r}(z)\frac{\mathrm{d}v_\mathrm{r}}{\mathrm{d}z}(z) + g\frac{\mathrm{d}h_\mathrm{r}}{\mathrm{d}z}(z) = -g\frac{\mathrm{d}k}{\mathrm{d}z}(z) \tag{6.13b}$$

sowie den Randbedingungen

$$h_\mathrm{r}(0)v_\mathrm{r}(0) = Cu_0\sqrt{H_\mathrm{o} - h_\mathrm{r}(0)} \quad \text{und} \quad h_\mathrm{r}(\ell)v_\mathrm{r}(\ell) = Cu_{\ell,\mathrm{r}}\sqrt{h_\mathrm{r}(\ell) - H_\mathrm{u}}. \tag{6.14}$$

Im Folgenden wird zunächst die Berechnung allgemeiner Lösungen der gewöhnlichen Differentialgleichungen (6.13) ohne Berücksichtigung der Randbedingungen (6.14) diskutiert. Anschließend wird untersucht, wie daraus jene Lösungen ausgewählt werden können, die den Randbedingungen genügen.

Durch Integration der Gln. (6.13) erhält man die gesuchte Lösung in Form der impliziten Gleichungen

$$A(h_\mathrm{r}(z))v_\mathrm{r}(z) = A(h_\mathrm{r}(0))v_\mathrm{r}(0) \tag{6.15a}$$

und

$$\frac{[v_\mathrm{r}(z)]^2}{2} + gh_\mathrm{r}(z) = \frac{[v_\mathrm{r}(0)]^2}{2} + gh_\mathrm{r}(0) - g(k(z) - k(0)). \tag{6.15b}$$

Um diese nach den gesuchten Funktionen aufzulösen, ist es günstig zunächst mit Hilfe der aus (6.15a) resultierenden Beziehung

$$v_\mathrm{r}(z) = \frac{A(h_\mathrm{r}(0))}{A(h_\mathrm{r}(z))}v_\mathrm{r}(0) \tag{6.16}$$

die Systemgröße v_r aus (6.15b) zu eliminieren:

$$\frac{1}{2}\left(\frac{A(h_\mathrm{r}(0))}{A(h_\mathrm{r}(z))}v_\mathrm{r}(0)\right)^2 + gh_\mathrm{r}(z) = \frac{[v_\mathrm{r}(0)]^2}{2} + gh_\mathrm{r}(0) - g(k(z) - k(0)). \tag{6.17}$$

Die Systemgröße h_r kann aus dieser Beziehung in der Regel nur mit Hilfe numerischer Methoden berechnet werden. Dennoch kann untersucht werden, unter welchen Bedingungen dies möglich ist. Dazu bietet es sich an, die *spezifische Energie* (siehe [8, S. 32])

$$E(h; h_\mathrm{r}(0), v_\mathrm{r}(0)) = h + \frac{1}{2g}\left(\frac{A(h_\mathrm{r}(0))}{A(h)}v_\mathrm{r}(0)\right)^2$$

einzuführen. Mit deren Hilfe kann Gl. (6.17) in der Form

$$E(h_\mathrm{r}(z); h_\mathrm{r}(0), v_\mathrm{r}(0)) = E(h_\mathrm{r}(0); h_\mathrm{r}(0), v_\mathrm{r}(0)) - (k(z) - k(0)) \tag{6.18}$$

angeschrieben werden. Setzt man voraus, dass die Funktion

$$h_\mathrm{r} \mapsto b(h_\mathrm{r}) \left[A(h_\mathrm{r})\right]^{-3}$$

monoton fallend ist[1], so ist die spezifische Energie $h \mapsto E(h)$ eine konvexe Funktion, da ihre Ableitung

$$\frac{\mathrm{d}E}{\mathrm{d}h}(h; h_\mathrm{r}(0), v_\mathrm{r}(0)) = 1 - \frac{\left(A(h_\mathrm{r}(0))v_\mathrm{r}(0)\right)^2}{g} \frac{b(h)}{[A(h)]^3} \tag{6.19}$$

monoton wachsend ist. Da außerdem

$$\lim_{h\to 0} E(h; h_\mathrm{r}(0), v_\mathrm{r}(0)) = \lim_{h\to +\infty} E(h; h_\mathrm{r}(0), v_\mathrm{r}(0)) = +\infty$$

gilt, kann geschlossen werden, dass die spezifische Energie ein globales Minimum E_min besitzt (siehe Abb. 6.4). Dieses Minimum tritt für die *kritische Tiefe* $h_\mathrm{c} \in (0, \infty)$ auf, die

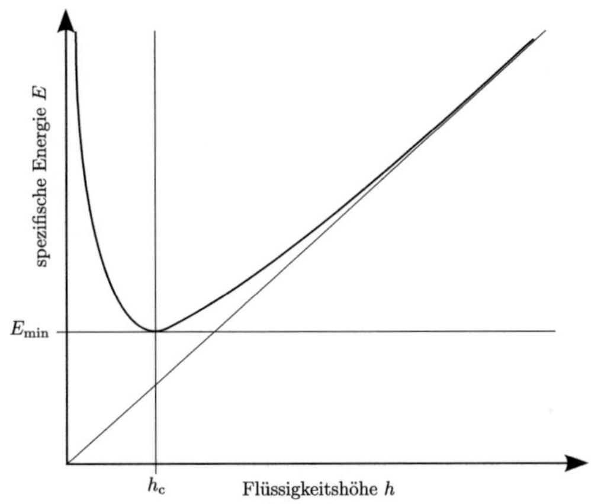

Abbildung 6.4 – Skizze zur spezifischen Energie

gemäß (6.19) durch

$$\frac{b(h_\mathrm{c})}{[A(h_\mathrm{c})]^3} = \frac{g}{[A(h_\mathrm{r}(0))v_\mathrm{r}(0)]^2} \tag{6.20}$$

definiert ist. Mit Hilfe des so berechneten Minimums

$$E_\mathrm{min}(h_\mathrm{r}(0), v_\mathrm{r}(0)) = E(h_\mathrm{c}; h_\mathrm{r}(0), v_\mathrm{r}(0))$$

[1]Diese Bedingung wird für viele Querschnitte erfüllt (siehe [57, S. 19]).

erhält man aus (6.18) die Bedingung

$$E_{\min}(h_r(0), v_r(0)) \leq E(h_r(0); h_r(0), v_r(0)) - (k(z) - k(0)).$$

Eine stationäre Lösung kann also nur dann existieren, wenn die zugehörigen Randwerte $h_r(0)$ und $v_r(0)$ für ein gegebenes Bodenprofil der Bedingung

$$k_{\max} \leq E(h_r(0); h_r(0), v_r(0)) - E_{\min}(h_r(0), v_r(0)) \quad \text{mit} \quad k_{\max} = \max_{z\in[0,\ell]} k(z) - k(0) \tag{6.21}$$

genügen (siehe [42, S. 49]). In Abb. 6.5 ist der aus dieser Bedingung resultierende Bereich zulässiger Randwerte für einen Kanal mit rechteckigem Querschnitt, der durch eine konstante Breite b und die daraus resultierende Beziehung

$$A(h) = bh$$

gekennzeichnet ist, abgebildet. Die Werte wurden unter der Voraussetzung berechnet, dass das Bodenprofil der Bedingung $k_{\max} = 3$ genügt.

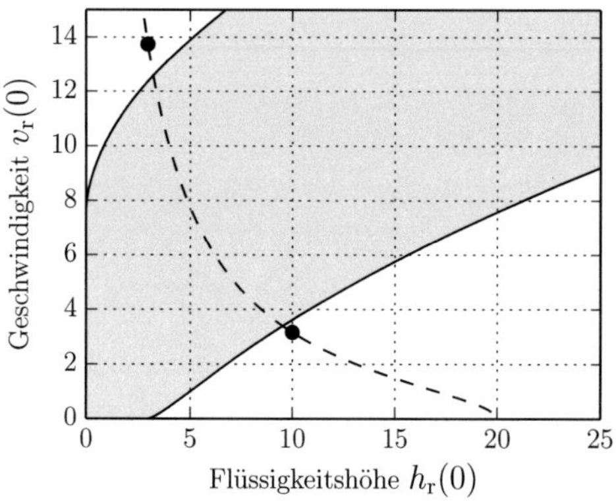

Abbildung 6.5 – Zulässige Randwerte (weiße Bereiche) gemäß Flachwassergleichungen für einen Kanal mit rechteckigem Querschnitt und $k_{\max} = 3$ sowie zulässige Randwerte gemäß Randbedingungen (gestrichelte Kurve)

Aus Abb. 6.4 wird deutlich, dass die Gl. (6.17) bzw. (6.18) zwei positive Lösungen besitzt. Zur Vereinfachung wird daher angenommen, dass im Folgenden nur solche stationäre Lösungen berücksichtigt werden für die $h_r(z) < h_c$ bzw. $h_r(z) > h_c$ gilt. In diesem Zusammenhang wird von *schießenden* (engl. *supercritical flow*) bzw. *strömenden* (engl. *subcritical flow*) Abflussverhältnissen gesprochen (siehe [42, S. 42]). Ein Übergang zwischen diesen Verhältnissen ist möglich, die Diskussion würde an dieser Stelle jedoch zu weit führen (siehe [42, S. 64], [8, S. 53]).

Die durch Lösen der Gln. (6.16) und (6.17) berechneten stationären Regimes genügen im Allgemeinen nicht den Randbedingungen (6.14). Um dies zu gewährleisten, müssen die Randwerte $h_\mathrm{r}(0)$ und $v_\mathrm{r}(0)$ weiter eingeschränkt werden. Aus (6.14) erhält man dazu die Beziehungen

$$v_\mathrm{r}(0) = Cu_0 \frac{\sqrt{H_\mathrm{o} - h_\mathrm{r}(0)}}{h_\mathrm{r}(0)} \quad \text{und} \quad u_{\ell,\mathrm{r}} = \frac{h_\mathrm{r}(\ell) v_\mathrm{r}(\ell)}{C\sqrt{h_\mathrm{r}(\ell) - H_\mathrm{u}}}. \tag{6.22}$$

Während die zweite dieser Beziehungen als Definitionsgleichung für die Stellgröße $u_{\ell,\mathrm{r}}$ in der Ruhelage interpretiert werden kann, resultiert aus der ersten eine Einschränkung an die zulässigen Randwerte der stationären Regimes. Diese sind somit eindeutig durch die Vorgabe von $h_\mathrm{r}(0)$ bestimmt.

Weitere Einschränkungen der zulässigen Randwerte $h_\mathrm{r}(0)$ resultieren unter Umständen aus den Bedingungen $u_{\ell,\mathrm{r}} \leq H_\mathrm{u}$ und $h_\mathrm{r}(\ell) \geq H_\mathrm{u}$. Diese werden jedoch nicht weiter diskutiert und es wird vorausgesetzt, dass die im Folgenden verwendeten Randwerte stets so gewählt wurden, dass diese Bedingungen erfüllt sind.

In Abb. 6.6 sind zwei stationäre Lösungen der Flachwassergleichungen für einen rechteckigen Kanal der Länge $\ell = 30$ mit dem Bodenprofil $k(z) = 0{,}1z$ abgebildet. Für die in den Randbedingungen auftretenden Parameter wurde $C = 40$ und $u_0 = 0{,}25$ gewählt. Um zu verdeutlichen, dass die zur Simulation verwendeten Randwerte laut den obigen Untersuchungen zulässig sind, wurden sie in Abb. 6.5 durch Punkte markiert. In der selben Abbildung sind durch eine gestrichelte Kurve jene Randwerte markiert, die der Gl. (6.22) genügen. Aus Abb. 6.6 wird deutlich, dass sich die Lösungen in Abhängigkeit der Randwerte auch qualitativ wesentlich unterscheiden.

6.2.3 Lösung des Cauchy-Problems

Die Lösung des mit den Flachwassergleichungen assoziierten Cauchy-Problems soll mit Hilfe der in Abschnitt 5.1.2 diskutierten Methode der Charakteristiken berechnet werden. Dazu ist es zunächst notwendig, eine Darstellung der Systemgleichungen in Diagonalform zu bestimmen. Da das System zwei verteiltparametrische Systemgröße umfasst, kann dies gemäß den Untersuchungen im Abschnitt 5.1.3 und dem Anhang B durch Einführen neuer Koordinaten $\boldsymbol{v} = \boldsymbol{T}(\boldsymbol{x})$ realisiert werden. Die Jacobi-Matrix der Transformation zwischen diesen Koordinaten muss dabei der Bedingung (5.21) genügen, d. h.

$$\frac{\partial \boldsymbol{T}}{\partial \boldsymbol{x}}(\boldsymbol{x}) = \Gamma(\boldsymbol{x}) \quad \text{mit} \quad \Gamma(\boldsymbol{x}) = \begin{pmatrix} \boldsymbol{\gamma}_1^T(\boldsymbol{x}) \\ \boldsymbol{\gamma}_2^T(\boldsymbol{x}) \end{pmatrix}, \tag{6.23}$$

wobei

$$\boldsymbol{\gamma}_1^T(\boldsymbol{x}) = \begin{pmatrix} \sqrt{g\frac{b(h)}{A(h)}} & 1 \end{pmatrix} \quad \text{und} \quad \boldsymbol{\gamma}_2^T(\boldsymbol{x}) = \begin{pmatrix} -\sqrt{g\frac{b(h)}{A(h)}} & 1 \end{pmatrix}.$$

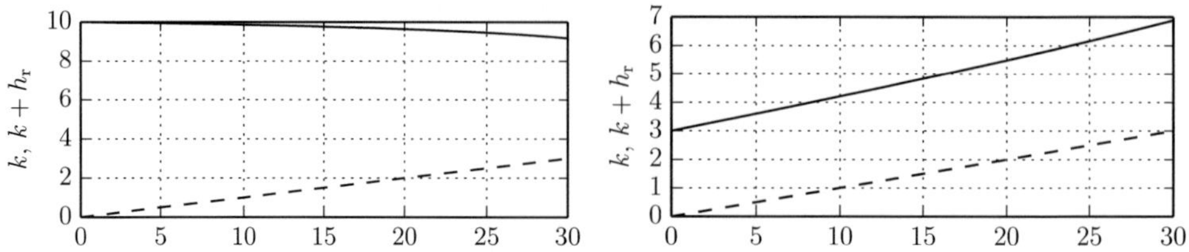

a) Wasserspiegel $h_\mathrm{r} + k$ (durchgezogene Linie) und Bodenprofil k (gestrichelte Linie)

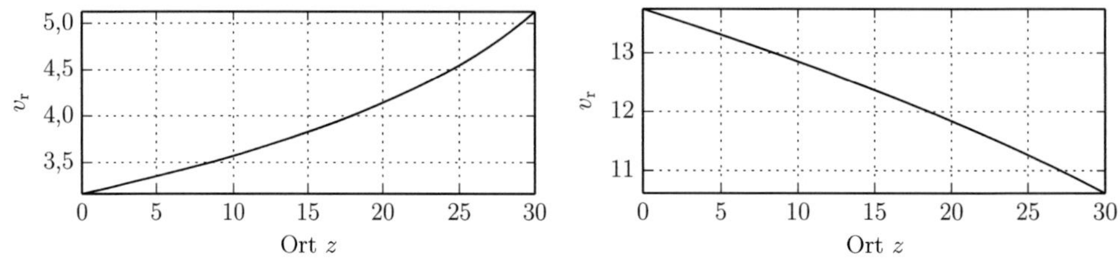

b) Strömungsgeschwindigkeit v_r

Abbildung 6.6 – Stationäre Lösungen der Flachwassergleichungen für zwei verschiedene Randwerte – linke Abbildungen ($h_\mathrm{r}(0) = 10$), rechte Abbildungen ($h_\mathrm{r}(0) = 3$)

die Links-Eigenvektoren der Matrix $B(\boldsymbol{x})$ zu den Eigenwerten

$$\lambda_1(\boldsymbol{x}) = \left(v + \sqrt{g\frac{A(h)}{b(h)}}\right)^{-1} \quad \text{und} \quad \lambda_2(\boldsymbol{x}) = \left(v - \sqrt{g\frac{A(h)}{b(h)}}\right)^{-1} \tag{6.24}$$

bezeichnen. Aus Gl. (6.23) resultieren somit die partiellen Differentialgleichungen

$$\frac{\partial T_1}{\partial h}(\boldsymbol{x}) = \sqrt{g\frac{b(h)}{A(h)}}, \qquad \frac{\partial T_1}{\partial v}(\boldsymbol{x}) = 1, \qquad \frac{\partial T_2}{\partial h}(\boldsymbol{x}) = -\sqrt{g\frac{b(h)}{A(h)}}, \qquad \frac{\partial T_2}{\partial v}(\boldsymbol{x}) = 1,$$

mit der Lösung[2]

$$v_1 = T_1(\boldsymbol{x}) = v + \int_{h_0}^{h} \sqrt{g\frac{b(\eta)}{A(\eta)}}\,\mathrm{d}\eta \quad \text{und} \quad v_2 = T_2(\boldsymbol{x}) = v - \int_{h_0}^{h} \sqrt{g\frac{b(\eta)}{A(\eta)}}\,\mathrm{d}\eta.$$

[2] Durch das gegebene System partieller Differentialgleichungen wird keine eindeutige Lösung festgelegt. Die auftretenden Integrationskonstanten wurden jedoch zur Vereinfachung der folgenden Rechenschritte jeweils zu Null gewählt.

Die ursprünglichen Koordinaten können aus den neuen Koordinaten mit Hilfe der Rücktransformation

$$v = \frac{v_1 + v_2}{2} \quad \text{und} \quad \int_{h_0}^{h} \sqrt{g \frac{b(\eta)}{A(\eta)}} \, \mathrm{d}\eta = \frac{v_1 - v_2}{2} \tag{6.25}$$

berechnet werden, wobei zur Berechnung der Flüssigkeitshöhe im Allgemeinen numerische Methoden verwendet werden müssen[3]. Drückt man die Flachwassergleichungen in den neuen Koordinaten $\boldsymbol{v}$ aus, so erhält man mit

$$\frac{\partial v_i}{\partial z} + \lambda_i(T^{-1}(\boldsymbol{v})) \frac{\partial v_i}{\partial t} = -g \frac{\mathrm{d}k}{\mathrm{d}z} \lambda_i(T^{-1}(\boldsymbol{v}))$$

für $i = 1, 2$ eine Systemdarstellung in Diagonalform (siehe Gl. (5.23)). Aufgrund der Verkopplung der beiden Systemgleichungen ist es nicht möglich die charakteristischen Kurven bzw. deren Projektionen explizit auszurechnen. Die Berechnung muss mit Hilfe numerischer Methoden ausgeführt werden und wird deshalb an dieser Stelle nicht näher diskutiert (siehe Abschnitt 5.1.2).

Bemerkung 6.2 (Alternativer Zugang zur Transformation in Diagonalform)**.** Anstatt zur Transformation in Diagonalform neue Systemgrößen $\boldsymbol{v} = \boldsymbol{T}(\boldsymbol{x})$ einzuführen, wäre es ebenso möglich, den in Abschnitt 5.1.3 beschriebenen alternativen Zugang zu nutzen, der eine zusätzliche Zeitableitung der Systemgleichungen umfasst. Der Vorteil bei diesem Zugang besteht darin, dass sich die gesuchten Systemgrößen $\boldsymbol{x}$ als Teil der Lösung

$$(z, t) \mapsto \boldsymbol{v}(z, t) = \begin{pmatrix} \boldsymbol{x}(z, t) \\ \bar{\boldsymbol{x}}(z, t) \end{pmatrix}$$

des Systems in Diagonalform ergeben und somit keine nichtlinearen Gleichung der Form (6.25) gelöst werden müssen.

6.2.4 Trajektorienplanung

Für die Trajektorienplanung nach Satz 5.1 ist es notwendig, die Zeiten ΔT_a und ΔT_e mit Hilfe der Integralgleichungen (5.29) zu berechnen. Die dazu erforderlichen Eigenwerte der Matrix $B(\boldsymbol{x})$ wurden bereits im vorangegangenen Abschnitt hergeleitet (siehe Gl. (6.24)). Da sich die stationären Lösungen in der Regel nur numerisch berechnen lassen, gilt dasselbe auch für die Parameter ΔT_a und ΔT_e. Eine Ausnahme bildet das Modell eines ebenen Kanals mit rechteckigem Querschnitt, weshalb die gesuchten Parameter im Folgenden für diesen Spezialfall berechnet werden.

[3] Für einen Kanal mit einem rechteckigen Querschnitt kann die Transformation explizit angegeben werden. Man erhält $v_{1/2} = v \pm 2\sqrt{gh}$ und daraus $h = \frac{(v_1 - v_2)^2}{16g}$.

Berechnung der Parameter für einen ebenen, rechteckigen Kanal

Aus der Annahme eines ebenen, rechteckigen Kanals folgen

$$k(z) = 0 \quad \text{und} \quad A(h) = bh,$$

wobei b die konstante Breite des Kanals bezeichnet. Die stationäre Lösung ergibt sich für diesen Fall laut den Gln. (6.13) aus den Differentialgleichungen

$$v_\mathrm{r}(z)\frac{\mathrm{d}h_\mathrm{r}}{\mathrm{d}z}(z) + h_\mathrm{r}(z)\frac{\mathrm{d}v_\mathrm{r}}{\mathrm{d}z}(z) = 0 \tag{6.26a}$$

und

$$v_\mathrm{r}(z)\frac{\mathrm{d}v_\mathrm{r}}{\mathrm{d}z}(z) + g\frac{\mathrm{d}h_\mathrm{r}}{\mathrm{d}z}(z) = 0. \tag{6.26b}$$

Sie lautet unter Berücksichtigung der Randbedingungen (6.14)

$$h_\mathrm{r}(z) = h_\mathrm{r}(0) \quad \text{und} \quad v_\mathrm{r}(z) = v_\mathrm{r}(0) = Cu_0\frac{\sqrt{H_\mathrm{o} - h_\mathrm{r}(0)}}{h_\mathrm{r}(0)}. \tag{6.27}$$

Diese stationäre Lösung wird im Folgenden zur Berechnung der Parameter ΔT_a und ΔT_e aus den Integralgleichungen (5.29) genutzt. Dazu stellt man zunächst fest, dass für die durch Gl. (6.24) gegebenen Eigenwerte die Relationen

$$\lambda_1(\boldsymbol{x}_\mathrm{r}(z)) > \lambda_2(\boldsymbol{x}_\mathrm{r}(z)) \quad \text{für} \quad |v_\mathrm{r}(z)| < \sqrt{gh_\mathrm{r}(z)} \tag{6.28a}$$

und

$$\lambda_1(\boldsymbol{x}_\mathrm{r}(z)) < \lambda_2(\boldsymbol{x}_\mathrm{r}(z)) \quad \text{für} \quad |v_\mathrm{r}(z)| > \sqrt{gh_\mathrm{r}(z)}. \tag{6.28b}$$

gelten. Für die weiteren Berechnungen wird nur der erste Fall (6.28a) berücksichtigt und zusätzlich $v_\mathrm{a}(z) > 0$ sowie $v_\mathrm{e}(z) > 0$ für die Strömungsgeschwindigkeit in der Anfangs- und Endruhelage angenommen. Diese Einschränkung dient nur der Übersichtlichkeit, da sämtliche Rechenschritte problemlos auf den allgemeinen Fall übertragen werden können.

Unter Berücksichtigung von (6.28a) sowie der in Gl. (6.24) gegebenen Beziehungen für die Eigenwerte erhält man aus den Integralgleichungen (5.29) die Beziehungen

$$\Delta T_\mathrm{a} = -\min_{z\in[0,\ell]}\int_0^z \lambda_2(\boldsymbol{x}_\mathrm{a}(\zeta))\,\mathrm{d}\zeta = -\min_{z\in[0,\ell]}\int_0^z \left(v_\mathrm{a}(0) - \sqrt{gh_\mathrm{a}(0)}\right)^{-1}\mathrm{d}\zeta \tag{6.29a}$$

und

$$\Delta T_\mathrm{e} = \max_{z\in[0,\ell]}\int_0^z \lambda_1(\boldsymbol{x}_\mathrm{e}(\zeta))\,\mathrm{d}\zeta = \max_{z\in[0,\ell]}\int_0^z \left(v_\mathrm{e}(0) + \sqrt{gh_\mathrm{e}(0)}\right)^{-1}\mathrm{d}\zeta, \tag{6.29b}$$

wobei für die Anfangs- und Endruhelage die stationäre Lösung gemäß (6.27) verwendet wurde. Unter den gemachten Annahmen folgen somit die gesuchten Parameter

$$\Delta T_\mathrm{a} = -\frac{\ell}{v_\mathrm{a}(0) - \sqrt{gh_\mathrm{a}(0)}} \quad \text{und} \quad \Delta T_\mathrm{e} = \frac{\ell}{v_\mathrm{e}(0) + \sqrt{gh_\mathrm{e}(0)}}.$$

Weitere Details zur Trajektorienplanung

Für die Planung einer Trajektorie nach Gl. (5.30) werden neben den Parametern ΔT_a und ΔT_e die Werte des flachen Ausgangs benötigt, die mit den gewünschten stationären Regimes korrespondieren. Aus der Wahl des flachen Ausgangs für den vorliegenden Fall, ergeben sich diese als Randwerte der stationären Lösungen:

$$y_\mathrm{a} = h_\mathrm{a}(0) \quad \text{und} \quad y_\mathrm{e} = h_\mathrm{e}(0).$$

Somit ist die Trajektorie $t \mapsto y(t)$ des flachen Ausgangs auf den Intervallen $t \leq t_\mathrm{a} + \Delta T_\mathrm{a}$ und $t \geq t_\mathrm{e} - \Delta T_\mathrm{e}$ festgelegt. Auf dem verbleibenden Intervall muss die Trajektorie so vervollständigt werden, dass sie eine (Lipschitz-)stetig differenzierbare Randtrajektorie $t \mapsto x(0,t)$ parametriert. Im vorliegenden Fall genügt es somit eine stetig differenzierbare Trajektorie für den flachen Ausgang zu wählen, da keine weiteren Ableitungen zur Berechnung der Randwerte benötigt werden. Dazu wird für $t \in (t_\mathrm{a} + \Delta T_\mathrm{a}, t_\mathrm{e} - \Delta T_\mathrm{e})$ ein polynomialer Ansatz gewählt. Die resultierende Trajektorie ist somit durch

$$y(t) = \begin{cases} y_\mathrm{a}, & \text{für } t \leq t_\mathrm{a} + \Delta T_\mathrm{a} \\ y_\mathrm{a} + (y_\mathrm{e} - y_\mathrm{a})\varphi_1\left(\frac{t - t_\mathrm{a} - \Delta T_\mathrm{a}}{t_\mathrm{e} - t_\mathrm{a} - \Delta T_\mathrm{a} - \Delta T_\mathrm{e}}\right), & \text{für } t \in (t_\mathrm{a} + \Delta T_\mathrm{a}, t_\mathrm{e} - \Delta T_\mathrm{e}) \\ y_\mathrm{e}, & \text{für } t \geq t_\mathrm{e} - \Delta T_\mathrm{e} \end{cases} \tag{6.30}$$

mit $\varphi_1(\tau) = (3 - 2\tau)\tau^2$ gegeben (siehe Anhang A.1).

Bemerkung 6.3 (Einschränkung der stationären Regimes)**.** Im Abschnitt 6.2.2 wurde festgelegt, dass nur solche stationären Regimes berücksichtigt werden, für die $h_\mathrm{r}(z) < h_\mathrm{c}$ oder $h_\mathrm{r}(z) > h_\mathrm{c}$ gilt, wobei h_c die durch (6.20) definierte kritische Tiefe bezeichnet. Im ersten Fall liegen somit schießende, im zweiten Fall strömende Abflussverhältnisse vor. Es kann gezeigt werden, dass die durch Gl. (6.24) gegebenen Eigenwerte in Abhängigkeit der Abflussverhältnisse gleiche bzw. unterschiedliche Vorzeichen besitzen. Dazu untersucht man das Produkt der beiden Eigenwerte

$$\lambda_1(\boldsymbol{x}_\mathrm{r}(z))\lambda_2(\boldsymbol{x}_\mathrm{r}(z)) = \left([v_\mathrm{r}(z)]^2 - g\frac{A(h_\mathrm{r}(z))}{b(h_\mathrm{r}(z))}\right)^{-1}$$

mit $\boldsymbol{x}_\mathrm{r} = (h_\mathrm{r}\ v_\mathrm{r})^T$. Haben die beiden Eigenwerte das gleiche Vorzeichen, so ist der Nenner dieses Produkts positiv und es gilt

$$[v_\mathrm{r}(z)]^2 - g\frac{A(h_\mathrm{r}(z))}{b(h_\mathrm{r}(z))} > 0.$$

Mit der Beziehung (6.16) lautet diese Ungleichung

$$\left(\frac{A(h_\mathrm{r}(0))}{A(h_\mathrm{r}(z))}v_\mathrm{r}(0)\right)^2 > g\frac{A(h_\mathrm{r}(z))}{b(h_\mathrm{r}(z))}.$$

Unter Verwendung der kritischen Tiefe und Gl. (6.20) kann dieser Ausdruck weiter umgeformt werden und liefert

$$\frac{b(h_\mathrm{r}(z))}{[A(h_\mathrm{r}(z))]^3} > \frac{b(h_\mathrm{c})}{[A(h_\mathrm{c})]^3}. \tag{6.31}$$

Da in Abschnitt 6.2.2 angenommen wurde, dass die Funktion $h_\mathrm{r} \mapsto b(h_\mathrm{r})\,[A(h_\mathrm{r})]^{-3}$ monoton fallend ist, erhält man

$$h_\mathrm{r}(z) < h_\mathrm{c},$$

es liegen also schießende Abflussverhältnisse vor. Auf analogem Wege folgt, dass im strömenden Fall die Eigenwerte unterschiedliche Vorzeichen besitzen.

Aus dieser Feststellung folgt, dass die Eigenwerte ihr Vorzeichen ändern müssen, falls ein Übergang zwischen schießenden und strömenden Ruhelagen parametriert wird. Aus Gl. (6.24) wird ersichtlich, dass die Eigenwerte bei dieser Änderung des Vorzeichens eine Singularität besitzen. Das zur Berechnung der Lösung des Cauchy-Problems verwendete Verfahren (siehe Abschnitt 5.3), das auf der Integration entlang der Charakteristiken basiert, ist für derartige Lösungen nicht geeignet. Deshalb werden im Folgenden nur Übergänge zwischen strömenden Ruhelagen berücksichtigt. Es sei jedoch darauf hingewiesen, dass dies in erster Linie eine technische Einschränkung ist und die Möglichkeit der Parametrierung von Übergängen zwischen Ruhelagen mit unterschiedlichen Abflussverhältnissen nicht von vornherein ausgeschlossen wird. So wurde beispielsweise in [34] die Existenz einer derartigen Steuerung für den Fall eines beidseitig aktuierten Kanals nachgewiesen.

6.2.5 Simulationsergebnisse

Zur Verifikation der entworfenen Steuerung wurde das durch die Modellgleichungen (6.11), die Randbedingungen (6.12) sowie die Anfangswerte $h(z,0) = h_\mathrm{a}(z)$ und $v(z,0) = v_\mathrm{a}(z)$ gegebene Anfangs-Randwertproblem simuliert. Dazu wurde das sogenannte Preissmann-Verfahren verwendet, das auf der Approximation der Systemgleichungen durch ein implizites System finiter Differenzen basiert (siehe [30, S. 266]).

Für die Simulationsstudie wurde die Realisierung eines Übergangs zwischen den durch $h_\mathrm{a}(0) = 18$ und $h_\mathrm{e}(0) = 12$ gegebenen Ruhelagen im Zeitintervall $[t_\mathrm{a}, t_\mathrm{e}] = [0, 10]$ herangezogen. Die Systemparameter wurden wie in Abschnitt 6.2.2 bei der Diskussion der stationären Lösungen gewählt, d. h. $C = 40$, $\ell = 30$, $u_0 = 0{,}25$, $H_\mathrm{o} = 20$ und $H_\mathrm{u} = 2$. Die aus der Steuerungsaufgabe resultierende Trajektorie des flachen Ausgangs ist gemeinsam mit der dadurch parametrierten Trajektorie der Stellgröße u_ℓ in Abb. 6.7 dargestellt. Aufgrund der im System wirkenden Totzeiten und Prädiktionen sind das Intervall $[t_\mathrm{a}, t_\mathrm{e}]$, auf dem sich die Stellgröße ändert, und das Intervall $[t_\mathrm{a} + \Delta T_\mathrm{a}, t_\mathrm{e} - \Delta T_\mathrm{e}]$, auf dem die Übergangstrajektorie für den flachen Ausgang vorgegeben wurde, nicht identisch. Zur Veranschaulichung dieser Tatsache sind in Abb. 6.7 das Übergangsgebiet der Trajektorie des flachen Ausgangs hellgrau und die Bereiche auf dem sich die Stellgröße über dieses Intervall hinaus ändert dunkelgrau markiert worden.

Die Ergebnisse der Simulation der Modellgleichungen mit der geplanten Stellgrößentra-

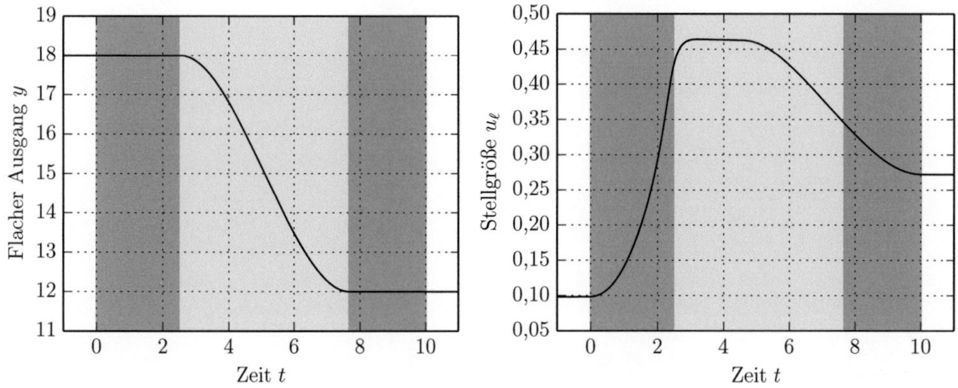

Abbildung 6.7 – Trajektorien des flachen Ausgangs y und der Stellgröße u_ℓ

jektorien sind in Abb. 6.8 dargestellt. Neben den Ausbreitungsvorgängen im Kanal wird deutlich, dass das gesetzte Steuerungsziel realisiert wird.

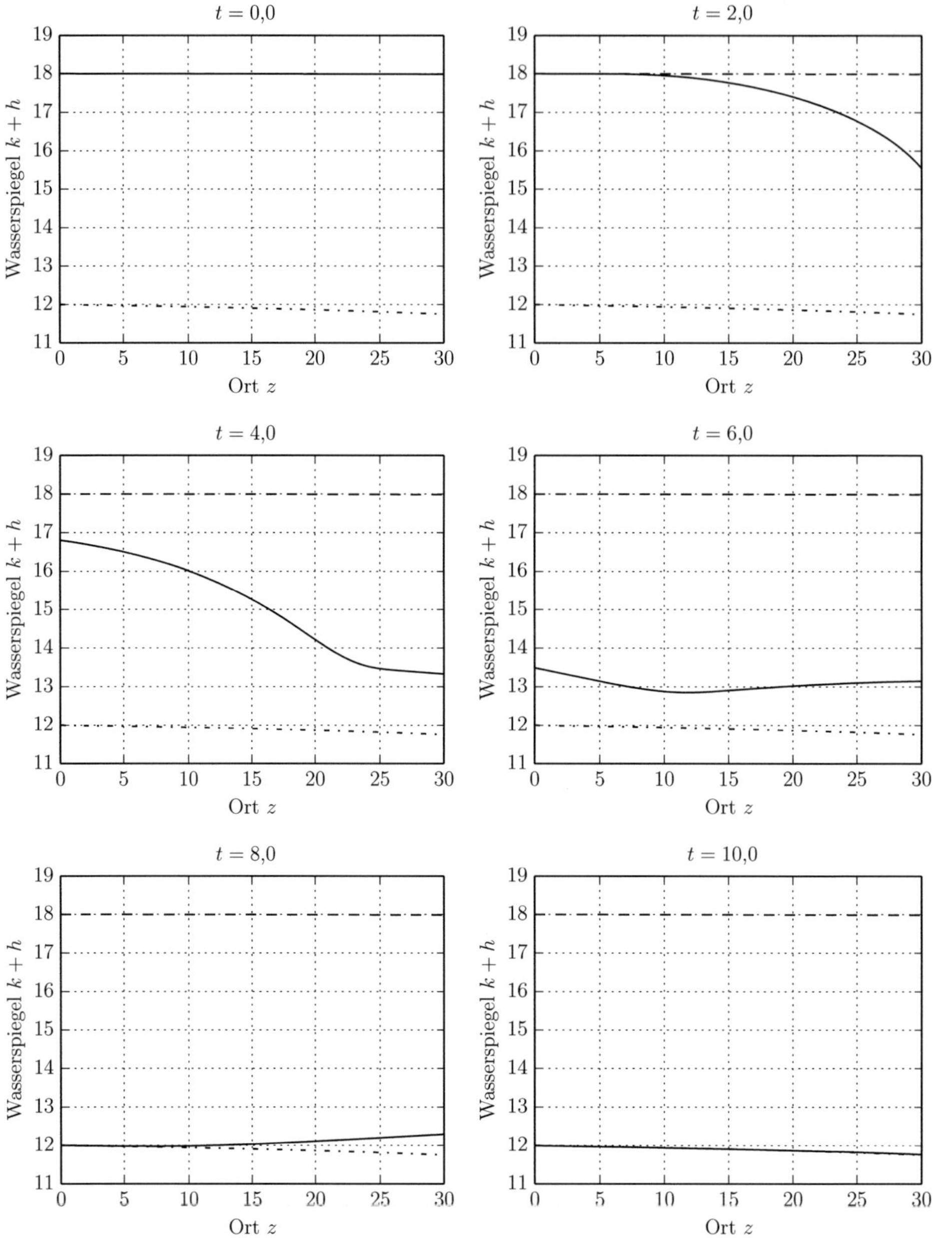

Abbildung 6.8 – Wasserspiegel zu verschiedenen Zeitpunkten des Übergangs (durchgezogene Linien), Profil der Ausgangsruhelage (gestrichelte Linien), Profil der Zielruhelage (strich-punktierte Linien)

6.3 Steuerungsentwurf für das schwere, elastische Seil

Mit Hilfe des im Abschnitt 3.4 hergeleiteten Modells soll eine Steuerung für ein schweres, elastisches Seil entworfen werden. Dazu wird im Folgenden das durch die Gln. (3.42), (3.45), (3.46) und (3.47) gegebene Modell verwendet. Dieses lautet zusammengefasst

$$\rho\left(\frac{\partial^2 \boldsymbol{w}}{\partial t^2}(z,t) - \boldsymbol{g}\right) = \frac{\partial \boldsymbol{\tau}}{\partial z}(z,t), \tag{6.32a}$$

$$\frac{\partial \boldsymbol{w}}{\partial z}(z,t) = \left|\frac{\partial \boldsymbol{w}}{\partial z}(z,t)\right| \boldsymbol{\eta}(z,t), \tag{6.32b}$$

$$\boldsymbol{\tau}(z,t) = \tau(z,t)\boldsymbol{\eta}(z,t), \tag{6.32c}$$

$$\tau(z,t) = N(\varepsilon(z,t)), \tag{6.32d}$$

$$\varepsilon(z,t) = \left|\frac{\partial \boldsymbol{w}}{\partial z}(z,t)\right| - 1, \tag{6.32e}$$

wobei ρ die Liniendichte, $\boldsymbol{w}$ die Auslenkung des Seils, $\boldsymbol{g}$ die Erdbeschleunigung, $\boldsymbol{\eta}$ den Tangentialeinheitsvektor an das Seil, ε die Dehnung und $\boldsymbol{\tau}$ bzw. τ die Seilkraft und deren Betrag bezeichnen. Als Randbedingungen erhält man nach (3.51) die beiden Beziehungen

$$m_L\left(\frac{\partial^2 \boldsymbol{w}}{\partial t^2}(0,t) - \boldsymbol{g}\right) - \boldsymbol{\tau}(0,t) = \boldsymbol{0} \quad \text{und} \quad m_W\left(\frac{\partial^2 \boldsymbol{w}}{\partial t^2}(\ell,t) - \boldsymbol{g}\right) + \boldsymbol{\tau}(\ell,t) = \boldsymbol{F}(t). \tag{6.33}$$

Das Steuerungsziel besteht darin, einen Übergang zwischen den zwei stationären Regimes $z \mapsto \boldsymbol{w}_\mathrm{a}(z)$ und $z \mapsto \boldsymbol{w}_\mathrm{e}(z)$ im Intervall $t \in [t_\mathrm{a}, t_\mathrm{e}]$ zu realisieren. Die Berechnung dieser stationären Regimes wurde im Zuge der Herleitung des linearisierten Modells des elastischen Seils bereits in Abschnitt 3.4 diskutiert.

Für das dehnstarre Seil existieren verschiedene flachheitsbasierte Ansätze zum Steuerungsentwurf. So wird in [62] eine Steuerung für eine Pendelkette entworfen, die als konzentriertparametrische Approximation interpretiert werden kann. In [67] wird das Problem auf Basis des linearisierten, verteiltparametrischen Modells und in [46, 47] für den quasilinearen Fall diskutiert.

Im Folgenden wird zunächst nachgewiesen, dass das obige Modell in die Klasse $\mathcal{K}$ fällt und somit der in Abschnitt 4.3 vorgestellte flachheitsbasierte Zugang zum Steuerungsentwurf angewendet werden kann. Anschließend werden einige Details im Zusammenhang mit der Lösung des Cauchy-Problems und der Trajektorienplanung erläutert.

6.3.1 Anwendbarkeit des flachheitsbasierten Steuerungsentwurfs

Für den Entwurf einer Steuerung mit Hilfe des in Abschnitt 4.3 vorgestellten Zugangs muss nachgewiesen werden, dass das gegebene Modell in die Klasse $\mathcal{K}$ nach Definition 4.2 fällt.

Dazu wird zunächst gezeigt, dass sich die Modellgleichungen als System erster Ordnung der Form (4.28) anschreiben lassen. Anschließend wird die Flachheit der Randsysteme im Sinne von Definition 4.2 überprüft.

Um die gegebenen Modellgleichungen in der Form (4.28) darzustellen, eliminiert man sowohl den Betrag der Ableitung $\frac{\partial \boldsymbol{w}}{\partial z}$ als auch den Tangentialvektor $\boldsymbol{\eta}$ mit Hilfe der Gln. (6.32c)–(6.32e) aus (6.32b) und erhält so

$$\frac{\partial \boldsymbol{w}}{\partial z}(z,t) = \left(N^{-1}\left(\frac{\boldsymbol{\tau}(z,t)}{|\boldsymbol{\tau}(z,t)|}\right) + 1\right)\frac{\boldsymbol{\tau}(z,t)}{|\boldsymbol{\tau}(z,t)|}.$$

Diese Gleichung bildet gemeinsam mit (6.32a) und den Randbedingungen (6.33) das gesuchte System in der Form (4.28) mit den Systemgrößen

$$\boldsymbol{x} = \begin{pmatrix} \boldsymbol{w} \\ \boldsymbol{\tau} \end{pmatrix} \quad \text{und} \quad \boldsymbol{u}_\ell = \boldsymbol{F}. \tag{6.34}$$

Für dieses muss nachgewiesen werden, dass die Randsysteme den in Definition 4.2 gemachten Annahmen genügen. Für das Randsystem bei $z = 0$, das die entsprechende Randbedingung (6.33) sowie die Systemgrößen $\boldsymbol{w}(0,\cdot)$ und $\boldsymbol{\tau}(0,\cdot)$ umfasst, wird die Position des freien Endes $\boldsymbol{y}_0 = \boldsymbol{w}(0,\cdot)$ als Kandidat für einen flachen Ausgang gewählt. Dass diese Größe tatsächlich ein geeigneter flacher Ausgang ist, wird deutlich, da die verbleibende Systemgröße $\boldsymbol{\tau}(0,\cdot)$ mit Hilfe der aus (6.33) resultierenden Beziehung

$$\boldsymbol{\tau}(0,t) = m_L\left(\frac{\mathrm{d}^2\boldsymbol{y}_0}{\mathrm{d}t^2}(t) - \boldsymbol{g}\right)$$

durch $\boldsymbol{y}_0$ parametriert werden kann. Für das Randsystem bei $z = \ell$, das die entsprechende Randbedingung (6.33) sowie die Systemgrößen $\boldsymbol{w}(\ell,\cdot)$, $\boldsymbol{\tau}(\ell,\cdot)$ und $\boldsymbol{F}$ umfasst, wird in Übereinstimmung mit den in Definition 4.2 gemachten Annahmen

$$\boldsymbol{y}_\ell = \begin{pmatrix} \boldsymbol{y}_{\ell,1} \\ \boldsymbol{y}_{\ell,2} \end{pmatrix} = \boldsymbol{x}(\ell,\cdot) = \begin{pmatrix} \boldsymbol{w}(\ell,\cdot) \\ \boldsymbol{\tau}(\ell,\cdot) \end{pmatrix}$$

als Kandidat für einen flachen Ausgang gewählt. Die Eignung dieses flachen Ausgangs wird deutlich, da die verbleibende Systemgröße $\boldsymbol{F}$ mit der aus (6.33) resultierenden Beziehung

$$\boldsymbol{F}(t) = m_W\left(\frac{\mathrm{d}^2\boldsymbol{y}_{\ell,1}}{\mathrm{d}t^2}(t) - \boldsymbol{g}\right) + \boldsymbol{y}_{\ell,2}(t)$$

aus $\boldsymbol{y}_\ell$ berechnet werden kann.

Es wurde somit gezeigt, dass die Randsysteme flach im Sinne von Definition 4.2 sind und das Modell des schweren elastischen Seils in die Klasse $\mathcal{K}$ fällt, wobei die Position des freien Endes des Seils einen flachen Ausgang des Gesamtsystems darstellt (siehe Gl. (4.31)):

$$\boldsymbol{y} = \boldsymbol{w}(0,\cdot).$$

6.3.2 Lösung des Cauchy-Problems

In Abschnitt 5.1 wurde die Lösung eines Cauchy-Problems ausgehend von einer Formulierung der Modellgleichungen als System erster Ordnung der Form (5.1) diskutiert. Da das Modell des schweren, elastischen Seils nicht in dieser Form vorliegt, wird zunächst eine geeignete Transformation diskutiert. Anschließend wird die Überführung des daraus resultierenden Systems erster Ordnung in Diagonalform (5.14) erläutert, die im Zuge der Lösung des Cauchy-Problems benötigt wird.

Transformation auf ein System erster Ordnung

Bei der Analyse der Systemgleichungen (6.32) wird deutlich, dass die Gln. (6.32b)–(6.32e) als Definitionsgleichungen für den Tangentialvektor $\boldsymbol{\eta}$, die Seilkraft $\boldsymbol{\tau}$ sowie die Dehnung ε aufgefasst werden können. Mit deren Hilfe ist es möglich, die Seilkraft $\boldsymbol{\tau}$ aus (6.32a) zu eliminieren und somit eine partielle Differentialgleichung zu erhalten, die lediglich Ableitungen der Auslenkung $\boldsymbol{w}$ enthält. Die dazu benötigte Beziehung folgt aus den Gln. (6.32b)–(6.32e) und lautet

$$\boldsymbol{\tau}(z,t) = M\left(\left|\frac{\partial \boldsymbol{w}}{\partial z}(z,t)\right|\right)\frac{\partial \boldsymbol{w}}{\partial z}(z,t) \tag{6.35}$$

mit

$$M(x) = \frac{N(x-1)}{x}. \tag{6.36}$$

Setzt man diesen Ausdruck in (6.32a) ein, so erhält man

$$\rho\left(\frac{\partial^2 \boldsymbol{w}}{\partial t^2} - \boldsymbol{g}\right) = \frac{\partial}{\partial z}\left(M\left(\left|\frac{\partial \boldsymbol{w}}{\partial z}\right|\right)\frac{\partial \boldsymbol{w}}{\partial z}\right). \tag{6.37}$$

Unter Verwendung der Kettenregel kann diese Gleichung in der Form

$$\rho\left(\frac{\partial^2 \boldsymbol{w}}{\partial t^2} - \boldsymbol{g}\right) = \left(M\left(\left|\frac{\partial \boldsymbol{w}}{\partial z}\right|\right)I_3 + \frac{M'(\frac{\partial w}{\partial z})}{\left|\frac{\partial w}{\partial z}\right|}\frac{\partial \boldsymbol{w}}{\partial z}\left(\frac{\partial \boldsymbol{w}}{\partial z}\right)^T\right)\frac{\partial^2 \boldsymbol{w}}{\partial z^2} \tag{6.38}$$

angeschrieben werden, wobei M' die Ableitung der Funktion M bezeichnet. Diese Gleichung kann nach der zweiten Ortsableitung von $\boldsymbol{w}$ aufgelöst werden, indem man mit der Inversen der entsprechenden Koeffizientenmatrix multipliziert. Dies liefert

$$\frac{\partial^2 \boldsymbol{w}}{\partial z^2} = \left(\frac{\rho}{M\left(\left|\frac{\partial w}{\partial z}\right|\right)}I_3 - d\left(\left|\frac{\partial \boldsymbol{w}}{\partial z}\right|\right)\frac{\partial \boldsymbol{w}}{\partial z}\left(\frac{\partial \boldsymbol{w}}{\partial z}\right)^T\right)\left(\frac{\partial^2 \boldsymbol{w}}{\partial t^2} - \boldsymbol{g}\right)$$

mit

$$d(x) = \frac{\rho M'(x)}{xM(x)(M(x)+M'(x)x)}.$$

Durch Einführen der neuen Koordinaten[4]

$$\boldsymbol{x} = \begin{pmatrix} \boldsymbol{x}_1 \\ \boldsymbol{x}_2 \\ \boldsymbol{x}_3 \end{pmatrix} \quad \text{mit} \quad \boldsymbol{x}_1 = \boldsymbol{w}, \ \boldsymbol{x}_2 = \frac{\partial \boldsymbol{w}}{\partial t} \quad \text{und} \quad \boldsymbol{x}_3 = \frac{\partial \boldsymbol{w}}{\partial z} \tag{6.39}$$

kann diese Differentialgleichung zweiter Ordnung als System erster Ordnung in der durch Gl. (4.28a) gegebenen Form angeschrieben werden. Man erhält so die Darstellung

$$\frac{\partial \boldsymbol{x}}{\partial z} + B(\boldsymbol{x})\frac{\partial \boldsymbol{x}}{\partial t} = \boldsymbol{c}(\boldsymbol{x}) \quad \text{mit} \quad \boldsymbol{c}(\boldsymbol{x}) = \begin{pmatrix} \boldsymbol{x}_3 \\ \boldsymbol{0} \\ -\left(\frac{\rho}{M(|\boldsymbol{x}_3|)} I_3 - d(|\boldsymbol{x}_3|)\boldsymbol{x}_3\boldsymbol{x}_3^T\right)\boldsymbol{g} \end{pmatrix} \tag{6.40}$$

sowie

$$B(\boldsymbol{x}) = \begin{pmatrix} 0_{3\times 3} & 0_{3\times 6} \\ 0_{6\times 3} & \hat{B}(\boldsymbol{x}) \end{pmatrix} \quad \text{und} \quad \hat{B}(\boldsymbol{x}) = \begin{pmatrix} 0_{3\times 3} & -I_3 \\ -\left(\frac{\rho}{M(|\boldsymbol{x}_3|)} I_3 - d(|\boldsymbol{x}_3|)\boldsymbol{x}_3\boldsymbol{x}_3^T\right) & 0_{3\times 3} \end{pmatrix}. \tag{6.41}$$

Die zugehörigen Randbedingungen in der Form (4.28b) bzw. (4.28c) folgen zum einen aus (6.33), indem man die Seilspannung $\boldsymbol{\tau}$ mit der Beziehung (6.35) ersetzt und die resultierenden Gleichungen in den neuen Koordinaten (6.39) ausdrückt:

$$m_L\left(\frac{\partial^2 \boldsymbol{x}_1}{\partial t^2}(0,t) - \boldsymbol{g}\right) - M(|\boldsymbol{x}_3(0,t)|)\boldsymbol{x}_3(0,t) = \boldsymbol{0}, \tag{6.42a}$$

$$m_W\left(\frac{\partial^2 \boldsymbol{x}_1}{\partial t^2}(\ell,t) - \boldsymbol{g}\right) + M(|\boldsymbol{x}_3(\ell,t)|)\boldsymbol{x}_3(\ell,t) = \boldsymbol{F}(t). \tag{6.42b}$$

Zum anderen ist es erforderlich eine definitorische Randbedingung einzuführen, um zu gewährleisten, dass das neue System in den Koordinaten $\boldsymbol{x}$ äquivalent zum ursprünglichen ist. Dazu wird

$$\boldsymbol{x}_2(0,t) = \frac{\partial \boldsymbol{x}_1}{\partial t}(0,t) \tag{6.42c}$$

gewählt[5].

Zur Anwendung des in Abschnitt 4.3 vorgestellten flachheitsbasierten Steuerungsentwurfs ist es notwendig, die Randwerte $\boldsymbol{x}(0,\cdot)$ aus einer gegebenen Trajektorie $t \mapsto \boldsymbol{y}_0(t) = \boldsymbol{w}(0,t)$ zu berechnen (siehe Gl. (4.29a)). Die dazu benötigten Beziehungen werden im Folgenden hergeleitet. Während die Parametrierung von $\boldsymbol{x}_1(0,\cdot)$ offensichtlich ist, folgt

[4] Diese Koordinaten entsprechend den Systemgrößen einer Formulierung der Modellgleichungen als System erster Ordnung (5.1). Ohne Bedenken des Autors wurde dafür zugunsten einer kompakteren Darstellung das gleiche Symbol gewählt, wie für die Systemgrößen (6.34) der Modellgleichungen in der Form (4.28a).

[5] Alternativ hätte auch $\boldsymbol{x}_2(\ell,t) = \frac{\partial \boldsymbol{x}_1}{\partial t}(\ell,t)$ gewählt werden können. Das dadurch resultierende System erster Ordnung würde allerdings nicht in die Modellklasse $\mathcal{K}$ fallen (siehe Bemerkung 4.1).

jene von $\boldsymbol{x}_2(0,\cdot)$ unmittelbar aus der Randbedingung (6.42c) und lautet

$$\boldsymbol{x}_2(0,t) = \frac{\mathrm{d}\boldsymbol{y}_0}{\mathrm{d}t}(t). \tag{6.43}$$

Für die Systemgröße $\boldsymbol{x}_3(0,\cdot)$ erhält man aus (6.42a) zunächst die Beziehung

$$N(|\boldsymbol{x}_3(0,t)|-1)\frac{\boldsymbol{x}_3(0,t)}{|\boldsymbol{x}_3(0,t)|} = m_L\left(\frac{\mathrm{d}^2\boldsymbol{y}_0}{\mathrm{d}t^2}(t) - \boldsymbol{g}\right), \tag{6.44}$$

wobei die Funktion M durch (6.36) ersetzt wurde. Aus diesem Ausdruck folgt unmittelbar

$$N(|\boldsymbol{x}_3(0,t)|-1) = m_L\left|\frac{\mathrm{d}^2\boldsymbol{y}_0}{\mathrm{d}t^2}(t) - \boldsymbol{g}\right| \quad \text{bzw.} \quad |\boldsymbol{x}_3(0,t)| = N^{-1}\left(m_L\left|\frac{\mathrm{d}^2\boldsymbol{y}_0}{\mathrm{d}t^2}(t) - \boldsymbol{g}\right|\right) + 1$$

durch Bilden des Betrags. Setzt man diese Beziehung in (6.44) ein, so erhält man durch Umstellen die gesuchte Gleichung

$$\boldsymbol{x}_3(0,t) = \frac{\frac{\mathrm{d}^2\boldsymbol{y}_0}{\mathrm{d}t^2}(t) - \boldsymbol{g}}{\left|\frac{\mathrm{d}^2\boldsymbol{y}_0}{\mathrm{d}t^2}(t) - \boldsymbol{g}\right|}\left(N^{-1}\left(m_L\left|\frac{\mathrm{d}^2\boldsymbol{y}_0}{\mathrm{d}t^2}(t) - \boldsymbol{g}\right|\right) + 1\right) \tag{6.45}$$

zur Berechnung der Systemgröße $\boldsymbol{x}_3(0,\cdot)$ aus dem flachen Ausgang.

Transformation auf Diagonalform

Zur Anwendung der Methode der Charakteristiken ist es notwendig, eine Darstellung des Systems (6.40) in Diagonalform (5.14) zu bestimmen. Dazu muss zunächst die Matrix $B(\boldsymbol{x})$ diagonalisiert werden. Aufgrund deren Block-Diagonalstruktur ist es hinreichend die Diagonalisierung von $\hat{B}(\boldsymbol{x})$ zu diskutieren. Hat man eine Matrix $\hat{V}(\boldsymbol{x})$ bestimmt, für die $\hat{V}(\boldsymbol{x})\hat{B}(\boldsymbol{x})\hat{V}^{-1}(\boldsymbol{x})$ eine Diagonalmatrix ist, so trifft dies auch auf $V(\boldsymbol{x})B(\boldsymbol{x})V^{-1}(\boldsymbol{x})$ mit

$$V(\boldsymbol{x}) = \begin{pmatrix} I_3 & 0_{3\times3} \\ 0_{3\times3} & \hat{V}(\boldsymbol{x}) \end{pmatrix}$$

zu.

Mit Hilfe der in [79] gegebenen Formel für die Determinante einer Blockmatrix lässt sich das charakteristische Polynom zur Bestimmung der Eigenwerte von $\hat{B}(\boldsymbol{x})$ in der Form

$$\det(\lambda I_6 - \hat{B}(\boldsymbol{x})) = \det\left(\lambda^2 I_3 - \left(\frac{\rho}{M(|\boldsymbol{x}_3|)}I_3 - d(|\boldsymbol{x}_3|)\boldsymbol{x}_3\boldsymbol{x}_3^T\right)\right) = 0$$

anschreiben. Zur Lösung dieser Gleichung ist es günstig, zunächst die Zwischengröße $\bar{\lambda} = \lambda^2 - \frac{\rho}{M(|\boldsymbol{x}_3|)}$ einzuführen, wodurch man

$$\det\left(\bar{\lambda}I_3 + d(|\boldsymbol{x}_3|)\boldsymbol{x}_3\boldsymbol{x}_3^T\right) = 0$$

erhält. Die Nullstellen $\bar{\lambda}$ dieses Polynoms entsprechen den Eigenwerten der Matrix

$\bar{B}(\boldsymbol{x}) = -d(|\boldsymbol{x}_3|)\boldsymbol{x}_3\boldsymbol{x}_3^T$. Da sich $\bar{B}(\boldsymbol{x})$ als dyadisches Produkt ergibt und somit den Rang 1 hat, existiert nur ein von Null verschiedener Eigenwert, d. h. $\bar{\lambda}_1 = \bar{\lambda}_2 = 0$. Der verbleibende Eigenwert ergibt sich aus der Tatsache, dass die Spur der Matrix $\bar{B}(\boldsymbol{x})$ der Summe ihrer Eigenwerte entspricht. Da die Diagonalelemente der Matrix $\bar{B}(\boldsymbol{x})$ gemäß ihrer Definition durch $(\bar{B}(\boldsymbol{x}))_{ii} = -d(|\boldsymbol{x}_3|)(\boldsymbol{x}_3)_i^2$ gegeben sind, erhält man

$$\operatorname{spur}(\bar{B}(\boldsymbol{x})) = -d(|\boldsymbol{x}_3|)\sum_{i=1}^{3}(\boldsymbol{x}_3)_i^2 = \sum_{i=1}^{3}\bar{\lambda}_i = \bar{\lambda}_3$$

bzw. $\bar{\lambda}_3 = -d(|\boldsymbol{x}_3|)\,|\boldsymbol{x}_3|^2$. Die ursprünglich gesuchten Eigenwerte ergeben sich aus der Definition der Zwischengröße $\bar{\lambda}$, d. h.

$$\lambda = \pm\sqrt{\bar{\lambda} + \frac{\rho}{M(|\boldsymbol{x}_3|)}}.$$

Somit erhält man aus $\bar{\lambda}_1 = \bar{\lambda}_2 = 0$ die Eigenwerte

$$\lambda_1 = \sqrt{\frac{\rho}{M(|\boldsymbol{x}_3|)}} \quad \text{und} \quad \lambda_2 = -\sqrt{\frac{\rho}{M(|\boldsymbol{x}_3|)}},$$

die jeweils die algebraische Vielfachheit 2 haben. Aus $\bar{\lambda}_3 = d(|\boldsymbol{x}_3|)\,|\boldsymbol{x}_3|^2$ folgen analog

$$\lambda_{3/4} = \pm\sqrt{\frac{\rho}{M(|\boldsymbol{x}_3|)}\left(1 - \frac{|\boldsymbol{x}_3|\,M'(|\boldsymbol{x}_3|)}{M(|\boldsymbol{x}_3|) + M'(|\boldsymbol{x}_3|)\,|\boldsymbol{x}_3|}\right)} = \pm\sqrt{\frac{\rho}{M(|\boldsymbol{x}_3|) + |\boldsymbol{x}_3|\,M'(|\boldsymbol{x}_3|)}}.$$

Ersetzt man in diesen Ausdrücken die Funktion M durch (6.36), so erhält man die Eigenwerte in der Form (siehe [16, S. 224])

$$\lambda_{1/2} = \pm\sqrt{\frac{\rho\,|\boldsymbol{x}_3|}{N(|\boldsymbol{x}_3| - 1)}} \quad \text{und} \quad \lambda_{3/4} = \pm\sqrt{\frac{\rho}{N'(|\boldsymbol{x}_3| - 1)}}, \tag{6.46}$$

wobei N' die Ableitung der Funktion N bezeichnet.

Die zugehörigen Links-Eigenvektoren $\boldsymbol{\gamma}^T$ ergeben sich als Lösungen der linearen Gleichungssysteme

$$\boldsymbol{\gamma}^T(\lambda I_6 - \hat{B}(\boldsymbol{x})) = \boldsymbol{0} \quad \text{für} \quad \lambda = \lambda_1, \ldots, \lambda_4. \tag{6.47}$$

Zu deren Lösung bietet es sich an, die Eigenvektoren in der Form $\boldsymbol{\gamma}^T = (\boldsymbol{p}^T\ \boldsymbol{q}^T)$ zu partitionieren. Somit kann (6.47) aufgrund der Struktur von $\hat{B}(\boldsymbol{x})$ (siehe Gl. (6.41)) in die beiden Gleichungen

$$\lambda\boldsymbol{p}^T + \boldsymbol{q}^T\left(\frac{\rho}{M(|\boldsymbol{x}_3|)}I_3 - d(|\boldsymbol{x}_3|)\boldsymbol{x}_3\boldsymbol{x}_3^T\right) = \boldsymbol{0} \tag{6.48}$$

und

$$\boldsymbol{p}^T + \lambda \boldsymbol{q}^T = \boldsymbol{0}$$

zerlegt werden, wobei aus der letzten dieser beiden Gleichungen unmittelbar $\boldsymbol{p}^T = -\lambda \boldsymbol{q}^T$ folgt. Setzt man diese Beziehung in (6.48) ein, so erhält man

$$-\boldsymbol{q}^T \left(\lambda^2 I_3 - \left(\frac{\rho}{M(|\boldsymbol{x}_3|)} I_3 - d(|\boldsymbol{x}_3|) \boldsymbol{x}_3 \boldsymbol{x}_3^T \right) \right) = \boldsymbol{0}. \tag{6.49}$$

Aus (6.46) wird deutlich, dass zwei Eigenwerte die algebraische Vielfachheit 2 haben, nämlich λ_1 und λ_2. Die Beziehung (6.49) ist für beide Eigenwerte identisch und lautet

$$-d(|\boldsymbol{x}_3|) \boldsymbol{q}^T \boldsymbol{x}_3 \boldsymbol{x}_3^T = \boldsymbol{0}.$$

Unter der Voraussetzung, das der Koeffizient $d(|\boldsymbol{x}_3|)$ nicht verschwindet und $\boldsymbol{x}_3 \neq \boldsymbol{0}$ gilt, folgt aus dieser Gleichung

$$\boldsymbol{q}^T \boldsymbol{x}_3 = 0.$$

Die Vektoren $\boldsymbol{q}^T$ müssen also so bestimmt werden, dass sie orthogonal zu $\boldsymbol{x}_3$ sind, wobei die triviale Lösung $\boldsymbol{q}^T = \boldsymbol{0}$ nicht zulässig ist.

Der Satz vom stetig gekämmten Igel (engl. hairy ball theorem, siehe [1, S. 547]) lehrt, dass im vorliegenden Fall keine stetige Abbildung existiert, die jedem Vektor $\boldsymbol{x}_3$ einen entsprechend orthogonalen Vektor $\boldsymbol{q} \neq \boldsymbol{0}$ zuweist. Es wäre daher notwendig eine unstetige Abbildung zu ermitteln, um eine globale Lösung zu erhalten. Im weiteren Verlauf wird allerdings ein anderer Zugang verfolgt, bei dem eine stetige Abbildung verwendet wird. Diese kann so bestimmt werden, dass ihre Singularität, d. h. der Vektor $\boldsymbol{k} \neq \boldsymbol{0}$ für den $\boldsymbol{q}(\boldsymbol{k}) = \boldsymbol{0}$ gilt, in einer gewünschten Richtung liegt. Da der Vektor $\boldsymbol{x}_3$ dem Tangentialvektor $\frac{\partial w}{\partial z}$ entspricht, wird durch diese Festlegung die zusätzliche Einschränkung eingeführt, dass das Seil an keiner Stelle tangential zum Vektor $\boldsymbol{k}$ sein darf. Daher muss $\boldsymbol{k}$ im Hinblick auf den folgenden Steuerungsentwurf so gewählt werden, dass diese Einschränkung der Lösung der Steuerungsaufgabe nicht im Wege steht. Für einen geeignet gewählten Vektor $\boldsymbol{k}$ ergeben sich mit Hilfe des Kreuzprodukts die beiden Eigenvektoren

$$\boldsymbol{q}_1 = \boldsymbol{x}_3 \times \boldsymbol{k} \quad \text{und} \quad \boldsymbol{q}_2 = \boldsymbol{x}_3 \times \boldsymbol{q}_1. \tag{6.50}$$

Für jeden der Eigenwerte λ_1 und λ_2 mit der Vielfachheit 2 können aus diesen beiden Vektoren jeweils zwei linear unabhängige Eigenvektoren berechnet werden. Dadurch wird deutlich, dass die Matrix $\hat{B}(\boldsymbol{x})$ diagonalisierbar ist. Die entsprechenden Eigenvektoren lauten somit

$$\begin{aligned} \gamma_{1,1}^T &= \begin{pmatrix} -\lambda_1 \boldsymbol{q}_1^T & \boldsymbol{q}_1^T \end{pmatrix}, \quad \gamma_{1,2}^T = \begin{pmatrix} -\lambda_1 \boldsymbol{q}_2^T & \boldsymbol{q}_2^T \end{pmatrix}, \\ \gamma_{2,1}^T &= \begin{pmatrix} -\lambda_2 \boldsymbol{q}_1^T & \boldsymbol{q}_1^T \end{pmatrix}, \quad \gamma_{2,2}^T = \begin{pmatrix} -\lambda_2 \boldsymbol{q}_2^T & \boldsymbol{q}_2^T \end{pmatrix}. \end{aligned} \tag{6.51}$$

Für die Eigenwerte λ_3 und λ_4 lautet die Beziehung (6.49)

$$d(|\boldsymbol{x}_3|) \boldsymbol{q}^T \left(\boldsymbol{x}_3^T \boldsymbol{x}_3 - \boldsymbol{x}_3 \boldsymbol{x}_3^T \right) = \boldsymbol{0}.$$

Eine Lösung dieser Gleichung ist durch $\boldsymbol{q}^T = \boldsymbol{x}_3^T$ gegeben, woraus die beiden Eigenvektoren

$$\boldsymbol{\gamma}_{3,1}^T = \begin{pmatrix} -\lambda_3 \boldsymbol{x}_3^T & \boldsymbol{x}_3^T \end{pmatrix} \quad \text{und} \quad \boldsymbol{\gamma}_{4,1}^T = \begin{pmatrix} -\lambda_4 \boldsymbol{x}_3^T & \boldsymbol{x}_3^T \end{pmatrix} \tag{6.52}$$

resultieren.

Die in (6.51) und (6.52) gegebenen Eigenvektoren können in einer Matrix

$$\hat{V} = \begin{pmatrix} \gamma_{1,1} & \gamma_{1,2} & \gamma_{2,1} & \gamma_{2,2} & \gamma_{3,1} & \gamma_{4,1} \end{pmatrix}^T$$

angeordnet werden, mit deren Hilfe die Matrix $\hat{B}(\boldsymbol{x})$ diagonalisiert werden kann. Es gilt

$$\hat{V}\hat{B}(\boldsymbol{x})\hat{V}^{-1} = \Lambda = \operatorname{diag}(\lambda_1 I_2, \lambda_2 I_2, \lambda_3, \lambda_4).$$

Bemerkung 6.4 (Klassifikation)**.** Dass die Matrix $\hat{B}(\boldsymbol{x})$ und damit auch $B(\boldsymbol{x})$ diagonalisierbar ist, bestätigt die bereits in Abschnitt 3.4 gemachte Aussage, wonach das Modell des schweren, elastischen Seils hyperbolisch ist.

Mit Hilfe des Satzes von Frobenius (siehe Anhang B) kann gezeigt werden, dass für das vorliegende Modell des schweren, elastischen Seils kein integrierender Faktor W existiert, so dass WV einer Jacobi-Matrix entspricht. Zur Transformation auf Diagonalform muss daher der in Abschnitt 5.1.3 diskutierte Zugang über eine zusätzliche Ableitung der Systemgleichungen gewählt werden.

6.3.3 Trajektorienplanung

Zur Lösung der Steuerungsaufgabe wird mit Hilfe des Satzes 5.1 eine Trajektorie für den flachen Ausgang geplant. Dazu ist es nötig die beiden Parameter ΔT_a und ΔT_e aus Gl. (5.29) zu berechnen. Diese können, wie die entsprechenden stationären Lösungen in Abschnitt 3.4, in der Regel nur mit Hilfe numerischer Methoden ausgewertet werden. Für den Spezialfall einer linearen Funktion $\varepsilon \mapsto N(\varepsilon) = EA\varepsilon$ ist es jedoch möglich explizite Ausdrücke anzugeben. Dazu stellt man zunächst fest, dass für eine Ruhelage

$$z \mapsto \boldsymbol{x}_\mathrm{r}(z) = \begin{pmatrix} \boldsymbol{w}_\mathrm{r}(z) \\ \boldsymbol{0} \\ \frac{\mathrm{d}\boldsymbol{w}_\mathrm{r}}{\mathrm{d}z}(z) \end{pmatrix}$$

die Eigenwerte (6.46) der Systemmatrix $B(\boldsymbol{x})$ folgendermaßen geordnet sind:

$$\lambda_1(\boldsymbol{x}_\mathrm{r}) > \lambda_3(\boldsymbol{x}_\mathrm{r}) > 0 > \lambda_4(\boldsymbol{x}_\mathrm{r}) > \lambda_2(\boldsymbol{x}_\mathrm{r}). \tag{6.53}$$

Es wird an dieser Stelle nur der Fall $\lambda_1(\boldsymbol{x}_\mathrm{r}) > \lambda_3(\boldsymbol{x}_\mathrm{r})$ diskutiert, da die entsprechende Aussage für λ_2 und λ_4 unmittelbar aus den Beziehungen $\lambda_2 = -\lambda_1$ und $\lambda_4 = -\lambda_3$ folgt.

Mit (6.46) lässt sich die Behauptung in der Form

$$\sqrt{\frac{\rho\left|\frac{\mathrm{d}\boldsymbol{w}_\mathrm{r}}{\mathrm{d}z}\right|}{N\left(\left|\frac{\mathrm{d}\boldsymbol{w}_\mathrm{r}}{\mathrm{d}z}\right|-1\right)}} > \sqrt{\frac{\rho}{N'\left(\left|\frac{\mathrm{d}\boldsymbol{w}_\mathrm{r}}{\mathrm{d}z}\right|-1\right)}}$$

anschreiben. Unter der Voraussetzung einer linearen Beziehung zwischen Dehnung und Kraft lautet diese Ungleichung

$$\sqrt{\frac{\left|\frac{\mathrm{d}\boldsymbol{w}_\mathrm{r}}{\mathrm{d}z}\right|}{\left|\frac{\mathrm{d}\boldsymbol{w}_\mathrm{r}}{\mathrm{d}z}\right|-1}} > 1,$$

die für zulässige Dehnungen $\varepsilon_\mathrm{r} > 0$, d. h. für $\left|\frac{\mathrm{d}\boldsymbol{w}_\mathrm{r}}{\mathrm{d}z}\right| - 1 > 0$, stets erfüllt ist.

Mit (6.53) und unter Berücksichtigung des Zusammenhangs $\lambda_2 = -\lambda_1$ erhält man aus Gl. (5.29) die Beziehungen

$$\Delta T_\mathrm{a} = \Delta T(\boldsymbol{x}_\mathrm{a}) \quad \text{und} \quad \Delta T_\mathrm{e} = \Delta T(\boldsymbol{x}_\mathrm{e})$$

mit

$$\Delta T(\boldsymbol{x}_\mathrm{r}) = \max_{z\in[0,\ell]} \int_0^z \lambda_1(\boldsymbol{x}_\mathrm{r}(\zeta))\, d\zeta.$$

Da der Eigenwert λ_1 für zulässige Argumente positiv ist, hat das Integral auf der rechten Seite dieser Gleichung ein Maximum bei $z = \ell$. Es gilt deshalb

$$\Delta T(\boldsymbol{x}_\mathrm{r}) = \int_0^\ell \lambda_1(\boldsymbol{x}_\mathrm{r}(\zeta))\, d\zeta.$$

Dieser Ausdruck kann weiter vereinfacht werden, indem man λ_1 durch Gl. (6.46) ersetzt und die stationäre Lösung (3.55) ausnutzt. Somit erhält man

$$\Delta T(\boldsymbol{x}_\mathrm{r}) = \int_0^\ell \sqrt{\frac{\rho\left|\frac{\mathrm{d}\boldsymbol{w}_\mathrm{r}}{\mathrm{d}z}(\zeta)\right|}{N\left(\left|\frac{\mathrm{d}\boldsymbol{w}_\mathrm{r}}{\mathrm{d}z}(\zeta)\right|-1\right)}}\,\mathrm{d}\zeta = \sqrt{\frac{\rho}{gEA}}\int_0^\ell \sqrt{\frac{(\rho\zeta+m_L)g+EA}{\rho\zeta+m_L}}\,\mathrm{d}\zeta.$$

Für das Integral auf der rechten Seite dieser Gleichung existiert ein geschlossener Ausdruck, mit dessen Hilfe man

$$\Delta T(\boldsymbol{x}_\mathrm{r}) = \frac{\sqrt{((\rho\ell+m_L)g+EA)(\rho\ell+m_L)} - \sqrt{(m_Lg+EA)m_L}}{\sqrt{\rho gEA}} + \frac{1}{g}\sqrt{\frac{EA}{\rho}}\ln\left(\frac{\sqrt{(m_L+\rho\ell)g}+\sqrt{(m_L+\rho\ell)g+EA}}{\sqrt{m_Lg}+\sqrt{m_Lg+EA}}\right) \tag{6.54}$$

erhält (siehe [69, S. 43]). Es wird deutlich, dass die Funktion ΔT und damit ΔT_a sowie ΔT_e nicht von den gewählten Ruhelagen, sondern nur von den Systemparametern abhängen.

Mit den so berechneten Parametern ist nach Satz 5.1 eine zur Realisierung der Steuerungsaufgabe geeignete Trajektorie des flachen Ausgangs durch (5.30) auf den Intervallen $(-\infty, t_\mathrm{a} + \Delta T_\mathrm{a}]$ und $[t_\mathrm{e} - \Delta T_\mathrm{e}, \infty)$ festgelegt. Die Werte, die der flache Ausgang dort annimmt, folgen aus den Ruhelagen zwischen denen der Übergang realisiert werden soll und lauten $\boldsymbol{y}_\mathrm{a} = \boldsymbol{w}_\mathrm{a}(0)$ sowie $\boldsymbol{y}_\mathrm{e} = \boldsymbol{w}_\mathrm{e}(0)$. Um den in Satz 5.1 formulierten Voraussetzungen zu genügen, muss die Trajektorie des flachen Ausgangs so geplant werden, dass die dadurch parametrierten Randwerte $\boldsymbol{x}(0, \cdot)$ (Lipschitz-)stetig differenzierbar sind. Aus den Parametrierungen dieser Randwerte (6.43) und (6.45) folgt, dass dazu die Trajektorie $t \mapsto \boldsymbol{y}(t)$ dreimal stetig differenzierbar sein muss. Da jedoch im vorangegangenen Abschnitt gezeigt wurde, dass sich die Modellgleichungen nur mit Hilfe einer zusätzlichen Zeitableitung in Diagonalform anschreiben lassen, müssen die Randwerte sogar viermal stetig differenzierbar gewählt werden (siehe Abschnitt 5.1.3). Zur Planung einer derartigen Trajektorie kann beispielsweise ein polynomialer Ansatz gewählt werden. Mit $\varphi_4(\tau) = (126 - 420\tau + 540\tau^2 - 315\tau^3 + 70\tau^4)\tau^5$ erhält man so (siehe Anhang A.1):

$$\boldsymbol{y}(t) = \begin{cases} \boldsymbol{y}_\mathrm{a}, & \text{für } t \leq t_\mathrm{a} + \Delta T_\mathrm{a} \\ \boldsymbol{y}_\mathrm{a} + (\boldsymbol{y}_\mathrm{e} - \boldsymbol{y}_\mathrm{a})\varphi_4\left(\frac{t - t_\mathrm{a} - \Delta T_\mathrm{a}}{t_\mathrm{e} - t_\mathrm{a} - \Delta T_\mathrm{a} - \Delta T_\mathrm{e}}\right), & \text{für } t \in (t_\mathrm{a} + \Delta T_\mathrm{a}, t_\mathrm{e} - \Delta T_\mathrm{e}) \\ \boldsymbol{y}_\mathrm{e}, & \text{für } t \geq t_\mathrm{e} - \Delta T_\mathrm{e} \end{cases} . \tag{6.55}$$

6.3.4 Simulationsergebnisse

Zur Verifizierung der entworfenen Steuerung wurde das durch die Modellgleichungen (6.32), die zugehörigen Randbedingungen (6.33) sowie die Anfangswerte $\boldsymbol{w}(z, 0) = \boldsymbol{w}_\mathrm{a}(z)$ und $\frac{\partial \boldsymbol{w}}{\partial t}(z, 0) = \boldsymbol{0}$ gegebene Anfangs-Randwertproblem simuliert. Dazu wurde die Linienmethode verwendet, bei der die auftretenden Ortsableitungen durch finite Differenzen ersetzt und das resultierende System gewöhnlicher Differentialgleichungen bezüglich der Zeit mit Hilfe numerischer Integrationsverfahren gelöst werden (siehe [93, S. 775]). Zur Anwendung dieses Verfahrens ist es notwendig, zunächst sämtliche algebraischen Beziehungen zu eliminieren, um tatsächlich ein System gewöhnlicher Differentialgleichungen zu erhalten. Dieser Schritt wurde bereits im Rahmen der Transformation der Modellgleichungen in ein System erster Ordnung in Abschnitt 6.3.2 diskutiert. Auf Basis der dort hergeleiteten Gl. (6.38) wurde die Linienmethode implementiert.

Das Ziel des Steuerungsentwurfs bestand darin, einen Übergang des Seils zwischen den durch die Randwerte

$$\boldsymbol{w}_\mathrm{a}(0) = \begin{pmatrix} 0 \\ 0 \\ 0 \end{pmatrix} \quad \text{und} \quad \boldsymbol{w}_\mathrm{e}(0) = \begin{pmatrix} 10 \\ 0 \\ 5 \end{pmatrix}$$

gegebenen stationären Regimes im Intervall $t \in [0, 15]$ zu realisieren. Für die Simulation wurde $\ell = 20$, $\rho = 15$, $m_W = 4$, $m_L = 5$ und $g = 9{,}81$ gewählt. Zur Berücksichtigung der Elastizität des Seils wurde eine lineare Beziehung zwischen Seilkraft und Dehnung gemäß Gl. (3.48) mit $EA = 2000$ verwendet. Die mit Hilfe des flachheitsbasierten Steuerungsentwurfs geplante Trajektorie der Stellgröße ist neben der zur Parametrierung verwendeten Trajektorie des flachen Ausgangs in Abb. 6.9 dargestellt. Dabei wurden nur die Komponenten in $\boldsymbol{e}_1$- und $\boldsymbol{e}_3$-Richtung berücksichtigt, da sich das Seil für das untersuchte Problem nur in der Ebene $z_2 = 0$ bewegt, weshalb sowohl $w_2 = 0$ als auch $F_2 = 0$ gelten.

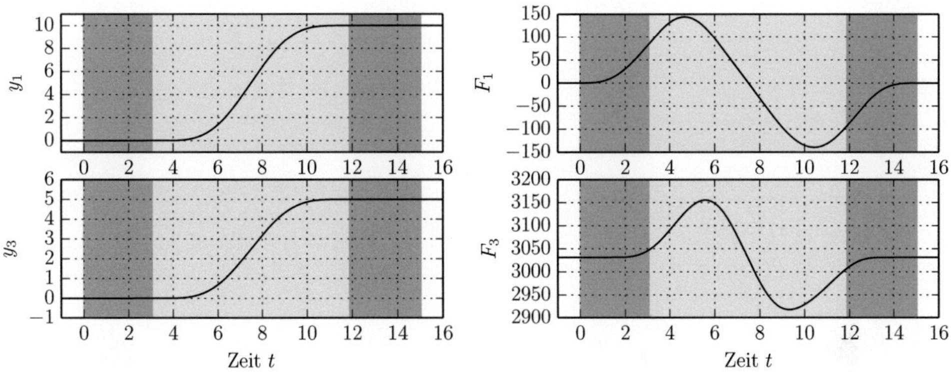

Abbildung 6.9 – Trajektorien der Komponenten des flachen Ausgangs $\boldsymbol{y}$ und der Stellgröße $\boldsymbol{F}$ des schweren, elastischen Seils in $\boldsymbol{e}_1$- und $\boldsymbol{e}_3$-Richtung

Die Ergebnisse der Simulation an verschiedenen Zeitpunkten sind in Abb. 6.10 enthalten und zeigen, dass die gestellte Steuerungsaufgabe gelöst wurde.

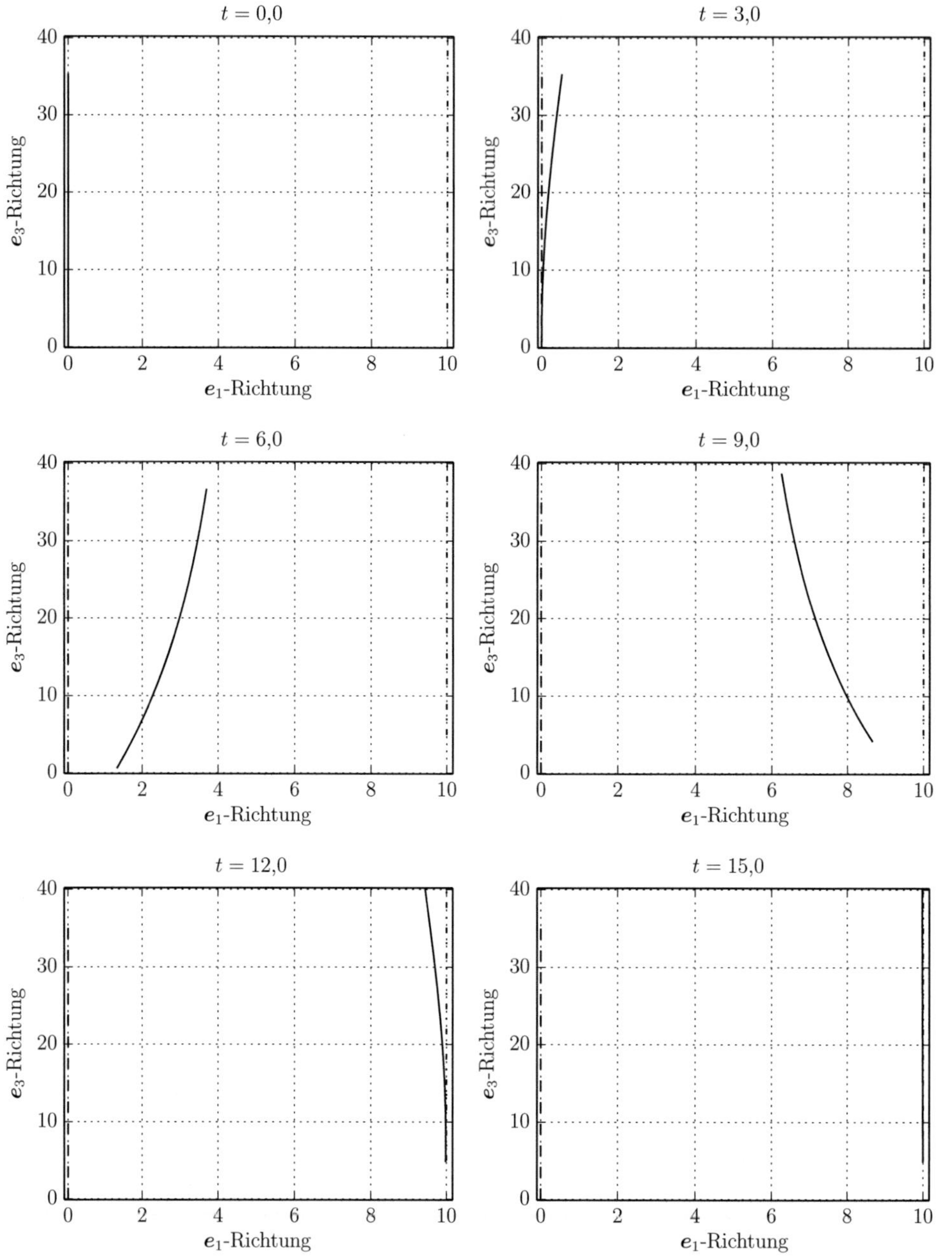

Abbildung 6.10 – Auslenkung des Seils an verschiedenen Zeitpunkten des Übergangs (durchgezogene Linien), Ausgangsruhelage (gestrichelte Linien), Zielruhelage (strich-punktierte Linien)

6.4 Steuerungsentwurf für das schwere, inelastische Seil

Mit Hilfe des im Abschnitt 3.4 hergeleiteten Modells soll eine Steuerung für ein schweres, inelastisches Seil entworfen werden. Das System wird dabei durch die Gln. (3.42), (3.45) und (3.50) beschrieben. Diese lauten zusammengefasst

$$\rho\left(\frac{\partial^2 \boldsymbol{w}}{\partial t^2}(z,t) - \boldsymbol{g}\right) = \frac{\partial \boldsymbol{\tau}}{\partial z}(z,t), \tag{6.56a}$$

$$\frac{\partial \boldsymbol{w}}{\partial z}(z,t) = \boldsymbol{\eta}(z,t), \tag{6.56b}$$

$$\boldsymbol{\tau}(z,t) = \tau(z,t)\boldsymbol{\eta}(z,t), \tag{6.56c}$$

wobei ρ die Liniendichte, $\boldsymbol{w}$ die Auslenkung des Seils, $\boldsymbol{g}$ die Erdbeschleunigung, $\boldsymbol{\eta}$ den Tangentialeinheitsvektor an das Seil und $\boldsymbol{\tau}$ bzw. τ die Seilkraft und deren Betrag bezeichnen. Als Randbedingungen erhält man nach (3.51) die beiden Beziehungen

$$m_L\left(\frac{\partial^2 \boldsymbol{w}}{\partial t^2}(0,t) - \boldsymbol{g}\right) - \boldsymbol{\tau}(0,t) = \boldsymbol{0} \quad \text{und} \quad m_W\left(\frac{\partial^2 \boldsymbol{w}}{\partial t^2}(\ell,t) - \boldsymbol{g}\right) + \boldsymbol{\tau}(\ell,t) = \boldsymbol{F}(t). \tag{6.57}$$

Das Steuerungsziel besteht darin, einen Übergang zwischen den zwei stationären Regimes $z \mapsto \boldsymbol{w}_\mathrm{a}(z)$ und $z \mapsto \boldsymbol{w}_\mathrm{e}(z)$ im Intervall $t \in [t_\mathrm{a}, t_\mathrm{e}]$ zu realisieren.

Im Folgenden wird zunächst nachgewiesen, dass das obige Modell in die Klasse $\mathcal{K}$ fällt und somit der in Abschnitt 4.3 vorgestellte flachheitsbasierte Zugang zum Steuerungsentwurf angewendet werden kann. Anschließend werden einige Details im Zusammenhang mit der Lösung des Cauchy-Problems und der Trajektorienplanung erläutert.

6.4.1 Anwendbarkeit des flachheitsbasierten Steuerungsentwurfs

Für den Entwurf einer Steuerung mit Hilfe des in Abschnitt 4.3 vorgestellten Zugangs muss überprüft werden, ob das gegebene Modell in die Klasse $\mathcal{K}$ nach Definition 4.2 fällt. Dazu wird zunächst nachgewiesen, dass sich die Modellgleichungen in der Form (4.28) anschreiben lassen. Anschließend wird die Flachheit der Randsysteme im Sinne von Definition 4.2 gezeigt.

Um die Modellgleichungen in die durch Gl (4.28) gegebene Form zu bringen, eliminiert man den Tangentialvektor $\boldsymbol{\eta}$ mit Hilfe der Gl. (6.56c) aus (6.56b) und erhält so

$$\frac{\partial \boldsymbol{w}}{\partial z}(z,t) = \frac{\boldsymbol{\tau}(z,t)}{|\boldsymbol{\tau}(z,t)|}.$$

Diese Gleichung bildet gemeinsam mit (6.56a) und den Randbedingungen (6.57) das gesuchte System in der Form (4.28) mit den Systemgrößen

$$\boldsymbol{x} = \begin{pmatrix} \boldsymbol{w} \\ \boldsymbol{\tau} \end{pmatrix} \quad \text{und} \quad \boldsymbol{u}_\ell = \boldsymbol{F}. \tag{6.58}$$

Für dieses muss nachgewiesen werden, dass die Randsysteme den in Definition 4.2 gemachten Annahmen genügen. Für das Randsystem bei $z = 0$, das die entsprechende Randbedingung (6.57) sowie die Systemgrößen $\boldsymbol{w}(0, \cdot)$ und $\boldsymbol{\tau}(0, \cdot)$ umfasst, wird die Position des freien Endes $\boldsymbol{y}_0 = \boldsymbol{w}(0, \cdot)$ als Kandidat für einen flachen Ausgang gewählt. Dass diese Größe tatsächlich ein geeigneter flacher Ausgang ist, wird deutlich, da die verbleibende Systemgröße $\boldsymbol{\tau}(0, \cdot)$ mit Hilfe der aus (6.57) resultierenden Beziehung

$$\boldsymbol{\tau}(0, t) = m_L \left(\frac{\mathrm{d}^2 \boldsymbol{y}_0}{\mathrm{d}t^2}(t) - \boldsymbol{g} \right)$$

durch $\boldsymbol{y}_0$ parametriert werden kann. Für das Randsystem bei $z = \ell$, das die entsprechende Randbedingung (6.57) sowie die Systemgrößen $\boldsymbol{w}(\ell, \cdot)$, $\boldsymbol{\tau}(\ell, \cdot)$ und $\boldsymbol{F}$ umfasst, wird in Übereinstimmung mit den in Definition 4.2 gemachten Annahmen

$$\boldsymbol{y}_\ell = \begin{pmatrix} \boldsymbol{y}_{\ell,1} \\ \boldsymbol{y}_{\ell,2} \end{pmatrix} = \boldsymbol{x}(\ell, \cdot) = \begin{pmatrix} \boldsymbol{w}(\ell, \cdot) \\ \boldsymbol{\tau}(\ell, \cdot) \end{pmatrix}$$

als Kandidat für einen flachen Ausgang gewählt. Die Eignung dieses flachen Ausgangs wird deutlich, da die verbleibende Systemgröße $\boldsymbol{F}$ mit der aus (6.57) resultierenden Beziehung

$$\boldsymbol{F}(t) = m_W \left(\frac{\mathrm{d}^2 \boldsymbol{y}_{\ell,1}}{\mathrm{d}t^2}(t) - \boldsymbol{g} \right) + \boldsymbol{y}_{\ell,2}(t)$$

aus $\boldsymbol{y}_\ell$ berechnet werden kann.

Es wurde somit gezeigt, dass die Randsysteme flach im Sinne von Definition 4.2 sind und das Modell des schweren elastischen Seils in die Klasse $\mathcal{K}$ fällt, wobei die Position des freien Endes des Seils einen flachen Ausgang des Gesamtsystems darstellt (siehe Gl. (4.31)):

$$\boldsymbol{y} = \boldsymbol{w}(0, \cdot).$$

6.4.2 Stationäre Lösungen

Die stationären Lösungen des schweren, inelastischen Seils ergeben sich laut (6.56) und (6.57) als Lösungen der gewöhnlichen Differentialgleichungen

$$-\rho \boldsymbol{g} = \frac{\mathrm{d}\boldsymbol{\tau}_\mathrm{r}}{\mathrm{d}z}(z) \tag{6.59a}$$

$$\frac{\mathrm{d}\boldsymbol{w}_\mathrm{r}}{\mathrm{d}z}(z) = \boldsymbol{\eta}_\mathrm{r}(z) \tag{6.59b}$$

$$\boldsymbol{\tau}_\mathrm{r}(z) = \tau_\mathrm{r}(z)\boldsymbol{\eta}_\mathrm{r}(z) \tag{6.59c}$$

mit den Anfangsbedingungen

$$-m_L \boldsymbol{g} - \boldsymbol{\tau}_\mathrm{r}(0) = \boldsymbol{0} \quad \text{und} \quad -m_W \boldsymbol{g} + \boldsymbol{\tau}_\mathrm{r}(\ell) = \boldsymbol{F}_\mathrm{r}. \tag{6.60}$$

Als Lösungen erhält man

$$\tau_\mathrm{r}(z) = (m_L + \rho z) g, \quad \boldsymbol{F}_\mathrm{r} = -(m_W + m_L + \rho\ell)\boldsymbol{g} \quad \text{und} \quad \boldsymbol{w}_\mathrm{r}(z) = \boldsymbol{w}_\mathrm{r}(0) + z\boldsymbol{e}_3. \tag{6.61}$$

Die stationären Lösungen entsprechen somit erwartungsgemäß einem senkrecht herabhängenden Seil mit einer beliebigen Lastposition $\boldsymbol{w}_\mathrm{r}(0)$.

6.4.3 Lösung des Cauchy-Problems

In Abschnitt 5.1 wurde die Lösung eines Cauchy-Problems ausgehend von einer Formulierung der Modellgleichungen als System erster Ordnung der Form (5.1) diskutiert. Da das Modell des schweren, inelastischen Seils nicht in dieser Form vorliegt, wird zunächst eine geeignete Transformation diskutiert. Anschließend wird die Überführung des daraus resultierenden Systems erster Ordnung in Diagonalform (5.14) diskutiert, die im Zuge der Lösung des Cauchy-Problems benötigt wird.

Transformation auf ein System erster Ordnung

Zur Transformation der Modellgleichungen in ein System erster Ordnung bietet es sich an, zunächst die Auslenkung $\boldsymbol{w}$ zu eliminieren. Dazu leitet man Gl. (6.56a) einmal nach dem Ort z und Gl. (6.56b) zweimal nach der Zeit t ab, wodurch man die beiden Ausdrücke

$$\rho \frac{\partial^3 \boldsymbol{w}}{\partial z \partial^2 t}(z,t) = \frac{\partial^2 \boldsymbol{\tau}}{\partial z^2}(z,t) \quad \text{und} \quad \frac{\partial^3 \boldsymbol{w}}{\partial z \partial^2 t}(z,t) = \frac{\partial^2 \boldsymbol{\eta}}{\partial t^2}(z,t)$$

erhält. Aus diesen beiden Beziehungen folgt unmittelbar

$$\rho \frac{\partial^2 \boldsymbol{\eta}}{\partial t^2}(z,t) = \frac{\partial^2 \boldsymbol{\tau}}{\partial z^2}(z,t).$$

Im nächsten Schritt wird aus dieser Gleichung mit Hilfe von (6.56c) die Seilkraft $\boldsymbol{\tau}$ eliminiert. Dies führt auf[6]

$$\rho \frac{\partial^2 \boldsymbol{\eta}}{\partial t^2} = \frac{\partial^2 \tau}{\partial z^2}\boldsymbol{\eta} + 2\frac{\partial \tau}{\partial z}\frac{\partial \boldsymbol{\eta}}{\partial z} + \tau \frac{\partial^2 \boldsymbol{\eta}}{\partial z^2}. \tag{6.62}$$

Für die weiteren Umformungen ist es notwendig den Tangentialeinheitsvektor $\boldsymbol{\eta}$ durch zwei Winkel ϑ und φ zu parametrieren. Von den zahlreichen Möglichkeiten hat sich

$$\boldsymbol{\eta} = \sin(\vartheta)\boldsymbol{e}_1 - \sin(\varphi)\cos(\vartheta)\boldsymbol{e}_2 + \cos(\varphi)\cos(\vartheta)\boldsymbol{e}_3 \tag{6.63}$$

[6] Zugunsten einer besseren Übersichtlichkeit werden die Argumente im Folgenden weggelassen.

als günstig erwiesen. Mit Hilfe dieser Parametrierung erhält man für die Ableitungen von $\boldsymbol{\eta}$ die Beziehungen

$$
\begin{aligned}
\frac{\partial \boldsymbol{\eta}}{\partial t} &= \frac{\partial \vartheta}{\partial t}\boldsymbol{\eta}_\vartheta + \frac{\partial \varphi}{\partial t}\boldsymbol{\eta}_\varphi, \\
\frac{\partial \boldsymbol{\eta}}{\partial z} &= \frac{\partial \vartheta}{\partial z}\boldsymbol{\eta}_\vartheta + \frac{\partial \varphi}{\partial z}\boldsymbol{\eta}_\varphi, \\
\frac{\partial^2 \boldsymbol{\eta}}{\partial t^2} &= \frac{\partial^2 \vartheta}{\partial t^2}\boldsymbol{\eta}_\vartheta + \frac{\partial^2 \varphi}{\partial t^2}\boldsymbol{\eta}_\varphi + \left[\frac{\partial \vartheta}{\partial t}\right]^2 \boldsymbol{\eta}_{\vartheta\vartheta} + 2\frac{\partial \vartheta}{\partial t}\frac{\partial \varphi}{\partial t}\boldsymbol{\eta}_{\vartheta\varphi} + \left[\frac{\partial \varphi}{\partial t}\right]^2 \boldsymbol{\eta}_{\varphi\varphi}, \\
\frac{\partial^2 \boldsymbol{\eta}}{\partial z^2} &= \frac{\partial^2 \vartheta}{\partial z^2}\boldsymbol{\eta}_\vartheta + \frac{\partial^2 \varphi}{\partial z^2}\boldsymbol{\eta}_\varphi + \left[\frac{\partial \vartheta}{\partial z}\right]^2 \boldsymbol{\eta}_{\vartheta\vartheta} + 2\frac{\partial \vartheta}{\partial z}\frac{\partial \varphi}{\partial z}\boldsymbol{\eta}_{\vartheta\varphi} + \left[\frac{\partial \varphi}{\partial z}\right]^2 \boldsymbol{\eta}_{\varphi\varphi},
\end{aligned}
$$

wobei die partiellen Ableitungen von $\boldsymbol{\eta}$ bezüglich der Parameter ϑ und φ durch Indizes gekennzeichnet werden. Mit diesen Ausdrücken lautet (6.62)

$$
\begin{aligned}
&\left(\tau\left[\frac{\partial \vartheta}{\partial z}\right]^2 - \rho\left[\frac{\partial \vartheta}{\partial t}\right]^2\right)\boldsymbol{\eta}_{\vartheta\vartheta} + 2\left(\tau\frac{\partial \vartheta}{\partial z}\frac{\partial \varphi}{\partial z} - \rho\frac{\partial \vartheta}{\partial t}\frac{\partial \varphi}{\partial t}\right)\boldsymbol{\eta}_{\vartheta\varphi} + \left(\tau\left[\frac{\partial \varphi}{\partial z}\right]^2 - \rho\left[\frac{\partial \varphi}{\partial t}\right]^2\right)\boldsymbol{\eta}_{\varphi\varphi} + \\
&\quad \frac{\partial^2 \tau}{\partial z^2}\boldsymbol{\eta} + \left(2\frac{\partial \tau}{\partial z}\frac{\partial \vartheta}{\partial z} + \tau\frac{\partial^2 \vartheta}{\partial z^2} - \rho\frac{\partial^2 \vartheta}{\partial t^2}\right)\boldsymbol{\eta}_\vartheta + \left(2\frac{\partial \tau}{\partial z}\frac{\partial \varphi}{\partial z} + \tau\frac{\partial^2 \varphi}{\partial z^2} - \rho\frac{\partial^2 \varphi}{\partial t^2}\right)\boldsymbol{\eta}_\varphi = \mathbf{0}.
\end{aligned}
$$

Diese Gleichung kann durch Skalarmultiplikation mit den drei orthogonalen Vektoren $\boldsymbol{\eta}$, $\boldsymbol{\eta}_\vartheta$ und $\boldsymbol{\eta}_\varphi$ zerlegt werden, wobei die dazu benötigten Produkte in Tabelle 6.1 aufgeführt sind. Man erhält so die drei skalaren Gleichungen

$$
\frac{\partial^2 \vartheta}{\partial z^2} - \frac{\rho}{\tau}\frac{\partial^2 \vartheta}{\partial t^2} = r_\vartheta\left(\vartheta, \tau, \frac{\partial \vartheta}{\partial z}, \frac{\partial \varphi}{\partial z}, \frac{\partial \tau}{\partial z}, \frac{\partial \varphi}{\partial t}\right), \tag{6.64a}
$$

$$
\frac{\partial^2 \varphi}{\partial z^2} - \frac{\rho}{\tau}\frac{\partial^2 \varphi}{\partial t^2} = r_\varphi\left(\vartheta, \tau, \frac{\partial \vartheta}{\partial z}, \frac{\partial \varphi}{\partial z}, \frac{\partial \tau}{\partial z}, \frac{\partial \vartheta}{\partial t}, \frac{\partial \varphi}{\partial t}\right), \tag{6.64b}
$$

$$
\frac{\partial^2 \tau}{\partial z^2} = r_\tau\left(\vartheta, \tau, \frac{\partial \vartheta}{\partial z}, \frac{\partial \varphi}{\partial z}, \frac{\partial \vartheta}{\partial t}, \frac{\partial \varphi}{\partial t}\right), \tag{6.64c}
$$

deren rechte Seiten durch[7]

$$
\begin{aligned}
r_\vartheta &= -\frac{2}{\tau}\frac{\partial \tau}{\partial z}\frac{\partial \vartheta}{\partial z} - \sin(\vartheta)\cos(\vartheta)\left(\left[\frac{\partial \varphi}{\partial z}\right]^2 - \frac{\rho}{\tau}\left[\frac{\partial \varphi}{\partial t}\right]^2\right), \\
r_\varphi &= -\frac{2}{\tau}\frac{\partial \tau}{\partial z}\frac{\partial \varphi}{\partial z} + 2\tan(\vartheta)\left(\frac{\partial \vartheta}{\partial z}\frac{\partial \varphi}{\partial z} - \frac{\rho}{\tau}\frac{\partial \vartheta}{\partial t}\frac{\partial \varphi}{\partial t}\right)
\end{aligned}
$$

und

$$
r_\tau = \tau\left[\frac{\partial \vartheta}{\partial z}\right]^2 - \rho\left[\frac{\partial \vartheta}{\partial t}\right]^2 + (\cos(\vartheta))^2\left(\tau\left[\frac{\partial \varphi}{\partial z}\right]^2 - \rho\left[\frac{\partial \varphi}{\partial t}\right]^2\right)
$$

[7] Auf die Angabe der Argumente wird zugunsten der Übersichtlichkeit verzichtet.

gegeben sind.

Tabelle 6.1 – Skalarprodukte zwischen den partiellen Ableitungen des Vektors $\boldsymbol{\eta}$

	$\boldsymbol{\eta}$	$\boldsymbol{\eta}_\vartheta$	$\boldsymbol{\eta}_\varphi$	$\boldsymbol{\eta}_{\vartheta\vartheta}$	$\boldsymbol{\eta}_{\vartheta\varphi}$	$\boldsymbol{\eta}_{\varphi\varphi}$
$\boldsymbol{\eta}$	1	0	0	-1	0	$-(\cos(\vartheta))^2$
$\boldsymbol{\eta}_\vartheta$	0	1	0	0	0	$\sin(\vartheta)\cos(\vartheta)$
$\boldsymbol{\eta}_\varphi$	0	0	$(\cos(\vartheta))^2$	0	$-\sin(\vartheta)\cos(\vartheta)$	0

Es ist offensichtlich, dass (6.64a) und (6.64b) als inhomogene Wellengleichungen für die Winkel ϑ und φ interpretiert werden können, während Gl. (6.64c) einer gewöhnlichen Differentialgleichung zweiter Ordnung für den Betrag τ der Seilkraft entspricht. Mit Hilfe der neuen Koordinaten

$$x_1 = \frac{\partial\vartheta}{\partial z} + \alpha\frac{\partial\vartheta}{\partial t}, \qquad x_2 = \frac{\partial\vartheta}{\partial z} - \alpha\frac{\partial\vartheta}{\partial t}, \tag{6.65a}$$

$$x_3 = \frac{\partial\varphi}{\partial z} + \alpha\frac{\partial\varphi}{\partial t}, \qquad x_4 = \frac{\partial\varphi}{\partial z} - \alpha\frac{\partial\varphi}{\partial t}, \tag{6.65b}$$

$$x_5 = \tau, \qquad x_6 = \frac{\partial\tau}{\partial z}, \tag{6.65c}$$

können die Gln. (6.64) als System erster Ordnung angeschrieben werden, wobei zur Abkürzung die Funktion

$$\alpha(\tau) = \sqrt{\frac{\rho}{\tau}}$$

eingeführt wurde. Man erhält somit die Gleichungen

$$\frac{\partial x_1}{\partial z} - \alpha\frac{\partial x_1}{\partial t} + \left(x_6 - \alpha\frac{\partial x_5}{\partial t}\right)\frac{x_1 - x_2}{4x_5} = r_\vartheta, \tag{6.66a}$$

$$\frac{\partial x_2}{\partial z} + \alpha\frac{\partial x_2}{\partial t} - \left(x_6 + \alpha\frac{\partial x_5}{\partial t}\right)\frac{x_1 - x_2}{4x_5} = r_\vartheta, \tag{6.66b}$$

$$\frac{\partial x_3}{\partial z} - \alpha\frac{\partial x_3}{\partial t} + \left(x_6 - \alpha\frac{\partial x_5}{\partial t}\right)\frac{x_3 - x_4}{4x_5} = r_\varphi, \tag{6.66c}$$

$$\frac{\partial x_4}{\partial z} + \alpha\frac{\partial x_4}{\partial t} - \left(x_6 + \alpha\frac{\partial x_5}{\partial t}\right)\frac{x_3 - x_4}{4x_5} = r_\varphi, \tag{6.66d}$$

sowie

$$\frac{\partial x_5}{\partial z} = x_6 \quad \text{und} \quad \frac{\partial x_6}{\partial z} = r_\tau. \tag{6.66e}$$

Diese bilden gemeinsam mit den definitorischen Beziehungen

$$\frac{\partial\vartheta}{\partial z} = \frac{x_1 + x_2}{2} \quad \text{und} \quad \frac{\partial\varphi}{\partial z} = \frac{x_3 + x_4}{2} \tag{6.67}$$

sowie (6.56b) das gesuchte System erster Ordnung in der Form (5.1) mit den Systemgrößen $\boldsymbol{w}$, ϑ, φ und x_i mit $i = 1, \ldots, 6$. Die zugehörigen Randbedingungen in der Form (4.28b) bzw. (4.28c) folgen zum einen aus (6.57), indem man die Seilspannung $\boldsymbol{\tau}$ mit Hilfe der Beziehung (6.56c) durch x_5 sowie ϑ und φ ersetzt. Zum anderen ist es erforderlich definitorische Randbedingungen einzuführen, um zu gewährleisten, dass die neue Formulierung der Modellgleichungen als System erster Ordnung äquivalent zur ursprünglichen ist. Dazu wird

$$\frac{\partial \vartheta}{\partial t}(0,t) = \frac{x_1(0,t) - x_2(0,t)}{2\alpha(x_5(0,t))}, \tag{6.68a}$$

$$\frac{\partial \varphi}{\partial t}(0,t) = \frac{x_3(0,t) - x_4(0,t)}{2\alpha(x_5(0,t))} \tag{6.68b}$$

und

$$\rho\left(\frac{\partial^2 \boldsymbol{w}}{\partial t^2}(0,t) - \boldsymbol{g}\right) = \frac{\partial \boldsymbol{\tau}}{\partial z}(0,t) \tag{6.68c}$$

gewählt[8], wobei die Ableitung der Seilkraft mit Hilfe der neuen Koordinaten ausgedrückt werden kann:

$$\frac{\partial \boldsymbol{\tau}}{\partial z} = x_6 \boldsymbol{\eta} + x_5\left(\frac{x_1 + x_2}{2}\boldsymbol{\eta}_\vartheta + \frac{x_3 + x_4}{2}\boldsymbol{\eta}_\vartheta\right).$$

Zur Anwendung des in Abschnitt 4.3 vorgestellten flachheitsbasierten Steuerungsentwurfs ist es notwendig, die Randwerte der Systemgrößen bei $z = 0$ aus einer gegebenen Trajektorie $t \mapsto \boldsymbol{y}_0(t) = \boldsymbol{w}(0,t)$ des flachen Ausgangs zu berechnen (siehe Gl. (4.29a)). Für die Systemgrößen $\boldsymbol{w}$ und $\boldsymbol{\tau}$ wurden die entsprechenden Beziehungen bereits im Zuge des Nachweises der Flachheit der Randsysteme in Abschnitt 6.4.1 hergeleitet. Im Folgenden wird die Berechnung der neu eingeführten Systemgrößen ϑ, φ und x_i mit $i = 1, \ldots, 6$ diskutiert.

Zur Berechnung der Randwerte der beiden Winkel ϑ und φ sowie des Betrags τ der Seilkraft folgt aus der entsprechenden Randbedingung (6.57) bei $z = 0$ die Beziehung

$$m_L\left(\frac{\mathrm{d}^2 \boldsymbol{y}_0}{\mathrm{d}t^2}(t) - \boldsymbol{g}\right) = \tau(0,t)\boldsymbol{\eta}(0,t).$$

Diese Gleichung führt unmittelbar auf

$$\tau(0,t) = m_L\left|\frac{\mathrm{d}^2 \boldsymbol{y}_0}{\mathrm{d}t^2}(t) - \boldsymbol{g}\right| \quad \text{und} \quad \boldsymbol{\eta}(0,t) = \frac{\frac{\mathrm{d}^2 \boldsymbol{y}_0}{\mathrm{d}t^2}(t) - \boldsymbol{g}}{\left|\frac{\mathrm{d}^2 \boldsymbol{y}_0}{\mathrm{d}t^2}(t) - \boldsymbol{g}\right|}. \tag{6.69a}$$

Aus dem so berechneten Tangentialvektor $\boldsymbol{\eta}(0,t)$ erhält man mit Hilfe der gewählten

[8] Alternativ hätten die Randbedingungen auch an der Stelle $z = \ell$ gestellt werden können. Das dadurch resultierende System erster Ordnung würde allerdings nicht in die Modellklasse $\mathcal{K}$ fallen (siehe Bemerkung 4.1).

Parametrierung (6.63) die gesuchten Winkel

$$\vartheta(0,t) = \arcsin\left(\frac{\frac{\mathrm{d}^2 y_{0,1}}{\mathrm{d}t^2}(t)}{\left|\frac{\mathrm{d}^2 \boldsymbol{y}_0}{\mathrm{d}t^2}(t) - \boldsymbol{g}\right|}\right) \quad \text{und} \quad \varphi(0,t) = -\arctan\left(\frac{\frac{\mathrm{d}^2 y_{0,3}}{\mathrm{d}t^2}(t) + g}{\frac{\mathrm{d}^2 y_{0,2}}{\mathrm{d}t^2}(t)}\right). \tag{6.69b}$$

Diese beiden Ausdrücke können auch zur Berechnung der Zeitableitungen der beiden Winkel verwendet werden, zur Berechnung der Systemgrößen x_i werden nach (6.65) jedoch zusätzlich auch deren Ortsableitungen sowie jene von τ benötigt. Dazu setzt man Gl. (6.56c) in die Randbedingung (6.68c) ein und erhält so

$$\rho\left(\frac{\mathrm{d}^2 \boldsymbol{y}_0}{\mathrm{d}t^2}(t) - \boldsymbol{g}\right) = \frac{\partial \tau}{\partial z}(0,t)\boldsymbol{\eta}(0,t) + \tau(0,t)\left(\frac{\partial \vartheta}{\partial z}(0,t)\boldsymbol{\eta}_\vartheta(0,t) + \frac{\partial \varphi}{\partial z}(0,t)\boldsymbol{\eta}_\varphi(0,t)\right).$$

Durch Skalarmultiplikation dieses Ausdrucks mit den Vektoren $\boldsymbol{\eta}$, $\boldsymbol{\eta}_\vartheta$ und $\boldsymbol{\eta}_\varphi$ folgen die drei Gleichungen

$$\begin{aligned}
\frac{\partial \tau}{\partial z}(0,t) &= \rho\left\langle \frac{\mathrm{d}^2 \boldsymbol{y}_0}{\mathrm{d}t^2}(t) - \boldsymbol{g}, \boldsymbol{\eta}(0,t)\right\rangle, \\
\tau(0,t)\frac{\partial \vartheta}{\partial z}(0,t) &= \rho\left\langle \frac{\mathrm{d}^2 \boldsymbol{y}_0}{\mathrm{d}t^2}(t) - \boldsymbol{g}, \boldsymbol{\eta}_\vartheta(0,t)\right\rangle, \\
\tau(0,t)\frac{\partial \varphi}{\partial z}(0,t) &= \rho\left\langle \frac{\mathrm{d}^2 \boldsymbol{y}_0}{\mathrm{d}t^2}(t) - \boldsymbol{g}, \boldsymbol{\eta}_\varphi(0,t)\right\rangle.
\end{aligned}$$

Diese können weiter vereinfacht werden, indem man ausnutzt, dass laut (6.69a) die Vektoren $\boldsymbol{\eta}(0,t)$ und $\frac{\mathrm{d}^2 \boldsymbol{y}_0}{\mathrm{d}t^2}(t) - \boldsymbol{g}$ kollinear sind. Daraus resultiert

$$\frac{\partial \tau}{\partial z}(0,t) = \rho\left|\frac{\mathrm{d}^2 \boldsymbol{y}_0}{\mathrm{d}t^2}(t) - \boldsymbol{g}\right| \tag{6.69c}$$

sowie

$$\frac{\partial \vartheta}{\partial z}(0,t) = \frac{\partial \varphi}{\partial z}(0,t) = 0. \tag{6.69d}$$

Es wurde somit gezeigt, wie sich die Randwerte der Systemgrößen aus der Trajektorie des flachen Ausgangs berechnen lassen.

Transformation auf Diagonalform

Die Herleitung der Transformation des im vorangegangenen Abschnitt hergeleiteten Systems erster Ordnung auf Diagonalform kann etwas übersichtlicher dargestellt werden, indem man ausnutzt, dass die Gln. (6.56b) und (6.67) gewöhnlichen Differentialgleichungen entsprechen und damit bereits in der gewünschten Form vorliegen. Es wird deshalb im Folgenden nur die Transformation des Gleichungssystems (6.66) auf Diagonalform diskutiert. Dieses kann mit Hilfe des Systemgrößenvektors $\boldsymbol{x} = (x_1 \ \cdots \ x_6)^T$ in der

Matrixform

$$\frac{\partial \boldsymbol{x}}{\partial z}(z,t) + B(\boldsymbol{x}(z,t))\frac{\partial \boldsymbol{x}}{\partial t}(z,t) = \boldsymbol{r}(\boldsymbol{x}(z,t),\vartheta(z,t))$$

mit

$$B(\boldsymbol{x}) = \begin{pmatrix} -\alpha & 0 & 0 & 0 & \alpha\frac{x_2-x_1}{4x_5} & 0 \\ 0 & \alpha & 0 & 0 & \alpha\frac{x_2-x_1}{4x_5} & 0 \\ 0 & 0 & -\alpha & 0 & \alpha\frac{x_4-x_3}{4x_5} & 0 \\ 0 & 0 & 0 & \alpha & \alpha\frac{x_4-x_3}{4x_5} & 0 \\ 0 & 0 & 0 & 0 & 0 & 0 \\ 0 & 0 & 0 & 0 & 0 & 0 \end{pmatrix} \quad \text{und} \quad \boldsymbol{r}(\boldsymbol{x},\vartheta) = \begin{pmatrix} r_\vartheta(\boldsymbol{x},\vartheta) - x_6\frac{x_1-x_2}{4x_5} \\ r_\vartheta(\boldsymbol{x},\vartheta) + x_6\frac{x_1-x_2}{4x_5} \\ r_\varphi(\boldsymbol{x},\vartheta) - x_6\frac{x_3-x_4}{4x_5} \\ r_\varphi(\boldsymbol{x},\vartheta) + x_6\frac{x_3-x_4}{4x_5} \\ x_6 \\ r_\tau(\boldsymbol{x},\vartheta) \end{pmatrix}$$

angeschrieben werden. Zur Diagonalisierung mit Hilfe der in Abschnitt 5.1.3 diskutierten Methoden werden die Eigenwerte und -vektoren der Matrix $B(\boldsymbol{x})$ benötigt. Aufgrund der Dreiecksstruktur können erstere unmittelbar abgelesen werden. Sie lauten

$$\lambda_1 = \alpha, \quad \lambda_2 = -\alpha, \quad \lambda_3 = 0 \tag{6.70}$$

und haben jeweils die algebraische Vielfachheit 2. Für die zugehörigen Eigenvektoren erhält man

$$\begin{aligned} \boldsymbol{\gamma}_{1,1}^T &= \begin{pmatrix} 0 & 4x_5 & 0 & 0 & x_2 - x_1 & 0 \end{pmatrix}, & \boldsymbol{\gamma}_{1,2}^T &= \begin{pmatrix} 0 & 0 & 0 & 4x_5 & x_4 - x_3 & 0 \end{pmatrix}, \\ \boldsymbol{\gamma}_{2,1}^T &= \begin{pmatrix} 4x_5 & 0 & 0 & 0 & x_1 - x_2 & 0 \end{pmatrix}, & \boldsymbol{\gamma}_{2,2}^T &= \begin{pmatrix} 0 & 0 & 4x_5 & 0 & x_3 - x_4 & 0 \end{pmatrix}, \\ \boldsymbol{\gamma}_{3,1}^T &= \begin{pmatrix} 0 & 0 & 0 & 0 & 1 & 0 \end{pmatrix}, & \boldsymbol{\gamma}_{3,2}^T &= \begin{pmatrix} 0 & 0 & 0 & 0 & 0 & 1 \end{pmatrix}. \end{aligned}$$

Bemerkung 6.5 (Klassifikation)**.** Dass zu jedem der Eigenwerte mit der algebraischen Vielfachheit 2 jeweils zwei linear unabhängige Eigenvektoren gefunden werden können und die Matrix B somit diagonalisierbar ist, bestätigt die bereits in Abschnitt 3.4 gemachte Aussage, wonach das Modell des schweren, inelastischen Seils hyperbolisch ist.

Mit Hilfe des Satzes von Frobenius (siehe Anhang B) kann gezeigt werden, dass für das vorliegende Modell des schweren, inelastischen Seils kein integrierender Faktor W existiert, so dass WV einer Jacobi-Matrix entspricht. Zur Transformation auf Diagonalform muss daher der in Abschnitt 5.1.3 diskutierte Zugang über eine zusätzliche Ableitung der Systemgleichungen gewählt werden.

6.4.4 Trajektorienplanung

Zur Lösung der Steuerungsaufgabe wird mit Hilfe des Satzes 5.1 eine Trajektorie für den flachen Ausgang geplant. Dazu ist es notwendig, die beiden Parameter ΔT_a und ΔT_e aus den Gln. (5.29) zu berechnen. Zur Auswertung der dabei auftretenden Integrale werden die Eigenwerte der Systemmatrix (6.70) benötigt, für die offensichtlich

$$\min_\kappa \lambda_\kappa = -\alpha \quad \text{und} \quad \max_\kappa \lambda_\kappa = \alpha$$

gilt. Somit erhält man

$$\Delta T_\mathrm{a} = \Delta T_\mathrm{e} = \Delta T$$

mit

$$\Delta T = \max_{z\in[0,\ell]} \int_0^z \alpha_\mathrm{r}(\zeta)\,\mathrm{d}\zeta \quad \text{und} \quad \alpha_\mathrm{r}(z) = \sqrt{\frac{\rho}{\tau_\mathrm{r}(z)}}.$$

Diese Gleichung kann weiter vereinfacht werden, da α_r eine positive Funktion ist. Mit der stationären Lösung (6.61) erhält man somit

$$\Delta T = \int_0^\ell \sqrt{\frac{\rho}{g(m_L+\rho\zeta)}}\,\mathrm{d}\zeta = 2\sqrt{\frac{m_L}{\rho g}}\left(\sqrt{1+\frac{\rho\ell}{m_L}}-1\right).$$

Mit den so berechneten Parametern ist nach Satz 5.1 eine zur Realisierung der Steuerungsaufgabe geeignete Trajektorie des flachen Ausgangs durch (5.30) auf den Intervallen $(-\infty, t_\mathrm{a}+\Delta T_\mathrm{a}]$ und $[t_\mathrm{e}-\Delta T_\mathrm{e}, \infty)$ festgelegt. Die Werte, die der flache Ausgang dort annimmt, folgen aus den Ruhelagen zwischen denen der Übergang realisiert werden soll und lauten $\boldsymbol{y}_\mathrm{a} = \boldsymbol{w}_\mathrm{a}(0)$ sowie $\boldsymbol{y}_\mathrm{e} = \boldsymbol{w}_\mathrm{e}(0)$. Um den in Satz 5.1 formulierten Voraussetzungen zu genügen, muss die Trajektorie des flachen Ausgangs so geplant werden, dass die dadurch parametrierten Randwerte $\boldsymbol{x}(0,\cdot)$ (Lipschitz-)stetig differenzierbar sind. Aus den Parametrierungen dieser Randwerte (6.69) folgt, dass dazu die Trajektorie $t \mapsto \boldsymbol{y}(t)$ viermal stetig differenzierbar sein muss, da zur Berechnung der Randwerte der Zeitableitungen von τ, ϑ und φ die dritte Ableitung des flachen Ausgangs benötigt wird. Da sich die Modellgleichungen nur mit Hilfe einer zusätzlichen Zeitableitung in Diagonalform anschreiben lassen, muss die Trajektorie des flachen Ausgangs sogar fünfmal stetig differenzierbar gewählt werden (siehe Abschnitt 5.1.3). Zur Planung einer derartigen Trajektorie kann beispielsweise ein polynomialer Ansatz gewählt werden. Mit

$$\varphi_5(\tau) = (462 - 1980\tau + 3465\tau^2 - 3080\tau^3 + 1386\tau^4 - 252\tau^5)\tau^6$$

erhält man so (siehe Anhang A.1):

$$\boldsymbol{y}(t) = \begin{cases} \boldsymbol{y}_\mathrm{a}, & \text{für } t \le t_\mathrm{a}+\Delta T_\mathrm{a} \\ \boldsymbol{y}_\mathrm{a} + (\boldsymbol{y}_\mathrm{e}-\boldsymbol{y}_\mathrm{a})\varphi_5\left(\frac{t-t_\mathrm{a}-\Delta T_\mathrm{a}}{t_\mathrm{e}-t_\mathrm{a}-\Delta T_\mathrm{a}-\Delta T_\mathrm{e}}\right), & \text{für } t \in (t_\mathrm{a}+\Delta T_\mathrm{a}, t_\mathrm{e}-\Delta T_\mathrm{e})\,. \\ \boldsymbol{y}_\mathrm{e}, & \text{für } t \ge t_\mathrm{e}-\Delta T_\mathrm{e} \end{cases} \tag{6.71}$$

6.4.5 Simulationsergebnisse

Zur Verifizierung der entworfenen Steuerung wurde das durch die Modellgleichungen (6.56), die zugehörigen Randbedingungen (6.57) sowie die Anfangswerte $\boldsymbol{w}(z,0) = \boldsymbol{w}_\mathrm{a}(z)$ und $\frac{\partial w}{\partial t}(z,0) = \mathbf{0}$ gegebene Anfangs-Randwertproblem simuliert. Im Gegensatz zum Modell des inelastischen, schweren Seils kann dazu die Linienmethode nicht ohne Weiteres herangezogen werden. Dies wird deutlich aus den Gln. (6.64), die man durch Eliminieren der Beziehungen (6.56b) und (6.56c) aus den ursprünglichen Modellgleichungen erhält. Da in diesen Gleichungen keine Ableitungen des Betrags τ der Seilkraft bezüglich der Zeit auftreten, würde das Ersetzen der partiellen Ableitungen bezüglich des Ortes durch finite Differenzen auf ein System gewöhnlicher Differentialgleichungen führen, das die zeitliche Entwicklung der Seilkraft nicht erfasst. Es wird stattdessen ein implizites Verfahren verwendet, das auf der Approximation sämtlicher Ableitungen, also auch jener bezüglich der Zeit, durch finite Differenzen basiert. Die Grundideen dieses Verfahrens werden im Anhang C erläutert.

Das Ziel des Steuerungsentwurfs bestand darin, einen Übergang des Seils zwischen den durch die Randwerte

$$\boldsymbol{w}_{\mathrm{a}}(0) = \begin{pmatrix} 0 \\ 0 \\ 0 \end{pmatrix} \quad \text{und} \quad \boldsymbol{w}_{\mathrm{e}}(0) = \begin{pmatrix} 10 \\ 0 \\ 5 \end{pmatrix}$$

gegebenen stationären Regimes im Intervall $t \in [0, 15]$ zu realisieren. Für die Simulation wurde $\ell = 20$, $\rho = 15$, $m_W = 4$, $m_L = 5$ und $g = 9{,}81$ gewählt. Die mit Hilfe des flachheitsbasierten Steuerungsentwurfs geplante Trajektorie der Stellgröße ist neben der zur Parametrierung verwendeten Trajektorie des flachen Ausgangs in Abb. 6.11 dargestellt. Dabei wurden nur die Komponenten in $\boldsymbol{e}_1$- und $\boldsymbol{e}_3$-Richtung berücksichtigt, da sich das Seil für das untersuchte Problem nur in der Ebene $z_2 = 0$ bewegt, weshalb sowohl $w_2 = 0$ als auch $F_2 = 0$ gelten.

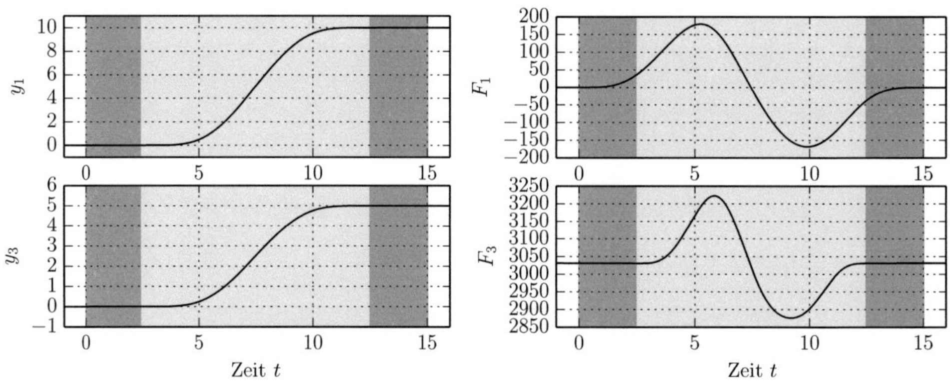

Abbildung 6.11 – Trajektorien der Komponenten des flachen Ausgangs $\boldsymbol{y}$ und der Stellgröße $\boldsymbol{F}$ des schweren, inelastischen Seils in $\boldsymbol{e}_1$- und $\boldsymbol{e}_3$-Richtung

Die Ergebnisse der Simulation an verschiedenen Zeitpunkten sind in Abb. 6.12 enthalten und zeigen, dass die gestellte Steuerungsaufgabe gelöst wurde.

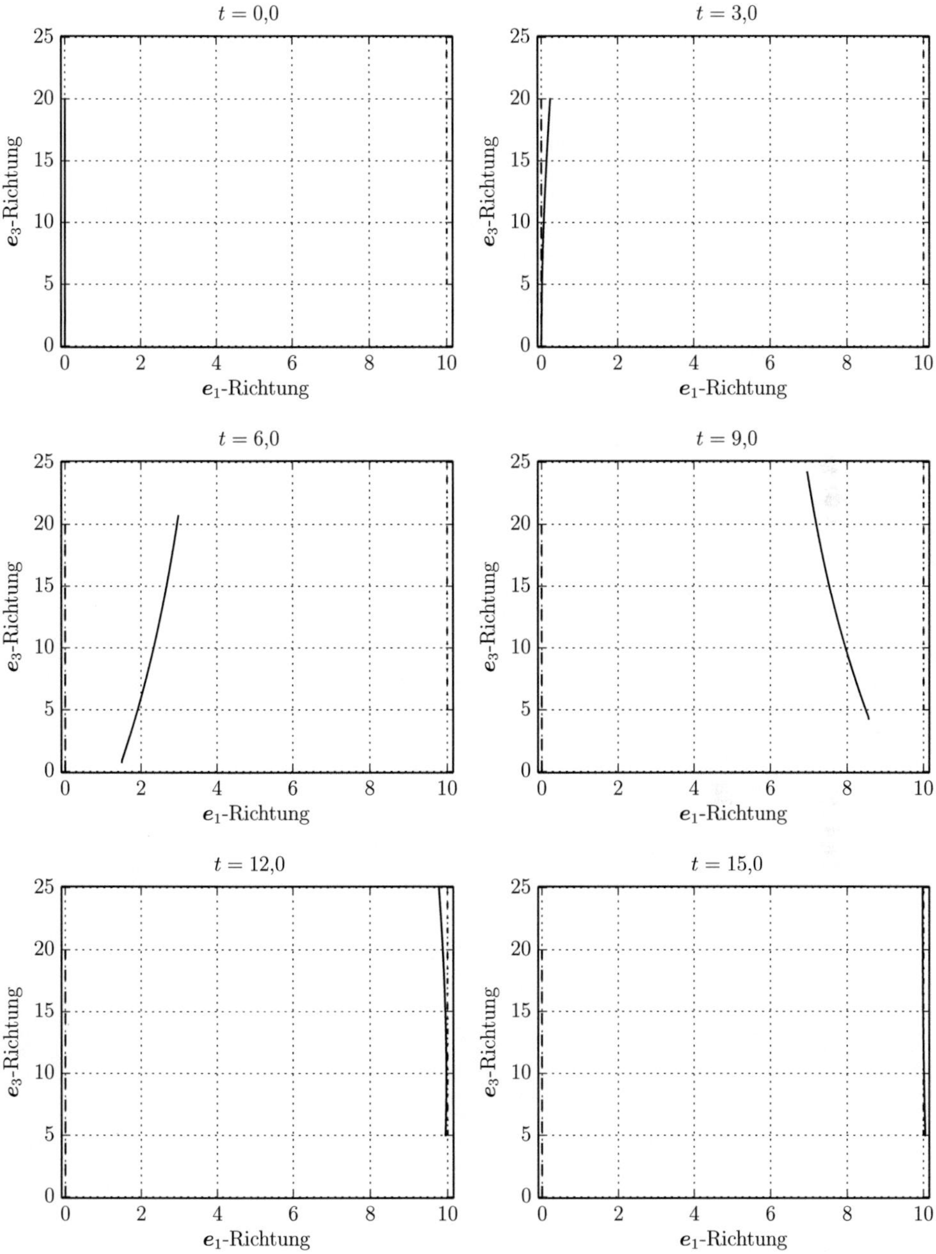

Abbildung 6.12 – Auslenkung des Seils an verschiedenen Zeitpunkten des Übergangs (durchgezogene Linien), Ausgangsruhelage (gestrichelte Linien), Zielruhelage (strich-punktierte Linien)

Kapitel 7

Zusammenfassung und Ausblick

7.1 Zusammenfassung

In der vorliegenden Arbeit wurde der Entwurf von Steuerungen für quasilineare hyperbolische Systeme diskutiert. Dazu wurden die grundlegenden Ideen des, ursprünglich aus der Theorie konzentriertparametrischer Systeme stammenden, Konzepts des flachheitsbasierten Steuerungsentwurfs übertragen. Dieses basiert auf der Ausnutzung der Systemeigenschaft Flachheit, die es ermöglicht sämtliche Systemgrößen durch einen flachen Ausgang zu parametrieren. Es wurde gezeigt, dass im verteiltparametrischen Fall diese Rolle von einer Familie von (konzentrierten) Systemgrößen übernommen wird, die auch Randwerte der verteilten Systemgrößen enthalten kann. Als zentraler Aspekt des vorgestellten, flachheitsbasierten Zugangs zum Steuerungsentwurf wurde die Planung geeigneter Trajektorien identifiziert. Für die diskutierte Klasse quasilinearer hyperbolischer Gleichungen wurde dieses Problem mit Hilfe des Satzes 5.1 gelöst. Zur Auswertung der Parametrierung, d. h. für die Berechnung der Systemgrößen aus der Trajektorie des flachen Ausgangs, ist es notwendig ein mit den Modellgleichungen assoziiertes Cauchy-Problem zu lösen. Dies erfordert in der Regel die Verwendung numerischer Integrationsverfahren, deren Eignung vom Typ der zugrundeliegenden Modellgleichungen abhängt. Für quasilineare hyperbolische partielle Differentialgleichungen wurde ein möglicher Ansatz auf Basis der Methode der Charakteristiken vorgestellt. Zur Illustration wurden mit Hilfe des vorgestellten Zugangs Steuerungen für vier Modelle entworfen, deren Eignung in Simulationsstudien gezeigt werden konnte.

7.2 Ausblick

Das wichtigste Problem in Verbindung mit der praktischen Implementierung der in der vorliegenden Arbeit entworfenen Steuerungen besteht in der Auslegung geeigneter Regler. Während zahlreiche Ansätze zur Stabilisierung von Ruhelagen quasilinearer hyperbolischer Systeme existieren (siehe [12, 20, 50]), scheint sich der Entwurf von Trajektorienfolgereglern bisher auf den (semi-)linearen Fall bzw. Systeme mit verteiltem Stelleingriff zu beschränken (siehe [11, 88, 90]). Eine Erweiterung der dabei entwickelten Zugänge auf den quasilinearen Fall mit Randeingriff wäre wünschenswert. Im Zusammenhang damit steht die Frage nach dem Entwurf geeigneter Beobachter zur Realisierung von Ausgangsrückführungen. Dazu existieren bereits Methoden für gewisse quasilineare bzw. lineare hyperbolische Systeme (siehe [7, 89]). Ein Zugang für den allgemeinen Fall eventuell unter Verwendung flachheitsbasierter Methoden wäre sehr willkommen.

Ein anderer Aspekt für weiterführende Untersuchungen besteht in der Übertragung des vorgestellten Zugangs auf mehrdimensionale Probleme. Während für parabolische Modelle bereits Methoden für den Steuerungs- und Reglerentwurf existieren (siehe [61, 83]), scheint sich die Theorie für quasilineare hyperbolische Systeme bisher auf Aussagen zu theoretischen Aspekten zu beschränken (siehe Problem 9 in [53], [91, S. 329]).

In Verbindung mit dem in dieser Arbeit vorgestellten Zugang ist es denkbar, dass sich die grundlegenden Ideen gewinnbringend bei der Berechnung optimaler Steuerungen anwenden lassen, da durch sie die aufwendige Lösung von Anfangs-Randwert-Problemen vereinfacht werden kann.

Anhang A

Trajektorien für Übergänge zwischen konstanten Werten

Beim flachheitsbasierten Steuerungsentwurf ist es notwendig Trajektorien $t \mapsto \boldsymbol{y}(t)$ für den flachen Ausgang zu parametrieren, die gewissen Differenzierbarkeitsanforderungen genügen. Ein wichtiger Spezialfall ist dabei die Parametrierung eines Übergangs zwischen konstanten Werten $\boldsymbol{y}_\mathrm{a}$ und $\boldsymbol{y}_\mathrm{e}$ auf dem Intervall $I = (t_\mathrm{a}, t_\mathrm{e})$ zur Überführung des Systems zwischen stationären Regimes. Darüber hinaus soll die dazu verwendete Trajektorie des flachen Ausgangs σ-mal stetig differenzierbar sein. Mit Hilfe der skalaren Funktion $\varphi_\sigma : [0,1] \mapsto \mathbb{R}$ kann eine geeignete Trajektorie durch

$$\boldsymbol{y}(t) = \begin{cases} \boldsymbol{y}_\mathrm{a}, & \text{für } t \leq t_\mathrm{a} \\ \boldsymbol{y}_\mathrm{a} + (\boldsymbol{y}_\mathrm{e} - \boldsymbol{y}_\mathrm{a})\varphi_\sigma\left(\frac{t-t_\mathrm{a}}{t_\mathrm{e}-t_\mathrm{a}}\right), & \text{für } t \in I \\ \boldsymbol{y}_\mathrm{e}, & \text{für } t \geq t_\mathrm{e} \end{cases} \tag{A.1}$$

vorgegeben werden. Die Funktion φ_σ muss so bestimmt werden, dass die daraus resultierende Trajektorie $\boldsymbol{y}$ die gewünschten Differenzierbarkeitseigenschaften besitzt. Im Folgenden wird zunächst diskutiert, welche Anforderungen an die Funktion φ_σ formuliert werden müssen, um der oben formulierten Forderung an die Differenzierbarkeit der Trajektorie zu genügen. Anschließend werden einige Ansätze vorgestellt, mit deren Hilfe diese Anforderungen erfüllt werden können.

Aus den Ableitungen der nach (A.1) definierten Trajektorie für $\nu = 1, \ldots, \sigma$, nämlich

$$\frac{\mathrm{d}^\nu \boldsymbol{y}}{\mathrm{d}t^\nu}(t) = \begin{cases} \mathbf{0}, & \text{für } t \leq t_\mathrm{a} \\ \frac{\boldsymbol{y}_\mathrm{e}-\boldsymbol{y}_\mathrm{a}}{(t_\mathrm{e}-t_\mathrm{a})^\nu}\frac{\mathrm{d}^\nu\varphi_\sigma}{\mathrm{d}\tau^\nu}\left(\frac{t-t_\mathrm{a}}{t_\mathrm{e}-t_\mathrm{a}}\right), & \text{für } t \in I \\ \mathbf{0}, & \text{für } t \geq t_\mathrm{e} \end{cases}$$

wird zunächst deutlich, dass die Funktion φ_σ stetige Ableitungen bis zur Ordnung σ haben muss, um den oben gestellten Forderungen zu genügen. Darüber hinaus ist es notwendig an den Rändern der einzelnen Definitionsbereiche, d.h. bei $t = t_\mathrm{a}$ und $t = t_\mathrm{e}$, für einen stetigen Verlauf zu sorgen. Dies wird durch

$$\varphi_\sigma(0) = 0 \qquad \text{und} \qquad \varphi_\sigma(1) = 1 \tag{A.2a}$$

sowie

$$\frac{\mathrm{d}^\nu \varphi_\sigma}{\mathrm{d}t^\nu}(0) = \frac{\mathrm{d}^\nu \varphi_\sigma}{\mathrm{d}t^\nu}(1) = 0 \tag{A.2b}$$

für $\nu = 1, \ldots, \sigma$ gewährleistet.

Neben diesen Differenzierbarkeitseigenschaften treten beim Steuerungsentwurf für parabolische Systeme weitere Anforderungen auf. Dabei wird gefordert, dass die Trajektorie des flachen Ausgangs eine gewisse Gevrey-Ordnung aufweist.

Definition A.1 (siehe [52]). Eine glatte Funktion hat die Gevrey-Ordnung α, falls für sämtliche Ableitungen eine kleinste obere Schranke der Form

$$\sup_{t\in[0,T]} \left| \frac{\mathrm{d}^m \boldsymbol{y}}{\mathrm{d}t^m}(t) \right| \leq M \frac{(m!)^\alpha}{R^m}$$

mit den positiven Parameter M und R existiert.

Durch die Gevrey-Ordnung wird so in einem gewissen Sinne das Wachstum der Ableitungen einer Funktion beschränkt.

A.1 Polynomiale Trajektorien

Der einfachste Ansatz zur Realisierung einer Funktion φ_σ, die den Bedingungen (A.2) genügt, besteht in der Verwendung eines Polynoms. Dabei stellt man fest, dass insgesamt $2\sigma + 2$ Bedingungen zu erfüllen sind. Um genügend Freiheitsgrade, in Form von Koeffizienten des Polynoms, zur Erfüllung dieser Bedingungen zur Verfügung zu haben, muss der Grad des Polynoms mindestens $2\sigma + 1$ betragen. Ein möglicher Zugang zur Bestimmung einer solchen Funktion besteht darin, zunächst einen allgemeinen Ansatz

$$\varphi_\sigma(\tau) = \sum_{i=0}^{2\sigma+1} c_i \tau^i$$

zu wählen. Die Koeffizienten c_i erhält man anschließend durch Lösen des linearen Gleichungssystems, das durch Einsetzen dieses Polynoms in die Bedingungen (A.2) resultiert.

Einen einfacheren Zugang erhält man mit Hilfe des Ansatzes

$$\varphi_\sigma(\tau) = c_\sigma \int_0^\tau \bar{\tau}^\sigma (1 - \bar{\tau})^\sigma \, \mathrm{d}\bar{\tau}.$$

Dieser erfüllt bereits die Bedingungen (A.2b) sowie $\varphi_\sigma(0) = 0$. Der freie Parameter c_σ folgt letztendlich aus der verbleibenden Forderung $\varphi_\sigma(1) = 1$ bzw.

$$c_\sigma \int_0^1 \bar{\tau}^\sigma (1 - \bar{\tau})^\sigma \, \mathrm{d}\bar{\tau} = 1. \tag{A.3}$$

Zur Berechnung des Integrals auf der linken Seite dieser Gleichung bietet es sich an, eine

Folge

$$f_n = \int_0^1 \bar{\tau}^{\sigma+n}(1-\bar{\tau})^{\sigma-n}\,\mathrm{d}\bar{\tau},\ n = 0,\dots,\sigma,$$

zu definieren. Mit dieser Definition kann Gl. (A.3) in der Form

$$c_\sigma = \frac{1}{f_0} \tag{A.4}$$

angeschrieben und somit das Problem der Bestimmung des Parameters c auf die Berechnung des Folgenglieds f_0 zurückgeführt werden. Dazu wird die aus der partiellen Integration resultierende Rekursionsbeziehung

$$f_n = \frac{\sigma-n}{\sigma+n+1} f_{n+1},\ n = 0,\dots,\sigma-1$$

verwendet. Für das Folgenelement f_0 erhält man somit durch Auflösen dieser Beziehung den Ausdruck

$$f_0 = \frac{\sigma}{\sigma+1}\frac{\sigma-1}{\sigma+2}\cdots\frac{2}{2\sigma-1}\frac{1}{2\sigma}f_\sigma. \tag{A.5}$$

Der Vorteil dieser Darstellung besteht darin, dass das Folgenglied

$$f_\sigma = \int_0^1 \bar{\tau}^{2\sigma}\,d\bar{\tau} = \frac{1}{2\sigma+1}$$

sehr einfach berechnet werden kann. Aus Gl. (A.5) erhält man somit

$$f_0 = \frac{\sigma}{\sigma+1}\frac{\sigma-1}{\sigma+2}\cdots\frac{2}{2\sigma-1}\frac{1}{2\sigma}\frac{1}{2\sigma+1} = \frac{(\sigma!)^2}{(2\sigma+1)!}.$$

Der gesuchte Parameter[1]

$$c_\sigma = \frac{(2\sigma+1)!}{(\sigma!)^2}$$

folgt dann aus Gl. (A.4).

Polynomiale Trajektorien haben immer die Gevrey-Ordnung 1. Verwendet man sie allerdings als Teil einer stückweisen Definition eines Übergangs zwischen konstanten Werten gemäß (A.1), so kann für die resultierende Trajektorie keine Gevrey-Ordnung angegeben werden. Grund dafür ist die Voraussetzung einer glatten Funktion in der Definition der Gevrey-Ordnung. Um die Glattheit sicherzustellen müssten die Ableitungen an den Rändern der Definitionsbereiche, im Hinblick auf (A.1) also bei t_a und t_e, übereinstimmen. Das hieße jedoch, dass an diesen Stellen sämtliche Ableitungen des

[1] Drückt man in dieser Beziehung die Fakultäten mit Hilfe der Gamma-Funktion aus, so lässt sie sich in der Form

$$c_\sigma = \frac{2^{2\sigma+1}}{\sqrt{\pi}}\frac{\Gamma\big(\sigma+\frac{3}{2}\big)}{\Gamma(\sigma+1)}$$

anschreiben.

Polynoms Null sind. Dies trifft jedoch nur auf das Null-Polynom $\varphi_\sigma(t) = 0$ zu, mit dem kein Übergang realisiert werden kann. Die selbe Argumentation gilt für sämtliche analytischen Funktionen. Daher erfordert die Parametrierung von glatten Trajektorien gemäß (A.1) die Verwendung von nicht-analytischen Funktionen φ_σ. Dazu werden im Folgenden zwei mögliche Ansätze vorgestellt[2].

A.2 Trajektorie auf Basis der Exponentialfunktion

Ein in der Literatur vorgeschlagener Ansatz zur Realisierung einer glatten Trajektorie, die den Randbedingungen (A.2) genügt, ist durch die Funktion

$$\varphi(\tau) = c\int_0^\tau \exp(\psi(\bar\tau))\,\mathrm{d}\bar\tau \quad \text{mit} \quad \psi(\tau) = -(\tau(1-\tau))^{-\gamma} \quad \text{und} \quad c = \left(\int_0^1 \exp(\psi(\bar\tau))\,\mathrm{d}\bar\tau\right)^{-1} \tag{A.6}$$

gegeben. Dabei ist die Gevrey-Ordnung $1 + 1/\gamma$ von φ durch den Parameter γ einstellbar (siehe [56, Lemma 1] sowie [27, 52]). Es hat sich als günstig herausgestellt, zur Berechnung der Ableitungen einen rekursiven Algorithmus zu verwenden, der im Folgenden kurz skizziert wird.

Rekursive Berechnung der Ableitungen

Ausgehend von (A.6) lauten die ersten beiden Ableitungen von φ

$$\frac{\mathrm{d}\varphi}{\mathrm{d}\tau} = c\exp(\psi) \qquad \text{und} \qquad \frac{\mathrm{d}^2\varphi}{\mathrm{d}\tau^2} = c\exp(\psi)\frac{\mathrm{d}\psi}{\mathrm{d}\tau} = \frac{\mathrm{d}\varphi}{\mathrm{d}\tau}\frac{\mathrm{d}\psi}{\mathrm{d}\tau}.$$

Differenziert man den Ausdruck für die zweite Ableitung $(n-2)$-mal, so erhält man unter Verwendung der Leibniz- bzw. Produktregel:

$$\frac{\mathrm{d}^n\varphi}{\mathrm{d}\tau^n} = \frac{\mathrm{d}^{n-2}}{\mathrm{d}\tau^{n-2}}\left(\frac{\mathrm{d}\varphi}{\mathrm{d}\tau}\frac{\mathrm{d}\psi}{\mathrm{d}\tau}\right) = \sum_{\nu=0}^{n-2}\binom{n-2}{\nu}\frac{\mathrm{d}^{\nu+1}\varphi}{\mathrm{d}\tau^{\nu+1}}\frac{\mathrm{d}^{n-\nu-1}\psi}{\mathrm{d}\tau^{n-\nu-1}} \quad \text{für} \quad n = 2, 3, \ldots.$$

Mit Hilfe dieser Rekursionsvorschrift kann die n-te Ableitung von φ aus niedrigeren Ableitungen berechnet werden. Dabei benötigt man verschiedene Ableitungen von ψ für die eine weitere Rekursionsvorschrift hergeleitet werden kann. Dazu bildet man zunächst die erste Ableitung von ψ:

$$\frac{\mathrm{d}\psi}{\mathrm{d}\tau}(\tau) = \gamma(\tau(1-\tau))^{-(\gamma+1)}(1-2\tau) = -\gamma\frac{1-2\tau}{\tau(1-\tau)}\psi(\tau).$$

Multipliziert man diese Gleichung mit $\tau(1-\tau)$, so erhält man

$$\tau(1-\tau)\frac{\mathrm{d}\psi}{\mathrm{d}\tau}(\tau) = -\gamma(1-2\tau)\psi(\tau).$$

[2] Bei diesen Ansätzen wird auf den Index σ verzichtet, da die entsprechenden Funktionen beliebig oft stetig differenzierbar sind.

Analog zum obigen Vorgehen wird dieser Ausdruck $(n-1)$-mal differenziert, woraus durch Verwendung der Leibnizregel und mit $Z(\tau) = 1 - 2\tau$ und $N(\tau) = \tau(1-\tau)$

$$\sum_{\nu=0}^{n-1} \binom{n-1}{\nu} \frac{\mathrm{d}^\nu N}{\mathrm{d}\tau^\nu} \frac{\mathrm{d}^{n-\nu}\psi}{\mathrm{d}\tau^{n-\nu}} = -\gamma \sum_{\nu=0}^{n-1} \binom{n-1}{\nu} \frac{\mathrm{d}^\nu Z}{\mathrm{d}\tau^\nu} \frac{\mathrm{d}^{n-\nu-1}\psi}{\mathrm{d}\tau^{n-\nu-1}}$$

folgt. Dieser Ausdruck kann noch weiter vereinfacht werden, da die Ableitungen $\frac{\mathrm{d}^\nu N}{\mathrm{d}\tau^\nu}$ und $\frac{\mathrm{d}^\mu Z}{\mathrm{d}\tau^\mu}$ für $\nu > 2$ bzw. $\mu > 1$ Null sind. Daher erhält man für $n = 2$

$$N\frac{\mathrm{d}^2\psi}{\mathrm{d}\tau^2} + \frac{\mathrm{d}N}{\mathrm{d}\tau}\frac{\mathrm{d}\psi}{\mathrm{d}\tau} = -\gamma\left(Z\frac{\mathrm{d}^{n-1}\psi}{\mathrm{d}\tau^{n-1}} + \frac{\mathrm{d}Z}{\mathrm{d}\tau}\frac{\mathrm{d}^{n-2}\psi}{\mathrm{d}\tau^{n-2}}\right)$$

und für $n > 2$

$$N\frac{\mathrm{d}^n\psi}{\mathrm{d}\tau^n} + (n-1)\frac{\mathrm{d}N}{\mathrm{d}\tau}\frac{\mathrm{d}^{n-1}\psi}{\mathrm{d}\tau^{n-1}} + \binom{n-1}{2}\frac{\mathrm{d}^2 N}{\mathrm{d}\tau^2}\frac{\mathrm{d}^{n-2}\psi}{\mathrm{d}\tau^{n-2}} = -\gamma\left(Z\frac{\mathrm{d}^{n-1}\psi}{\mathrm{d}\tau^{n-1}} + (n-1)\frac{\mathrm{d}Z}{\mathrm{d}\tau}\frac{\mathrm{d}^{n-2}\psi}{\mathrm{d}\tau^{n-2}}\right).$$

Stellt man diese Ausdrücke nach den jeweils höchsten Ableitungen um und ersetzt die Funktionen N und Z, so folgt

$$\frac{\mathrm{d}^n\psi}{\mathrm{d}\tau^n}(\tau) = \frac{n^2 - 3n + 2 + 2(n-1)\gamma}{(1-\tau)\tau}\frac{\mathrm{d}^{n-2}\psi}{\mathrm{d}\tau^{n-2}}(\tau) - \frac{(\gamma + n - 1)(1-2\tau)}{(1-\tau)\tau}\frac{\mathrm{d}^{n-1}\psi}{\mathrm{d}\tau^{n-1}}(\tau)$$

für $n \geq 2$.

A.3 Trajektorie auf Basis des Tangenshyperbolicus

Ähnlich zur Trajektorienplanung auf Basis der Exponentialfunktion wie sie im Abschnitt A.2 diskutiert wurde, kann eine Trajektorie auch mit Hilfe des Tangenshyperbolicus geplant werden (siehe [77]). Dazu wird der Ansatz

$$\varphi(\tau) = \frac{1}{2}\left(1 + \tanh\left(\frac{\mathrm{d}\psi}{\mathrm{d}\tau}(\tau)\right)\right) \tag{A.7}$$

mit

$$\psi(\tau) = -\frac{\rho}{4}\frac{(4\tau(1-\tau))^{1-\gamma}}{1-\gamma} \quad \text{und} \quad \frac{\mathrm{d}\psi}{\mathrm{d}\tau}(\tau) = \rho\frac{2\tau - 1}{(4\tau(1-\tau))^\gamma} \tag{A.8}$$

gewählt. Dabei kann die Form der Trajektorie durch die beiden positiven Parameter ρ und γ beeinflusst werden, wobei durch letzteren die Gevrey-Ordnung $1 + 1/\gamma$ festgelegt wird. Analog zur Berechnungen der Ableitungen einer Übergangstrajektorie auf Basis der Exponentialfunktion kann auch im vorliegenden Fall ein rekursiver Algorithmus angegeben werden, der eine effiziente Auswertung ermöglicht.

Rekursive Berechnung der Ableitungen

Der Algorithmus zur rekursiven Berechnung der Ableitungen für eine durch den Tangenshyperbolicus parametrierte Trajektorie φ wurde bereits in [76, S. 85] dargestellt. Der Vollständigkeit halber und da sich die durch (A.7) definierte Trajektorie von der in [76] diskutierten unterscheidet, werden die wesentlichen Schritte im Folgenden nochmals angegeben.

Die erste Ableitung von φ lautet ausgehend von (A.7)

$$\frac{\mathrm{d}\varphi}{\mathrm{d}\tau} = \frac{1}{2}\left(1 - \tanh^2\left(\frac{\mathrm{d}\psi}{\mathrm{d}\tau}\right)\right)\frac{\mathrm{d}^2\psi}{\mathrm{d}\tau^2}.$$

Eliminiert man in diesem Ausdruck den Tangenshyperbolicus mit Hilfe von (A.7), so folgt

$$\frac{\mathrm{d}\varphi}{\mathrm{d}\tau} = \frac{1}{2}\left(1 - (2\varphi - 1)^2\right)\frac{\mathrm{d}^2\psi}{\mathrm{d}\tau^2} = 2\varphi(1-\varphi)\frac{\mathrm{d}^2\psi}{\mathrm{d}\tau^2}.$$

Leitet man diese Gleichung $(n-1)$-mal ab, so erhält man mit $Z(\tau) = \varphi(\tau)(1-\varphi(\tau))$ unter Verwendung der Leibniz-Regel

$$\frac{\mathrm{d}^n\varphi}{\mathrm{d}\tau^n} = 2\sum_{\nu=0}^{n-1}\binom{n-1}{\nu}\frac{\mathrm{d}^\nu Z}{\mathrm{d}\tau^\nu}\frac{\mathrm{d}^{n+1-\nu}\psi}{\mathrm{d}\tau^{n+1-\nu}}. \tag{A.9a}$$

Die Ableitungen der Funktion Z können dabei ebenfalls unter Verwendung der Leibniz-Regel formuliert werden:

$$\frac{\mathrm{d}^n Z}{\mathrm{d}\tau^n} = \frac{\mathrm{d}^n\varphi}{\mathrm{d}\tau^n} - \sum_{\nu=0}^{n}\binom{n}{\nu}\frac{\mathrm{d}^\nu\varphi}{\mathrm{d}\tau^\nu}\frac{\mathrm{d}^{n-\nu}\varphi}{\mathrm{d}\tau^{n-\nu}}. \tag{A.9b}$$

Es wird deutlich, dass durch die beiden Gln. (A.9) eine Rekursionsbeziehung zur Berechnung der n-ten Ableitung von φ gegeben ist, da zu deren Berechnung lediglich niedrigere Ableitungen benötigt werden. Dabei werden allerdings die Ableitungen der Funktion ψ bis zur Ordnung $n+1$ benötigt. Um diese zu berechnen erhält man ausgehend von (A.8) für die erste Ableitung zunächst

$$\frac{\mathrm{d}\psi}{\mathrm{d}\tau}(\tau) = (1-\gamma)\frac{1-2\tau}{\tau(1-\tau)}\psi(\tau).$$

Multipliziert man diese Gleichung mit $N(\tau) = \tau(1-\tau)$ und leitet das Ergebnis $(n-1)$-mal ab, so erhält man unter Beachtung von $\frac{\mathrm{d}N}{\mathrm{d}\tau}(\tau) = 1 - 2\tau$ den Ausdruck

$$\sum_{\nu=0}^{n-1}\binom{n-1}{\nu}\frac{\mathrm{d}^\nu N}{\mathrm{d}\tau^\nu}\frac{\mathrm{d}^{n-\nu}\psi}{\mathrm{d}\tau^{n-\nu}} = (1-\gamma)\sum_{\nu=0}^{n-1}\binom{n-1}{\nu}\frac{\mathrm{d}^{\nu+1}N}{\mathrm{d}\tau^{\nu+1}}\frac{\mathrm{d}^{n-\nu-1}\psi}{\mathrm{d}\tau^{n-\nu-1}}.$$

Aus diesem erhält man unter Berücksichtigung der Tatsache, dass die Ableitungen der Funktion N ab der dritten Ordnung verschwinden, die folgende Vorschrift zur rekursiven

Berechnung der Ableitungen von ψ:

$$\frac{\mathrm{d}^n\psi}{\mathrm{d}\tau^n} = \frac{2-\gamma-n}{N}\frac{\mathrm{d}N}{\mathrm{d}\tau}\frac{\mathrm{d}^{n-1}\psi}{\mathrm{d}\tau^{n-1}} + \frac{(1-\gamma)(n-1)-\binom{n-1}{2}}{N}\frac{\mathrm{d}^2N}{\mathrm{d}\tau^2}\frac{\mathrm{d}^{n-2}\psi}{\mathrm{d}\tau^{n-2}}$$

für $n \geq 2$. Ersetzt man hierin die Funktion N und deren Ableitungen durch die entsprechenden expliziten Ausdrücke, so erhält man für $n \geq 2$

$$\frac{\mathrm{d}^n\psi}{\mathrm{d}\tau^n}(\tau) = (2-\gamma-n)\frac{1-2\tau}{\tau(1-\tau)}\frac{\mathrm{d}^{n-1}\psi}{\mathrm{d}\tau^{n-1}}(\tau) - (n-1)\frac{4-2\gamma-n}{\tau(1-\tau)}\frac{\mathrm{d}^{n-2}\psi}{\mathrm{d}\tau^{n-2}}(\tau).$$

Anhang B

Überprüfung der Integrierbarkeit mit Hilfe des Satz von Frobenius

Im Abschnitt 5.1.3 wurde die Transformation eines Systems (5.1) auf Diagonalform (5.14) diskutiert. Bei einem der beiden vorgestellten Zugänge ist es notwendig zu überprüfen, ob eine reguläre Matrix $W(\boldsymbol{x})$, die im Folgenden als *integrierender Faktor* bezeichnet wird, gefunden werden kann, so dass das Produkt $W(\boldsymbol{x})\Gamma(\boldsymbol{x})$ der Jacobi-Matrix einer Transformation $\boldsymbol{T}$ entspricht und somit die Gleichung

$$\frac{\partial \boldsymbol{T}}{\partial \boldsymbol{x}}(\boldsymbol{x}) = W(\boldsymbol{x})\Gamma(\boldsymbol{x}) \tag{B.1}$$

gilt (vgl. Gl. (5.21)). Darüber hinaus wird gefordert, dass der integrierende Faktor mit

$$\Lambda(\boldsymbol{x}) = \operatorname{diag}(\lambda_1(\boldsymbol{x})I_{m_1}, \dots, \lambda_h I_{m_h}(\boldsymbol{x}))$$

kommutiert[1], wobei m_i die algebraische Vielfachheit des Eigenwerts λ_i bezeichnet. Zur Beantwortung dieser Frage kann der Satz von Frobenius herangezogen werden. Zu dessen Anwendung wird das gestellte Problem zunächst etwas näher analysiert und anschließend in eine Darstellung auf Basis von Differentialformen überführt.

Wertet man die aus der geforderten Kommutativität der Matrizen $W(\boldsymbol{x})$ und $\Lambda(\boldsymbol{x})$ resultierende Identität $W(\boldsymbol{x})\Lambda(\boldsymbol{x}) = \Lambda(\boldsymbol{x})W(\boldsymbol{x})$ aus und berücksichtigt dabei die Regularität von $W(\boldsymbol{x})$, so wird deutlich, dass der integrierende Faktor eine Blockdiagonalmatrix

$$W(\boldsymbol{x}) = \operatorname{diag}(W_1(\boldsymbol{x}), \dots, W_h(\boldsymbol{x}))$$

ist, deren Diagonaleinträge durch die regulären Matrizen $W_i(\boldsymbol{x}) \in \mathbb{R}^{m_i \times m_i}$ gebildet werden. Durch Partitionieren des Vektors $\boldsymbol{T}(\boldsymbol{x})$ in der Form

$$\boldsymbol{T}(\boldsymbol{x}) = \begin{pmatrix} \boldsymbol{T}_1(\boldsymbol{x}) \\ \vdots \\ \boldsymbol{T}_h(\boldsymbol{x}) \end{pmatrix}$$

[1] Ohne diese Forderung wäre das Problem trivial, da die Wahl $W(\boldsymbol{x}) = [\Gamma(\boldsymbol{x})]^{-1}$ unmittelbar auf eine zulässige Jacobi-Matrix $\frac{\partial \boldsymbol{T}}{\partial \boldsymbol{x}}(\boldsymbol{x}) = I_m$ führen würde.

mit $\boldsymbol{T}_i(\boldsymbol{x}) \in \mathbb{R}^{m_i}$, $i = 1, \ldots, h$, kann (B.1) unter Berücksichtigung von (5.20) in der Form

$$\frac{\partial \boldsymbol{T}_i}{\partial \boldsymbol{x}}(\boldsymbol{x}) = W_i(\boldsymbol{x})\Gamma_i(\boldsymbol{x}), \ i = 1, \ldots, h, \tag{B.2}$$

angeschrieben werden. Das ursprüngliche Problem wurde somit auf die Frage reduziert, ob reguläre Matrizen $W_i(\boldsymbol{x})$ existieren, so dass die Produkte $W_i(\boldsymbol{x})\Gamma_i(\boldsymbol{x})$ Jacobi-Matrizen sind. Zur Beantwortung dieser Frage führt man die Differentialformen

$$\omega_{i,j} = \sum_{\nu=1}^{m} (\Gamma_i)_{j,\nu} \mathrm{d}x_\nu, \ j = 1, \ldots, m_i,$$

ein. Der Satz von Frobenius sagt aus, dass ein integrierender Faktor W_i existiert, falls

$$\mathrm{d}\omega_{i,j} \wedge \Omega_i = 0 \quad \text{für} \quad j = 1, \ldots, m_i \quad \text{und} \quad \Omega_i = \omega_{i,1} \wedge \cdots \wedge \omega_{i,m_i}, \tag{B.3}$$

wobei $\wedge$ das Keilprodukt zweier Formen und d die äußere Ableitung bezeichnen (siehe [25, S. 97]).

Möchte man stattdessen überprüfen, ob die Bedingung (B.2) bereits ohne einen integrierenden Faktor $W_i(\boldsymbol{x})$ erfüllt ist, d. h. ob

$$\frac{\partial \boldsymbol{T}_i}{\partial x}(\boldsymbol{x}) = \Gamma_i(\boldsymbol{x}) \tag{B.4}$$

gilt und somit $\Gamma_i(\boldsymbol{x})$ unmittelbar einer Jacobi-Matrix entspricht, so kann das etwas einfachere Lemma von Poincaré herangezogen werden (siehe [25, S. 27]). Dieses besagt, dass Gl. (B.4) gilt, falls $\mathrm{d}\omega_{i,j} = 0$ für $j = 1, \ldots, m_i$ ist.

Bemerkung B.1 (Konsequenzen aus der Bedingung (B.3)).

1. Mit Hilfe der Bedingung (B.3) kann überprüft werden, ob integrierende Faktoren W_i existieren. Sie gibt jedoch keine Auskunft über deren Berechnung.
2. Aus den Definitionen des Keilprodukts und der äußeren Ableitung folgt, dass es sich bei den Ausdrücken $\mathrm{d}\omega_{i,j} \wedge \Omega_i$ um 3-Formen handelt, die für den Fall $m \leq 2$ verschwinden. Daher existieren für diesen Fall stets integrierende Faktoren $W_i(\boldsymbol{x})$.
3. Aus der Definition der äußeren Ableitung folgt, dass $\mathrm{d}\omega_{i,j}$ verschwindet, falls die Koeffizienten der Differentialform $\omega_{i,j}$ von $\boldsymbol{x}$ unabhängig sind. Daraus folgt somit, dass für den linearen und semilinearen Fall stets integrierende Faktoren $W_i(\boldsymbol{x})$ existieren.

Anhang C

Numerische Simulation des inelastischen, schweren Seils

Zur Verifizierung der in Abschnitt 6.4 entworfenen Steuerung für das schwere, inelastische Seil sollen die zugehörigen Modellgleichungen simuliert werden. Diese umfassen die Gln. (6.56) sowie die Randbedingungen (6.57). Gemeinsam mit den aus der Steuerungsaufgabe resultierenden Anfangsbedingungen

$$\boldsymbol{w}(z,0) = \boldsymbol{w}_{\mathrm{a}}(z) \quad \text{und} \quad \frac{\partial \boldsymbol{w}}{\partial t}(z,0) = \mathbf{0} \tag{C.1}$$

erhält man somit ein Anfangs-Randwert-Problem. Den Ausgangspunkt für die Berechnung der Lösung bilden im Folgenden die Gln. (6.64), die aus den ursprünglichen Modellgleichungen (6.56) resultieren und die Systemgrößen ϑ, φ und τ umfassen. Die gesuchte Lösung $(z,t) \mapsto \boldsymbol{w}(z,t)$ der Auslenkung kann anschließend aus diesen Größen berechnet werden.

Für die Simulation des Modells des inelastischen, schweren Seils wird im Folgenden ein implizites Verfahren verwendet, das auf einer Approximation der in den Gln. (6.64) enthaltenen partiellen Ableitungen durch finite Differenzen basiert (siehe [93, S. 741]). Das daraus resultierende System algebraischer nichtlinearer Gleichungen wird anschließend mit Hilfe numerischer Methoden gelöst. Auf einen Nachweis der Konvergenz dieses Verfahrens wird in dieser Arbeit verzichtet.

Um die Lösung auf dem Gebiet $[0,\ell] \times [0,T]$ zu approximieren wird zunächst das Gitter

$$\mathfrak{G} = \{(n\delta_z, m\delta_t) | n = 0,\dots,N_z,\ m = 0,\dots,N_t\}$$

mit den Schrittweiten $\delta_z = \frac{\ell}{N_z}$ und $\delta_t = \frac{T}{N_t}$ definiert, wobei N_z und N_t die Anzahl der Diskretisierungsstellen in Orts- bzw. Zeitrichtung festlegen. Das Lösungsverfahren wird im Folgenden für den Fall vorgestellt, dass die Näherungslösungen

$$\vartheta_{n,m} \approx \vartheta(n\delta_z, m\delta_t), \quad \varphi_{n,m} \approx \varphi(n\delta_z, m\delta_t) \quad \text{und} \quad \tau_{n,m} \approx \tau(n\delta_z, m\delta_t)$$

für $m = M$ sowie $m = M - 1$ bekannt sind.

Zur Diskretisierung werden die Gln. (6.64a)–(6.64b) im Zeitschritt $t = M\delta_t$ und die Gl. (6.64c) für $t = (M+1)\delta_t$ ausgewertet. Diese Unterscheidung ist notwendig, da im gesamten Gleichungssystem (6.64) keine Zeitableitungen von τ enthalten sind. Würde man deshalb sämtliche Gleichungen für $t = M\delta_t$ auswerten, so erhielte man keine Aussage über die zeitliche Entwicklung des Betrags der Seilkraft.

Aufgrund dieser Wahl können für die Zeitableitungen in den ersten beiden Gleichungen zentrale Differenzen verwendet werden, während in der letzten Gleichung dafür Rückwärtsdifferenzen herangezogen werden müssen (siehe Abb. C.1). Man erhält so zum einen für $n = 1, \dots, N_z - 1$ die Gleichungen[1]

$$\tau_{n,M} \frac{\vartheta_{n+1,M} - 2\vartheta_{n,M} + \vartheta_{n-1,M}}{\delta_z^2} - \rho \frac{\vartheta_{n,M+1} - 2\vartheta_{n,M} + \vartheta_{n,M-1}}{\delta_t^2} = r_\vartheta(n, M) \tag{C.2a}$$

und

$$\tau_{n,M} \frac{\varphi_{n+1,M} - 2\varphi_{n,M} + \varphi_{n-1,M}}{\delta_z^2} - \rho \frac{\varphi_{n,M+1} - 2\varphi_{n,M} + \varphi_{n,M-1}}{\delta_t^2} = r_\varphi(n, M), \tag{C.2b}$$

wobei die zur Auswertung der rechten Seiten benötigten partiellen Ableitungen durch die zentralen Differenzen

$$\begin{aligned}
\frac{\partial \vartheta}{\partial z}(n\delta_z, M\delta_t) &\approx \frac{\vartheta_{n+1,M} - \vartheta_{n-1,M}}{2\delta_z}, & \frac{\partial \vartheta}{\partial t}(n\delta_z, M\delta_t) &\approx \frac{\vartheta_{n,M+1} - \vartheta_{n,M-1}}{2\delta_t}, \\
\frac{\partial \varphi}{\partial z}(n\delta_z, M\delta_t) &\approx \frac{\varphi_{n+1,M} - \varphi_{n-1,M}}{2\delta_z}, & \frac{\partial \varphi}{\partial t}(n\delta_z, M\delta_t) &\approx \frac{\varphi_{n,M+1} - \varphi_{n,M-1}}{2\delta_t}, \\
\frac{\partial \tau}{\partial z}(n\delta_z, M\delta_t) &\approx \frac{\tau_{n+1,M} - \tau_{n-1,M}}{2\delta_z},
\end{aligned}$$

approximiert werden können. Zum anderen folgen aus Gl. (6.64c) für $n = 1, \dots, N_z - 1$ die Beziehungen

$$\frac{\tau_{n+1,M+1} - 2\tau_{n,M+1} + \tau_{n-1,M+1}}{\delta_z^2} = r_\tau(n, M+1), \tag{C.2c}$$

wobei die in der Funktion r_τ auftauchenden Zeitableitungen mit Hilfe der Rückwärtsdifferenzen

$$\frac{\partial \vartheta}{\partial t}(n\delta_z, (M+1)\delta_t) \approx \frac{\vartheta_{n,M+1} - \vartheta_{n,M}}{\delta_t} \quad \text{und} \quad \frac{\partial \varphi}{\partial t}(n\delta_z, (M+1)\delta_t) \approx \frac{\varphi_{n,M+1} - \varphi_{n,M}}{\delta_t}$$

[1]Zugunsten einer übersichtlicheren Darstellung wird auf eine ausführliche Angabe der Argumente der rechten Seiten verzichtet. Stattdessen werden lediglich die Indizes der Gitterpunkte angegeben, in denen die entsprechenden Größen ausgewertet werden. So gilt beispielsweise

$$r_\vartheta(n, M) = r_\vartheta\left(\vartheta_{n,M}, \tau_{n,M}, \frac{\partial \vartheta}{\partial z}(n\delta_z, M\delta_t), \frac{\partial \varphi}{\partial z}(n\delta_z, M\delta_t), \frac{\partial \tau}{\partial z}(n\delta_z, M\delta_t), \frac{\partial \varphi}{\partial t}(n\delta_z, M\delta_t)\right).$$

ersetzt werden, während für die entsprechenden Ortsableitungen die zentralen Differenzen

$$\frac{\partial \vartheta}{\partial z}(n\delta_z, (M+1)\delta_t) \approx \frac{\vartheta_{n+1,M+1} - \vartheta_{n-1,M+1}}{2\delta_z}$$

und

$$\frac{\partial \varphi}{\partial z}(n\delta_z, (M+1)\delta_t) \approx \frac{\varphi_{n+1,M+1} - \varphi_{n-1,M+1}}{2\delta_z}$$

zum Einsatz kommen.

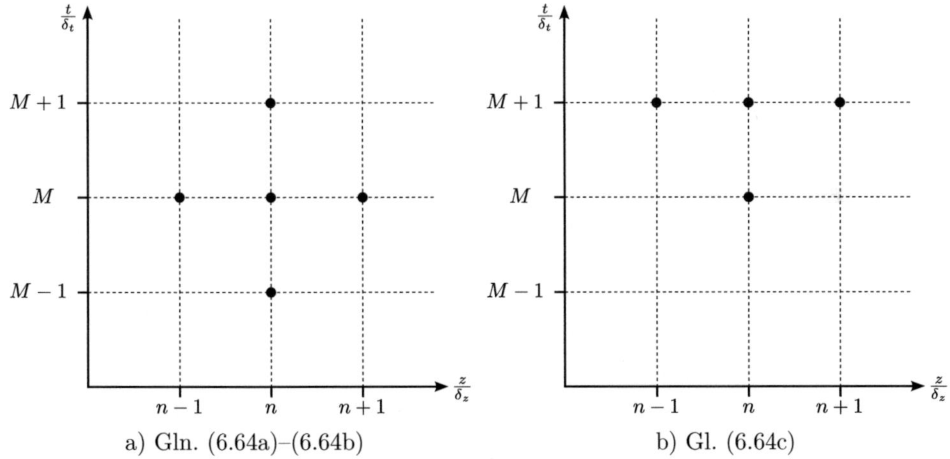

Abbildung C.1 – Bei der Diskretisierung der Modellgleichungen involvierte Gitterpunkte

Die Gln. (C.2) umfassen $3(N_z - 1)$ Beziehungen zwischen den $3(N_z + 1)$ unbekannten Größen $\vartheta_{n,M+1}$, $\varphi_{n,M+1}$ und $\tau_{n,M+1}$ mit $n = 0, \ldots, N_z$. Die verbleibenden sechs Gleichungen können aus den Randbedingungen (6.57) hergeleitet werden. Aus diesen wird dazu zunächst mit Hilfe der Systemgleichung (6.56) die Auslenkung $\boldsymbol{w}$ eliminiert. Dies führt auf

$$\frac{m_L}{\rho}\frac{\partial \boldsymbol{\tau}}{\partial z}(0,t) - \boldsymbol{\tau}(0,t) = 0 \quad \text{und} \quad \frac{m_W}{\rho}\frac{\partial \boldsymbol{\tau}}{\partial z}(\ell,t) + \boldsymbol{\tau}(0,t) = \boldsymbol{F}(t).$$

Ersetzt man in diesen beiden Ausdrücken die Seilkraft $\boldsymbol{\tau}$ durch ihren Betrag τ und den Tangentialvektor $\boldsymbol{\eta}$ erhält man

$$\frac{m_L}{\rho}\left(\frac{\partial \tau}{\partial z}(0,t)\boldsymbol{\eta}(0,t) + \tau(0,t)\left(\boldsymbol{\eta}_\vartheta(0,t)\frac{\partial \vartheta}{\partial z}(0,t) + \boldsymbol{\eta}_\varphi(0,t)\frac{\partial \varphi}{\partial z}(0,t)\right)\right) - \tau(0,t)\boldsymbol{\eta}(0,t) = \boldsymbol{0}$$

und

$$\frac{m_W}{\rho}\left(\frac{\partial \tau}{\partial z}(\ell,t)\boldsymbol{\eta}(\ell,t) + \tau(\ell,t)\left(\boldsymbol{\eta}_\vartheta(\ell,t)\frac{\partial \vartheta}{\partial z}(\ell,t) + \boldsymbol{\eta}_\varphi(\ell,t)\frac{\partial \varphi}{\partial z}(\ell,t)\right)\right) - \tau(\ell,t)\boldsymbol{\eta}(\ell,t) = \boldsymbol{F}(t).$$

Aus diesen beiden vektoriellen Gleichungen folgen die skalaren Beziehungen

$$\begin{aligned}\frac{m_L}{\rho}\frac{\partial\tau}{\partial z}(0,t)-\tau(0,t)&=0,\\ \frac{m_L}{\rho}\tau(0,t)\frac{\partial\vartheta}{\partial z}(0,t)&=0,\\ \frac{m_L}{\rho}\tau(0,t)\frac{\partial\varphi}{\partial z}(0,t)[\cos(\vartheta(0,t))]^2&=0\end{aligned}$$

sowie

$$\begin{aligned}\frac{m_W}{\rho}\frac{\partial\tau}{\partial z}(\ell,t)-\tau(\ell,t)&=\langle\boldsymbol{F}(t),\boldsymbol{\eta}(\ell,t)\rangle\,,\\ \frac{m_W}{\rho}\tau(\ell,t)\frac{\partial\vartheta}{\partial z}(\ell,t)&=\langle\boldsymbol{F}(t),\boldsymbol{\eta}_\vartheta(\ell,t)\rangle\,,\\ \frac{m_W}{\rho}\tau(\ell,t)\frac{\partial\varphi}{\partial z}(\ell,t)[\cos(\vartheta(\ell,t))]^2&=\left\langle\boldsymbol{F}(t),\boldsymbol{\eta}_\varphi(\ell,t)\right\rangle,\end{aligned}$$

indem man mit den am jeweiligen Rand ausgewerteten Vektoren $\boldsymbol{\eta}$, $\boldsymbol{\eta}_\vartheta$ und $\boldsymbol{\eta}_\varphi$ skalar multipliziert (siehe Tabelle 6.1 auf Seite 121). Ersetzt man in diesen Randbedingungen die Ortsableitungen durch Vorwärts- bzw. Rückwärtsdifferenzen, so erhält man die verbleibenden sechs Ausdrücke

$$\frac{m_L}{\rho}\frac{\tau_{1,M+1}-\tau_{0,M+1}}{\delta_z}-\tau_{0,M+1}=0, \tag{C.3a}$$

$$\frac{m_L}{\rho}\tau_{0,M+1}\frac{\vartheta_{1,M+1}-\vartheta_{0,M+1}}{\delta_z}=0, \tag{C.3b}$$

$$\frac{m_L}{\rho}\tau_{0,M+1}\frac{\varphi_{1,M+1}-\varphi_{0,M+1}}{\delta_z}[\cos(\vartheta_{0,M-1})]^2=0 \tag{C.3c}$$

und

$$\frac{m_W}{\rho}\frac{\tau_{N_z,M+1}-\tau_{N_z-1,M+1}}{\delta_z}-\tau_{N_z,M+1}=\langle\boldsymbol{F}_{M+1},\boldsymbol{\eta}(N_z,M+1)\rangle\,, \tag{C.3d}$$

$$\frac{m_W}{\rho}\tau_{N_z,M+1}\frac{\vartheta_{N_z,M+1}-\vartheta_{N_z-1,M+1}}{\delta_z}=\langle\boldsymbol{F}_{M+1},\boldsymbol{\eta}_\vartheta(N_z,M+1)\rangle\,, \tag{C.3e}$$

$$\frac{m_W}{\rho}\tau_{N_z,M+1}\frac{\varphi_{N_z,M+1}-\varphi_{N_z-1,M+1}}{\delta_z}[\cos(\vartheta_{N_z,M+1})]^2=\left\langle\boldsymbol{F}_{M+1},\boldsymbol{\eta}_\varphi(N_z,M+1)\right\rangle \tag{C.3f}$$

mit $\boldsymbol{F}_{M+1}=\boldsymbol{F}((M+1)\delta_t)$. Die Randbedingungen werden dabei zum Zeitpunkt $t=(M+1)\delta_t$ ausgewertet, da sie ansonsten nur Werte der bereits bekannten Lösung zum Zeitpunkt $t=M\delta_t$ enthielten.

Zum Starten des Algorithmus wird angenommen, dass sich das Seil zum Zeitpunkt $t=0$ in einer Ruhelage befindet. Aus den Gln. (6.61) resultieren somit die Anfangsbedingungen

$$\vartheta(z,0)=\varphi(z,0)=0\quad\text{und}\quad\tau(z,0)=\tau_{\mathrm{r}}(z)$$

sowie

$$\frac{\partial \vartheta}{\partial t}(z,0) = \frac{\partial \vartheta}{\partial t}(z,0) = 0 \quad \text{und} \quad \frac{\partial \tau}{\partial t}(z,0) = 0.$$

Diskretisiert man diese Bedingungen so erhält man

$$\vartheta_{n,0} = \varphi_{n,0} = 0 \quad \text{und} \quad \tau_{n,0} = \tau_\mathrm{r}(n\delta_z) \tag{C.4}$$

sowie

$$\frac{\vartheta_{n,0} - \vartheta_{n,-1}}{\delta_t} = \frac{\varphi_{n,0} - \varphi_{n,-1}}{\delta_t} = 0 \quad \text{und} \quad \frac{\tau_{n,0} - \tau_{n,-1}}{\delta_t} = 0 \tag{C.5}$$

für $n = 0, \ldots, N_z$. Dabei bezeichnen $\vartheta_{n,-1}$, $\varphi_{n,-1}$ und $\tau_{n,-1}$ für $n = 0, \ldots, N_z$ Hilfsgrößen, die nur zur Berücksichtigung der Anfangsbedingungen dienen. Für diese erhält man aus (C.4) und (C.5) die Werte

$$\vartheta_{n,-1} = \varphi_{n,-1} = 0 \quad \text{und} \quad \tau_{n,-1} = \tau_\mathrm{r}(n\delta_z). \tag{C.6}$$

Gemeinsam mit den Gln. (C.4) folgen aus dieser Beziehung die für den numerischen Algorithmus benötigten Startwerte. Zur Lösung der nichtlinearen algebraischen Gleichungen (C.2) und (C.3) wurde die in der Python-Bibliothek *Scipy* enthaltene Methode *root* verwendet (siehe [44]).

Die numerische Lösung $\boldsymbol{w}_{n,m} \approx \boldsymbol{w}(n\delta_z, m\delta_t)$ der Auslenkung des Seils kann letztendlich aus den Differenzengleichungen

$$m_L\left(\frac{\boldsymbol{w}_{0,M+1} - 2\boldsymbol{w}_{0,M} + \boldsymbol{w}_{0,M-1}}{\delta_t^2} - \boldsymbol{g}\right) = \boldsymbol{\tau}_{0,M}, \tag{C.7a}$$

$$m_W\left(\frac{\boldsymbol{w}_{N_z,M+1} - 2\boldsymbol{w}_{N_z,M} + \boldsymbol{w}_{N_z,M-1}}{\delta_t^2} - \boldsymbol{g}\right) = \boldsymbol{F}_M - \boldsymbol{\tau}_{N_z,M} \tag{C.7b}$$

sowie

$$\rho\left(\frac{\boldsymbol{w}_{n,M+1} - 2\boldsymbol{w}_{n,M} + \boldsymbol{w}_{n,M-1}}{\delta_t^2} - \boldsymbol{g}\right) = \frac{\boldsymbol{\tau}_{n+1,M} - \boldsymbol{\tau}_{n-1,M}}{\delta_z} \tag{C.7c}$$

für $n = 1, \ldots, N_z - 1$ berechnet werden. Diese erhält man durch Diskretisieren der Gln. (6.56a) und (6.57). Die rechten Seiten dieser Beziehungen können dabei mit Hilfe von (6.56c) sowie den bereits bekannten Näherungslösungen für ϑ, φ und τ ausgewertet werden. Durch Umstellen von (C.7) wird deutlich, dass sich die Auslenkung $\boldsymbol{w}$ explizit berechnen lässt:

$$\boldsymbol{w}_{0,M+1} = 2\boldsymbol{w}_{0,M} - \boldsymbol{w}_{0,M-1} + \delta_t^2\left(\frac{\boldsymbol{\tau}_{0,M}}{m_L} + \boldsymbol{g}\right), \tag{C.8}$$

$$\boldsymbol{w}_{N_z,M+1} = 2\boldsymbol{w}_{N_z,M} - \boldsymbol{w}_{N_z,M-1} + \delta_t^2\left(\frac{\boldsymbol{F}_M - \boldsymbol{\tau}_{N_z,M}}{m_W} + \boldsymbol{g}\right), \tag{C.9}$$

$$\boldsymbol{w}_{n,M+1} = 2\boldsymbol{w}_{n,M} - \boldsymbol{w}_{n,M-1} + \delta_t^2\left(\frac{\boldsymbol{\tau}_{n+1,M} - \boldsymbol{\tau}_{n-1,M}}{\rho\delta_z} + \boldsymbol{g}\right). \tag{C.10}$$

Die dazu benötigten Anfangswerte folgen aus den Anfangsbedingungen (C.1) und lauten

$$\boldsymbol{w}_{n,0} = \boldsymbol{w}_{n,-1} = \boldsymbol{w}_{\mathrm{a}}(n\delta_z).$$

Literaturverzeichnis

[1] ABRAHAM, R., J. E. MARSDEN und T. RATIU: *Manifolds, Tensor Analysis, and Applications*, Bd. 75 d. Reihe *Applied Mathematical Sciences*. Springer-Verlag, 2. Aufl., 1988.

[2] ALINHAC, S.: *Blowup for Nonlinear Hyperbolic Equations*, Bd. 17 d. Reihe *Progress in Nonlinear Differential Equations and Their Applications*. Birkhäuser, 1995.

[3] ALTENBACH, H.: *Kontinuumsmechanik*. Springer-Verlag, 2. Aufl., 2012.

[4] ANTMAN, S. S.: *The Equations for Large Vibrations of Strings*. The American Mathematical Monthly, 87(5):359–370, 1980.

[5] ANTMAN, S. S.: *Nonlinear Problems of Elasticity*, Bd. 107 d. Reihe *Applied Mathematical Sciences*. Springer-Verlag, 2. Aufl., 2005.

[6] CANNON, J. R.: *The One-Dimensional Heat Equation*, Bd. 23 d. Reihe *Encyclopedia of Mathematics and its Applications*. Cambridge University Press, 1984.

[7] CASTILLO, F., E. WITRANT, C. PRIEUR und L. DUGARD: *Boundary observers for linear and quasi-linear hyperbolic systems with applications to flow control*. Automatica, 49(11):3180–3188, 2013.

[8] CHANSON, H.: *The Hydraulics of Open Channel Flow: An Introduction*. Elsevier Butterworth-Heinemann, 2. Aufl., 2004.

[9] CHORIN, A. J. und J. E. MARSDEN: *A Mathematical Introduction to Fluid Mechanics*, Bd. 4 d. Reihe *Texts in Applied Mathematics*. Springer-Verlag, 3. Aufl., 2000.

[10] CHRISTOFIDES, P. D.: *Nonlinear and Robust Control of PDE Systems*. Birkhäuser, 2001.

[11] CHRISTOFIDES, P. D. und P. DAOUTIDIS: *Feedback Control of Hyperbolic PDE Systems*. AIChE Journal, 42(11):3063–3086, 1996.

[12] CORON, J.-M., B. D'ANDRÉA-NOVEL und G. BASTIN: *A Strict Lyapunov Function for Boundary Control of Hyperbolic Systems of Conservations Laws*. IEEE Transactions on Automatic Control, 52(1):2–11, 2007.

[13] COURANT, R., K. FRIEDRICHS und H. LEWY: *Über die partiellen Differenzengleichungen der mathematischen Physik*. Mathematische Annalen, 100(1):32–74, 1928.

[14] COURANT, R. und D. HILBERT: *Methoden der mathematischen Physik II*, Bd. 31 d. Reihe *Heidelberger Taschenbücher*. Springer-Verlag, 2. Aufl., 1968.

[15] COURANT, R., E. ISAACSON und M. REES: *On the solution of nonlinear hyperbolic differential equations by finite differences*. Communications on Pure and Applied Mathematics, 5(3):243–255, 1952.

[16] Cristescu, N. D.: *Dynamic Plasticity.* World Scientific Publishing, 2007.

[17] Cunge, J. A., F. M. Holly und A. Verwey: *Practical Aspects of Computational River Hydraulics*, Bd. 3 d. Reihe *Monographs and Surveys in Water Resources Engineering.* Pitman Publishing, 1980.

[18] Dafermos, C. M.: *Hyperbolic Conservation Laws in Continuum Physics*, Bd. 325 d. Reihe *Grundlagen der mathematischen Wissenschaften.* Springer-Verlag, 3. Aufl., 2010.

[19] Dankert, J. und H. Dankert: *Technische Mechanik.* Vieweg+Teubner, 6. Aufl., 2011.

[20] de Halleux, J.: *Boundary Control of Quasi-Linear Hyperbolic Initial Boundary-Value Problem.* Presses Universitaires de Louvain, 2004.

[21] Delaleau, E. und J. Rudolph: *Control of flat systems by quasi-static feedback of generalized states.* International Journal of Control, 71(5):745–765, 1998.

[22] Deutscher, J.: *Zustandsregelung verteilt-parametrischer Systeme.* Springer-Verlag, 2012.

[23] Dubois, F., N. Petit und P. Rouchon: *Motion Planning and Nonlinear Simulations for a Tank Containing a Fluid.* In: *Proceedings of the 5th European Control Conference*, Karlsruhe, 1999.

[24] Evans, L. C.: *Partial Differential Equations*, Bd. 19 d. Reihe *Graduate Series in Mathematics.* American Mathematical Society, 2. Aufl., 2010.

[25] Flanders, H.: *Differential Forms with Applications to the Physical Sciences.* Dover Publications, 1989.

[26] Fliess, M., J. Lévine, P. Martin und P. Rouchon: *Flatness and defect of non-linear systems: introductory theory and examples.* International Journal of Control, 61(6):1327–1361, 1995.

[27] Fliess, M., H. Mounier, P. Rouchon und J. Rudolph: *Systèmes linéaires sur les opérateurs de Mikusinski et commande d'une poutre flexible.* ESAIM: Proc., 2:183–193, 1997.

[28] Follard, G. B.: *Introduction to Partial Differential Equations.* Princeton University Press, Princeton, NJ, 2. Aufl., 1995.

[29] Franke, D.: *Systeme mit örtlich verteilten Parametern.* Springer-Verlag, 1987.

[30] Graf, W. H. und M. S. Altinkar: *Fluvial Hydraulics.* John Wiley & Sons, 1998.

[31] Graichen, K.: *Feedforward Control Design for Nonlinear Systems under Input and Output Constraints.* Berichte aus dem Institut für Systemdynamik der Universität Stuttgart. Shaker Verlag, 2006.

[32] Greve, R.: *Kontinuumsmechanik.* Springer-Verlag, 2003.

[33] Guckenheimer, J. und P. Holmes: *Nonlinear Oscillations, Dynamical Systems, and Bifurcations of Vector Fields*, Bd. 42 d. Reihe *Applied Mathematical Sciences.* Springer-Verlag, 4. Aufl., 1993.

[34] Gugat, M.: *Boundary controllability between sub- and supercritical flow.* SIAM Journal on Control and Optimization, 42(3):1056–1070, 2003.

[35] GUGAT, M. und G. LEUGERING: *Global Boundary Controllability of the de St. Venant Equations between Steady States.* Annales de l'Institut Henri Poincaré (C) Analyse Non Linéaire, 20(1):1–11, 2003.

[36] GURTIN, M. E.: *An Introduction to Continuum Mechanics*, Bd. 158 d. Reihe *Mathematics in Science and Engineering.* Academic Press, 1981.

[37] HEUSER, H.: *Lehrbuch der Analysis – Teil 2.* Vieweg+Teubner, 14. Aufl., 2008.

[38] HEUSER, H.: *Lehrbuch der Analysis – Teil 1.* Vieweg+Teubner, 17. Aufl., 2009.

[39] HÖRMANDER, L.: *Lectures on Nonlinear Hyperbolic Differential Equations.* Nr. 26 in *Mathematiques & Applications.* Springer-Verlag, 1997.

[40] JEFFREY, A.: *Quasilinear hyperbolic systems and waves.* Pitman Publishing, 1976.

[41] JEFFREY, A. und T. TANIUTI: *Non-linear Wave Propagation – With Applications to Physics and Magnetohydrodynamics*, Bd. 9 d. Reihe *Mathematics in Science and Engineering.* Academic Press, 1964.

[42] JIRKA, G. H. und C. LANG: *Einführung in die Gerinnehydraulik.* Universitätsverlag Karlsruhe, 2009.

[43] JOHN, F.: *Partial Differential Equations*, Bd. 1 d. Reihe *Applied Mathematical Sciences.* Springer-Verlag, 4. Aufl., 1982.

[44] JONES, E., T. OLIPHANT, P. PETERSON et al.: *SciPy: Open source scientific tools for Python*, 2001–.

[45] KNÜPPEL, T., J. RUDOLPH und F. WOITTENNEK: *Flachheitsbasierte Trajektorienplanung für semilineare hyperbolische Systeme mit Randeingriff.* at – Automatisierungstechnik, 58(3):117–127, 2010.

[46] KNÜPPEL, T. und F. WOITTENNEK: *Flatness Based Control Design for a Nonlinear Heavy Chain Model.* In: *Proceedings of the 8th IFAC Symposium on Nonlinear Control Systems*, S. 701–706, Bologna, 2010.

[47] KNÜPPEL, T. und F. WOITTENNEK: *Control Design for Quasi-linear Hyperbolic Systems with an Application to the Heavy Rope.* IEEE Transactions on Automatic Control, 2014. zur Veröffentlichung angenommen.

[48] KNÜPPEL, T., F. WOITTENNEK und J. RUDOLPH: *Flatness-based trajectory planning for the shallow water equations.* In: *Proceedings of the 49th IEEE Conference on Decision and Control*, S. 2960–2965, Atlanta, 2010.

[49] KRSTIC, M., A. A. SIRANOSIAN, A. BALOGH und B.-Z. GUO: *Control of Strings and Flexible Beams by Backstepping Boundary Control.* In: *Proceedings of the American Control Conference*, New York City, 2007.

[50] KRSTIC, M. und A. SMYSHLYAEV: *Backstepping boundary control for first-order hyperbolic PDEs and application to systems with actuator and sensor delays.* Systems & Control Letters, 57(9):750–758, 2008.

[51] LAROCHE, B., P. MARTIN und P. ROUCHON: *Motion planning for a class of partial differential equations with boundary control.* In: *Proc. 37th IEEE Conference on Decision and Control*, S. 736–741, Tampa, 1998.

[52] LAROCHE, B., P. MARTIN und P. ROUCHON: *Motion planning for the heat equation.*

International Journal of Robust and Nonlinear Control, 10(8):629–643, 2000.

[53] Li, T. und B. Rao: *Exact Controllability and Exact Observability for Quasilinear Hyperbolic Systems: Known Results and Open Problems.* In: Li, T., Y. Peng und B. Rao (Hrsg.): *Some Problems on Nonlinear Hyperbolic Equations and Applications*, Bd. 15 d. Reihe *Series in Contemporary Applied Mathematics*, S. 374–385. Higher Education Press / World Scientific Publishing, 2010.

[54] Lunze, J.: *Regelungstechnik 1.* Springer-Verlag, 8. Aufl., 2010.

[55] Lynch, A. F. und J. Rudolph: *Flachheitsbasierte Randsteuerung parabolischer Systeme mit verteilten Parametern.* at – Automatisierungstechnik, 48(10):478–486, 2000.

[56] Lynch, A. F. und J. Rudolph: *Flatness-based boundary control of a class of quasilinear parabolic distributed parameter systems.* International Journal of Control, 75(15):1219–1230, 2002.

[57] MacDonald, I.: *Analysis and Computation of Steady Open Channel Flow.* Doktorarbeit, University of Reading, 1996.

[58] Martin, P., R. M. Murray und P. Rouchon: *Flat systems, equivalence and trajectory generation.* Techn. Ber., April 2003.

[59] Martinson, W. und P. Barton: *Index and Characteristic Analysis of Linear PDAE Systems.* SIAM Journal on Scientific Computing, 24(3):905–923, 2003.

[60] Meurer, T.: *Feedforward and Feedback Tracking Control of Diffusion-Convection-Reaction Systems using Summability Methods.* Fortschritt-Berichte, Reihe 8, Nr. 664. VDI-Verlag, 2005.

[61] Meurer, T.: *Control of Higher-Dimensional PDEs.* Springer-Verlag, 2013.

[62] Murray, R. M.: *Trajectory generation for a towed cable system using differential flatness.* In: *Proceedings of the 13th IFAC World Congress*, San Francisco, 1996.

[63] Murray, R. M., M. Rathinam und W. Sluis: *Differential Flatness of Mechanical Control Systems: A Catalog of Prototype Systems.* In: *Proceedings of the ASME International Congress and Exposition*, San Francisco, 1995.

[64] Naudascher, E.: *Hydraulik der Gerinne und Gerinnebauwerke.* Springer-Verlag, 2. Aufl., 1992.

[65] Pearce, R. P. und A. R. Mitchell: *On finite difference methods of solution of the transport equation..* Mathematics of Computation, 16(78):155–169, 1962.

[66] Petit, N., Y. Creff und P. Rouchon: *Motion planning for two classes of nonlinear systems with delays depending on the control.* In: *Proceedings of the 37th IEEE Conference on Decision and Control*, S. 1007–1011, Tampa, 1998.

[67] Petit, N. und P. Rouchon: *Flatness of heavy chain systems.* SIAM Journal on Control and Optimization, 40(2):475–495, 2001.

[68] Petit, N. und P. Rouchon: *Dynamics and Solutions to Some Control Problems for Water-Tank Systems.* IEEE Transactions on Automatic Control, 47(4):594–609, 2002.

[69] Petit Bois, G.: *Tables of Indefinite Integrals.* Dover Publications, 1961.

[70] RABBANI, T. S., F. DI MEGLIO, X. LITRICO und A. M. BAYEN: *Feed-Forward Control of Open Channel Flow Using Differential Flatness.* IEEE Transactions on Control Systems Technology, 18(1):213–221, 2010.

[71] RAY, W. H.: *Advanced Process Control.* McGraw-Hill, 1981.

[72] RÖBENACK, K.: *Beitrag zur Analyse von Deskriptorsystemen.* Shaker Verlag, 1999.

[73] RHEE, H.-K., R. ARIS und N. R. AMUNDSON: *First-Order Partial Differential Equations – Vol. 1: Theory and Application of Single Equations.* Dover Publications, 2001.

[74] ROUCHON, P., M. FLIESS, J. LÉVINE und P. MARTIN: *Flatness, motion planning and trailer systems.* In: *Proceedings of the 32nd IEEE Conference on Decision and Control*, S. 2700–2705, San Antonio, 1993.

[75] RUDOLPH, J.: *Beiträge zur flachheitsbasierten Folgeregelung linearer und nichtlinearer Systeme endlicher und unendlicher Dimension.* Shaker Verlag, 2003.

[76] RUDOLPH, J., J. WINKLER und F. WOITTENNEK: *Flatness based control of distributed parameter systems: Examples and computer exercises from various technological domains.* Berichte aus der Steuerungs- und Regelungstechnik. Shaker Verlag, 2003.

[77] RUDOLPH, J. und F. WOITTENNEK: *Trajektorienplanung für gewisse lineare Systeme mit verteilten Parametern.* at – Automatisierungstechnik, 54(5), 2006.

[78] RUDOLPH, J. und F. WOITTENNEK: *Motion planning and open loop control design for linear distributed parameter systems with lumped controls.* International Journal of Control, 81(3):457–474, 2008.

[79] SILVESTER, J. R.: *Determinants of Block Matrices.* The Mathematical Gazette, 84(501):460–467, 2000.

[80] STRELKOFF, T.: *One-Dimensional Equations of Open-Channel Flow.* Journal of the Hydraulics Division, American Society of Civil Engineers, 95(HY 3):861–876, 1969.

[81] TAN, W.: *Shallow Water Hydrodynamics*, Bd. 55 d. Reihe *Elsevier Oceanography Series.* Elsevier Science Publishers, 1992.

[82] UTZ, T.: *Control of Parabolic Partial Differential Equations Based on Semi-Discretizations.* Shaker Verlag, 2012.

[83] UTZ, T., T. MEURER und A. KUGI: *Trajectory planning for a two-dimensional quasi-linear parabolic PDE based on finite difference semi-discretizations.* In: *Proceedings of the 18th IFAC World Congress*, Mailand, 2011.

[84] WAGNER, M. O., T. MEURER und A. KUGI: *Feedforward Control Design for the Inviscid Burger Equation using Formal Power Series and Summation Methods.* In: *Proceedings of the 17th IFAC World Congress*, S. 8743–8748, Seoul, 2008.

[85] WAGNER, M. O., T. MEURER und A. KUGI: *Feedforward Control Design for the Wave Equation with Nonlinear Boundary Conditions Modelling a Torsional Rod.* In: *Proceedings of the 47th IEEE Conference on Decision and Control*, S. 1459–1464, Cancun, 2008.

[86] WHITHAM, G. B.: *Linear and Nonlinear Waves.* John Wiley & Sons, 1999.

[87] WOITTENNEK, F.: *Beiträge zum Steuerungsentwurf für lineare, örtlich verteil-*

te Systeme mit konzentrierten Stelleingriffen. Berichte aus der Steuerungs- und Regelungstechnik. Shaker Verlag, 2007.

[88] WOITTENNEK, F.: *Flatness based feedback design for hyperbolic distributed parameter systems with spatially varying coefficients.* In: *Proceedings of the 1st IFAC Workshop on Control of Systems Governed by Partial Differential Equations*, Paris, 2013.

[89] WOITTENNEK, F.: *On the hyperbolic observer canonical form.* In: *Proceedings of the 8th International Workshop on Multidimensional Systems*, Erlangen, 2013.

[90] WOITTENNEK, F. und J. RUDOLPH: *Controller canonical forms and flatness based state feedback for 1D hyperbolic systems.* In: *Proceedings of the 7th Vienna International Conference on Mathematical Modelling*, 2012.

[91] YAO, P.-F.: *Modeling and Control in Vibrational and Structural Dynamics: A Differential Geometric Approach.* CRC Press, 2011.

[92] YEN, B. C.: *Open-Channel Flow Equations Revisited.* Journal of the Engineering Mechanics Division, American Society of Civil Engineers, 99(5):979–1009, 1973.

[93] ZAUDERER, E.: *Partial Differential Equations of Applied Mathematics.* John Wiley & Sons, 3. Aufl., 2006.